수리물리학 I 연습

Mathematical Physics I

곽종훈 지음

북스힐

차 례

1장. 수리물리학의 기초 연습문제

1.1 미분

1.1 도함수의 정의를 사용하여 다음 함수들의 도함수를 구하라. (1) $y=\dfrac{1}{x+1}$, $(x\neq-1)$ (2) $y=\sqrt{x+1}$, (3) $y=ax^2+bx+c$, $(a, b, c$: 상수$)$

[풀이] 도함수의 정의 $y'=\dfrac{dy}{dx}=\lim\limits_{\Delta x\to 0}\dfrac{y(x+\Delta x)-y(x)}{\Delta x}$를 사용한다.

(1) $y'=\dfrac{dy}{dx}=\lim\limits_{\Delta x\to 0}\dfrac{1}{\Delta x}\left(\dfrac{1}{x+\Delta x+1}-\dfrac{1}{x+1}\right)$

$=\lim\limits_{\Delta x\to 0}-\dfrac{1}{\Delta x}\dfrac{\Delta x}{(x+1)(x+1+\Delta x)}=-\dfrac{1}{(x+1)^2}$

(2) $y'=\dfrac{dy}{dx}=\lim\limits_{\Delta x\to 0}\dfrac{\sqrt{x+\Delta x+1}-\sqrt{x+1}}{\Delta x}$

$=\lim\limits_{\Delta x\to 0}\dfrac{1}{\Delta x}\dfrac{\Delta x}{\left(\sqrt{x+\Delta x+1}+\sqrt{x+1}\right)}=\dfrac{1}{2\sqrt{x+1}}$

(3) $y'=\dfrac{dy}{dx}=\lim\limits_{\Delta x\to 0}\dfrac{\left[a(x+\Delta x)^2+b(x+\Delta x)+c\right]-\left[ax^2+bx+c\right]}{\Delta x}$

$=\lim\limits_{\Delta x\to 0}\dfrac{a(2x+\Delta x)\Delta x+b\Delta x}{\Delta x}=2ax+b$

1.2 다음 역삼각함수의 미분이 다음과 같음을 보여라. (1) $\dfrac{d\csc^{-1}x}{dx}=-\dfrac{1}{x\sqrt{x^2-1}}$, (2) $\dfrac{d\sec^{-1}x}{dx}=\dfrac{1}{x\sqrt{x^2-1}}$, (3) $\dfrac{d\cot^{-1}x}{dx}=-\dfrac{1}{x^2+1}$.

[풀이]

(1) $y=\csc^{-1}x$라 두면 $x=\csc y$이다. 양변을 y에 대해 미분하자.

$$\frac{dx}{dy}=\frac{d\csc y}{dy}=-\csc y\cot y\text{이므로 }\frac{dy}{dx}=\frac{1}{\frac{dx}{dy}}=-\frac{1}{\csc y\cot y}=-\frac{\sin^2 y}{\cos y}\text{이다.}$$

$x=\csc y$ 또는 $\sin y=\frac{1}{x}$이므로 $\cos y=\frac{\sqrt{x^2-1}}{x}$이다.

$$\therefore\ \frac{dy}{dx}=\frac{d\csc^{-1}x}{dx}=-\frac{\sin^2 y}{\cos y}=-\frac{1}{x\sqrt{x^2-1}}$$

(2) $y=\sec^{-1}x$라 두면 $x=\sec y$이다. 양변을 y에 대해 미분하자.

$$\frac{dx}{dy}=\frac{d\sec y}{dy}=\sec y\tan y\text{이므로 }\frac{dy}{dx}=\frac{1}{\frac{dx}{dy}}=\frac{1}{\sec y\tan y}=\frac{\cos^2 y}{\sin y}\text{이다.}$$

$x=\sec y$ 또는 $\cos y=\frac{1}{x}$이므로 $\sin y=\frac{\sqrt{x^2-1}}{x}$이다.

$$\therefore\ \frac{dy}{dx}=\frac{d\sec^{-1}x}{dx}=\frac{\cos^2 y}{\sin y}=\frac{1}{x\sqrt{x^2-1}}$$

(3) $y=\cot^{-1}x$라 두면 $x=\cot y$이다. 양변을 y에 대해 미분하자.

$$\frac{dx}{dy}=\frac{d\cot y}{dy}=-\csc^2 y=-\frac{1}{\sin^2 y}\text{이므로 }\frac{dy}{dx}=\frac{1}{\frac{dx}{dy}}=-\sin^2 y\text{이다.}$$

$x=\cot y=\frac{1}{\tan y}$ 또는 $\tan y=\frac{1}{x}$이므로 $\sin y=\frac{1}{\sqrt{x^2+1}}$이다.

$$\therefore\ \frac{dy}{dx}=\frac{d\cot^{-1}x}{dx}=-\sin^2 y=-\frac{1}{x^2+1}$$

1.3 쌍곡선 함수의 정의를 사용하여 다음 관계식을 증명하라.

(1) $\sinh 2x = 2\sinh x \cosh x$, (2) $\cosh 2x = \cosh^2 x + \sinh^2 x$,

(3) $\sinh^2 x = \dfrac{\cosh 2x - 1}{2}$, (4) $\cosh^2 x = \dfrac{\cosh 2x + 1}{2}$,

(5) $\cosh^2 x - \sinh^2 x = 1$, (6) $\tanh^2 x = 1 - \text{sech}^2 x$,

(7) $\tanh 2x = \dfrac{2\tanh x}{1 + \tanh^2 x}$, (8) $\sinh(x+y) = \sinh x \cosh y + \cosh x \sinh y$,

(9) $\cosh(x+y) = \cosh x \cosh y + \sinh x \sinh y$,

(10) $\tanh\dfrac{x}{2} = \dfrac{\cosh x - 1}{\sinh x} = \dfrac{\sinh x}{\cosh x + 1}$.

[풀이]

(1) $\sinh x = \dfrac{e^x - e^{-x}}{2}$, $\cosh x = \dfrac{e^x + e^{-x}}{2}$ 이므로

$$\sinh x \cosh x = \frac{e^x - e^{-x}}{2} \cdot \frac{e^x + e^{-x}}{2} = \frac{e^{2x} - e^{-2x}}{4} = \frac{\sinh 2x}{2}$$

$\therefore \sinh 2x = 2\sinh x \cosh x$

(2) $\cosh^2 x + \sinh^2 x = \dfrac{(e^x + e^{-x})^2}{4} + \dfrac{(e^x - e^{-x})^2}{4} = \dfrac{e^{2x} + e^{-2x}}{2} = \cosh 2x$

$\therefore \cosh 2x = \cosh^2 x + \sinh^2 x$

(3) $\sinh^2 x = \dfrac{(e^x - e^{-x})^2}{4} = \dfrac{e^{2x} + e^{-2x} - 2}{4} = \dfrac{\cosh 2x - 1}{2}$

(4) $\cosh^2 x = \dfrac{(e^x + e^{-x})^2}{4} = \dfrac{e^{2x} + e^{-2x} + 2}{4} = \dfrac{\cosh 2x + 1}{2}$

(5) $\cosh^2 x - \sinh^2 x = \dfrac{e^{2x} + e^{-2x} + 2}{4} - \dfrac{e^{2x} + e^{-2x} - 2}{4} = 1$

(6) $\tanh^2 x = \dfrac{\sinh^2 x}{\cosh^2 x} = \dfrac{e^{2x} + e^{-2x} - 2}{e^{2x} + e^{-2x} + 2} = 1 - \dfrac{4}{e^{2x} + e^{-2x} + 2}$

$$= 1 - \left(\frac{2}{e^x + e^{-x}}\right)^2 = 1 - \frac{1}{\cosh^2 x} = 1 - \text{sech}^2 x$$

(7) (1)과 (2)의 두 배각 공식 $\sinh 2x = 2\sinh x \cosh x$, $\cosh 2x = \cosh^2 x + \sinh^2 x$을

사용한다.

$$\therefore\ \tanh 2x = \frac{\sinh 2x}{\cosh 2x} = \frac{2\sinh x\cosh x}{\cosh^2 x + \sinh^2 x} = \frac{2\tanh x}{1+\tanh^2 x}$$

(8) $\sinh(x+y) = \dfrac{e^x e^y - e^{-x}e^{-y}}{2}$ 이다.

두 쌍곡선 함수 $\cosh x = \dfrac{e^x + e^{-x}}{2}$, $\sinh x = \dfrac{e^x - e^{-x}}{2}$의 합과 차를 사용하면

$e^x = \cosh x + \sinh x$, $e^{-x} = \cosh x - \sinh x$이 된다. 이들을 대입하여 정리하면 다음과 같다.

$$\begin{aligned}\therefore\ \sinh(x+y) &= \frac{e^x e^y - e^{-x}e^{-y}}{2} \\ &= \frac{1}{2}\begin{bmatrix} (\cosh x + \sinh x)(\cosh y + \sinh y) \\ -(\cosh x - \sinh x)(\cosh y - \sinh y) \end{bmatrix} \\ &= \sinh x\cosh y + \cosh x\sinh y\end{aligned}$$

(9) (8)과 같은 방법으로 쉽게 증명할 수 있다.

$$\therefore\ \cosh(x+y) = \cosh x\cosh y + \sinh x\sinh y$$

(10) $\tanh\dfrac{x}{2} = \dfrac{e^{x/2} - e^{-x/2}}{e^{x/2} + e^{-x/2}}$ 이므로 분모와 분자에 $e^{x/2} - e^{-x/2}$를 곱하여 정리하면

$$\Rightarrow \tanh\frac{x}{2} = \frac{e^x + e^{-x} - 2}{e^x - e^{-x}} = \frac{\cosh x - 1}{\sinh x}$$

한편 분모와 분자에 $e^{x/2} + e^{-x/2}$를 곱하여 정리하면 다음 관계식을 얻는다.

$$\Rightarrow \tanh\frac{x}{2} = \frac{e^x - e^{-x}}{e^x + e^{-x} + 2} = \frac{\sinh x}{\cosh x + 1}$$

$$\therefore\ \tanh\frac{x}{2} = \frac{\cosh x - 1}{\sinh x} = \frac{\sinh x}{\cosh x + 1}$$

1.4 다음 함수의 미분을 구하라. 단, a, b는 상수이다.

(1) $\dfrac{e^{ax}(a^2x^2-2ax+2)}{a^3}$, (2) $x^{n+1}\left[\dfrac{\ln x}{n+1}-\dfrac{1}{(n+1)^2}\right]$, (3) $\ln|\ln x|$,

(4) $\dfrac{a\sin(bx)-b\cos(bx)}{a^2+b^2}e^{ax}$, (5) $\dfrac{a\cos(bx)+b\sin(bx)}{a^2+b^2}e^{ax}$

[풀이] 라이프니츠 (Leibniz) 규칙 $\dfrac{d}{dx}[f(x)g(x)]=\dfrac{df}{dx}g+f\dfrac{dg}{dx}=f'g+fg'$ 을 사용하여 각 함수의 미분을 구한다.

(1) $\dfrac{d}{dx}\dfrac{e^{ax}(a^2x^2-2ax+2)}{a^3}=\dfrac{1}{a^3}\left[ae^{ax}(a^2x^2-2ax+2)+e^{ax}(2a^2x-2a)\right]=x^2e^{ax}$

(2) $$\frac{d}{dx}x^{n+1}\left[\frac{\ln x}{n+1}-\frac{1}{(n+1)^2}\right]=(n+1)x^n\left[\frac{\ln x}{n+1}-\frac{1}{(n+1)^2}\right]+x^{n+1}\left[\frac{1}{(n+1)x}\right]=x^n\ln x$$

(3) 함수 $\ln|\ln x|$의 경우 $u=\ln x$로 치환하고 연쇄 법칙을 적용하여 미분한다.

$$\Rightarrow \frac{d}{dx}\ln|\ln x|=\frac{d\ln|u|}{du}\frac{du}{dx}=\frac{1}{ux}=\frac{1}{x\ln x}$$

(4) $$\frac{d}{dx}\frac{a\sin(bx)-b\cos(bx)}{a^2+b^2}e^{ax}=\frac{1}{a^2+b^2}\left[ab\cos(bx)+b^2\sin(bx)\right]e^{ax}+\frac{a}{a^2+b^2}\left[a\sin(bx)-b\cos(bx)\right]e^{ax}=e^{ax}\sin(bx)$$

(5) $$\frac{d}{dx}\frac{a\cos(bx)+b\sin(bx)}{a^2+b^2}e^{ax}=\frac{1}{a^2+b^2}\left[-ab\sin(bx)+b^2\cos(bx)\right]e^{ax}+\frac{a}{a^2+b^2}\left[a\cos(bx)+b\sin(bx)\right]e^{ax}=e^{ax}\cos(bx)$$

1.5 다음 함수의 미분을 구하라.

(1) $\frac{1}{3}e^{x^3}(x^3-1)$, (2) $x+\frac{1}{2}\ln|x^2-1|$,

(3) $\frac{2}{a}\tan^{-1}\left(\sqrt{e^{ax}-1}\right)$, (4) $\ln\left(x+\sqrt{x^2-1}\right)$

[풀이]

(1) $u=x^3$로 치환하면 $\frac{du}{dx}=3x^2$이 되며 연쇄 법칙을 적용한다.

$$\frac{d}{dx}\left[\frac{1}{3}e^{x^3}(x^3-1)\right]=\frac{d}{dx}\left[\frac{1}{3}e^{u}(u-1)\right]=\frac{d}{du}\left[\frac{1}{3}e^{u}(u-1)\right]\frac{du}{dx}$$
$$=\frac{ue^u}{3}3x^2=x^5e^{x^3}$$

(2) $$\frac{d}{dx}\left[x+\frac{1}{2}\ln|x^2-1|\right]=1+\frac{1}{2}\frac{d}{dx}\ln|x^2-1| \quad \Leftarrow u=x^2-1$$
$$=1+\frac{x}{x^2-1}=\frac{x^2+x-1}{x^2-1}$$

(3) $u=\sqrt{e^{ax}-1}$로 치환하면 $\frac{du}{dx}=\frac{ae^{ax}}{2\sqrt{e^{ax}-1}}$이며 연쇄 법칙을 적용한다.

$$\frac{d}{dx}\left[\frac{2}{a}\tan^{-1}\left(\sqrt{e^{ax}-1}\right)\right]=\frac{2}{a}\frac{d\tan^{-1}u}{du}\frac{du}{dx}=\frac{2}{a}\frac{d\tan^{-1}u}{du}\cdot\frac{ae^{ax}}{2\sqrt{e^{ax}-1}}$$

[예제 1.9 (3)]을 참고하면 $\frac{d\tan^{-1}u}{du}=\frac{1}{1+u^2}$을 대입하여 정리하면 다음과 같다.

$$\frac{d}{dx}\left[\frac{2}{a}\tan^{-1}\left(\sqrt{e^{ax}-1}\right)\right]=\frac{2}{a}\frac{d\tan^{-1}u}{du}\cdot\frac{ae^{ax}}{2\sqrt{e^{ax}-1}}$$
$$=\frac{2}{a}\frac{1}{1+u^2}\cdot\frac{ae^{ax}}{2\sqrt{e^{ax}-1}}$$
$$=\frac{2}{a}\frac{1}{e^{ax}}\cdot\frac{ae^{ax}}{2\sqrt{e^{ax}-1}}=\frac{1}{\sqrt{e^{ax}-1}}$$

(4) $u=x+\sqrt{x^2-1}$ 로 치환하면 $\frac{du}{dx}=1+\frac{x}{\sqrt{x^2-1}}=\frac{x+\sqrt{x^2-1}}{\sqrt{x^2-1}}$이다.

연쇄 법칙을 적용하면 다음 결과를 얻는다.

$$\frac{d}{dx}\ln\left(x+\sqrt{x^2-1}\right)=\frac{d\ln u}{du}\frac{du}{dx}=\frac{1}{u}\frac{x+\sqrt{x^2-1}}{\sqrt{x^2-1}}$$
$$=\frac{1}{\sqrt{x^2-1}}$$

1.6 다음 함수의 미분을 구하라.

(1) $\dfrac{\ln[\cosh(ax)]}{a}$, (2) $\dfrac{\ln[\sinh(ax)]}{a}$, (3) $x-\dfrac{2}{a}\ln|e^{ax}-1|$,

(4) $\dfrac{1}{a}\ln\left[\tanh\left(\dfrac{a}{2}x\right)\right]$, (5) $\dfrac{2}{a}\tan^{-1}(e^{ax})$

[풀이]

(1) $u=\cosh(ax)$라 두고 연쇄 법칙을 적용한다.

$$\frac{d}{dx}\frac{\ln[\cosh(ax)]}{a}=\frac{1}{a}\frac{d\ln u}{dx}=\frac{1}{a}\frac{d\ln u}{du}\frac{du}{dx}$$
$$=\frac{1}{au}a\sinh(ax)=\frac{\sinh(ax)}{\cosh(ax)}$$
$$=\tanh(ax)$$

(2) $u=\sinh(ax)$라 두고 연쇄 법칙을 적용한다.

$$\frac{d}{dx}\frac{\ln[\sinh(ax)]}{a}=\frac{1}{a}\frac{d\ln u}{dx}=\frac{1}{a}\frac{d\ln u}{du}\frac{du}{dx}$$
$$=\frac{1}{au}a\cosh(ax)=\frac{\cosh(ax)}{\sinh(ax)}$$
$$=\frac{1}{\tanh(ax)}$$

(3) $u=e^{ax}-1$라 두고 연쇄 법칙을 적용한다.

$$\frac{d}{dx}\left(x-\frac{2}{a}\ln|e^{ax}-1|\right)=1-\frac{2}{a}\frac{d\ln|u|}{dx}=1-\frac{2}{a}\frac{d\ln|u|}{du}\frac{du}{dx}$$
$$=1-\frac{2}{a}\frac{a}{u}e^{ax}=1-\frac{2e^{ax}}{e^{ax}-1}$$
$$=\frac{1+e^{ax}}{1-e^{ax}}$$

(4) $u=\tanh\left(\dfrac{ax}{2}\right)$라 두고 연쇄 법칙을 적용한다.

$$\frac{1}{a}\frac{d}{dx}\ln\left[\tanh\left(\frac{a}{2}x\right)\right]=\frac{1}{a}\frac{d\ln u}{dx}=\frac{1}{a}\frac{d\ln u}{du}\frac{du}{dx}$$

$$=\frac{1}{a\tanh\left(\frac{a}{2}x\right)}\frac{a}{2}\mathrm{sech}^2\left(\frac{a}{2}x\right)$$

$$=\frac{1}{2\sinh\left(\frac{a}{2}x\right)\cosh\left(\frac{a}{2}x\right)}$$

$$=\frac{1}{\sinh(ax)}$$

(5) $u=\frac{2}{a}\tan^{-1}(e^{ax})$라 두면 $e^{ax}=\tan\left(\frac{au}{2}\right)$가 된다. 양변을 x에 대해 미분하면 다음과 같이 주어진다.

$$\text{좌변}=\frac{de^{ax}}{dx}=ae^{ax}$$

$$\text{우변}=\frac{d}{dx}\tan\left(\frac{au}{2}\right)=\frac{d}{du}\tan\left(\frac{au}{2}\right)\cdot\frac{du}{dx}$$

$$=\frac{a}{2}\sec^2\left(\frac{au}{2}\right)\cdot\frac{du}{dx}$$

한편, $e^{ax}=\tan\left(\frac{au}{2}\right)$이므로 $\cos\left(\frac{au}{2}\right)=\frac{1}{\sqrt{1+e^{2ax}}}$, $\sin\left(\frac{au}{2}\right)=\frac{e^{ax}}{\sqrt{1+e^{2ax}}}$ 이다.

좌변과 우변을 비교하면 다음의 결과를 얻는다.

$$\therefore\ \frac{du}{dx}=2e^{ax}\cos^2\left(\frac{au}{2}\right)=\frac{2e^{ax}}{1+e^{2ax}}$$

$$=\frac{2}{e^{ax}+e^{-ax}}=\frac{1}{\cosh(ax)}$$

1.7 사인 함수와 쌍곡선 함수의 정의를 사용하여 다음 관계식을 증명하라. (단, $i=\sqrt{-1}$ 이다.)

(1) $\sin(x+iy)=\sin x\cosh y+i\cos x\sinh y$,

(2) $\cos(x+iy)=\cos x\cosh y-i\sin x\sinh y$.

(3) $|\sin(x+iy)|^2=\sin^2 x+\sinh^2 y$,

(4) $|\cos(x+iy)|^2=\cos^2 x+\sinh^2 y$

[풀이]

(1)
$$\begin{aligned}\sin(x+iy)&=\frac{e^{i(x+iy)}-e^{-i(x+iy)}}{2i}\\&=\frac{1}{2i}\left[e^{-y}(\cos x+i\sin x)-e^{+y}(\cos x-i\sin x)\right]\\&=\frac{1}{2i}\left[\cos x\left(e^{-y}-e^{+y}\right)+i\sin x\left(e^{+y}+e^{-y}\right)\right]\\&=\sin x\cosh y+i\cos x\sinh y,\end{aligned}$$

(2)
$$\begin{aligned}\cos(x+iy)&=\frac{e^{i(x+iy)}+e^{-i(x+iy)}}{2}\\&=\frac{1}{2}\left[e^{-y}(\cos x+i\sin x)+e^{+y}(\cos x-i\sin x)\right]\\&=\frac{1}{2}\left[\cos x\left(e^{-y}+e^{+y}\right)+i\sin x\left(e^{-y}-e^{+y}\right)\right]\\&=\cos x\cosh y-i\sin x\sinh y\end{aligned}$$

(3)
$$\begin{aligned}|\sin(x+iy)|^2&=|\sin x\cosh y+i\cos x\sinh y|^2\\&=(\sin x\cosh y)^2+(\cos x\sinh y)^2\\&=\sin^2 x\left(1+\sinh^2 y\right)+\cos^2 x\sinh^2 y\\&=\sin^2 x+\sinh^2 y\end{aligned}$$

(4)
$$\begin{aligned}|\cos(x+iy)|^2&=|\cos x\cosh y-i\sin x\sinh y|^2\\&=\cos^2 x\cosh^2 y+\sin^2 x\sinh^2 y\\&=\cos^2 x\left(\sinh^2 y+1\right)+\sin^2 x\sinh^2 y\\&=\cos^2 x+\sinh^2 y\end{aligned}$$

1.8 (1) 시간 t를 매개 변수로 하는 두 함수 $x = v_o t,\ \ y = y_o - \frac{g}{2}t^2$ 에 대한 미분이 $\frac{dy}{dx} = -\frac{g}{v_o^2}x$임을 보여라. 여기서 $v_o,\ y_o,\ g$는 상수이다.

(2) (1)의 미분 결과를 변수 분리한 다음 적분하여 운동 방정식을 구하여 그림으로 그리고 설명하라. 단, $x \ge 0,\ \ 0 \le y \le y_o$이다.

[풀이]

(1) 매개 변수 함수의 미분은 다음과 같이 주어진다.

$$\frac{dy}{dx} = \frac{\frac{dy}{dt}}{\frac{dx}{dt}} = -\frac{gt}{v_o}$$

$x = v_o t \to t = \frac{x}{v_o}$를 대입하여 시간을 소거하면 $\frac{dy}{dx} = -\frac{g}{v_o^2}x$가 된다.

(2) 변수 분리하면 $dy = -\frac{g}{v_o^2}x\,dx$이므로 양변을 적분한다.

$$\int_{y_o}^{y} dy = -\int_{x=0}^{x} \frac{g}{v_o^2}x\,dx \Rightarrow\ \therefore\ y = y_o - \frac{g}{2v_o^2}x^2$$

이 식은 $y = y_o$에서 x 방향으로 초기 속력 v_o으로 물체가 운동할 때 포물체의 운동을 나타내며 지면 도달 거리 $x_{\max} = R = \sqrt{\frac{2v_o^2 y_o}{g}}$ 이다. (연습문제 1.8 그림)

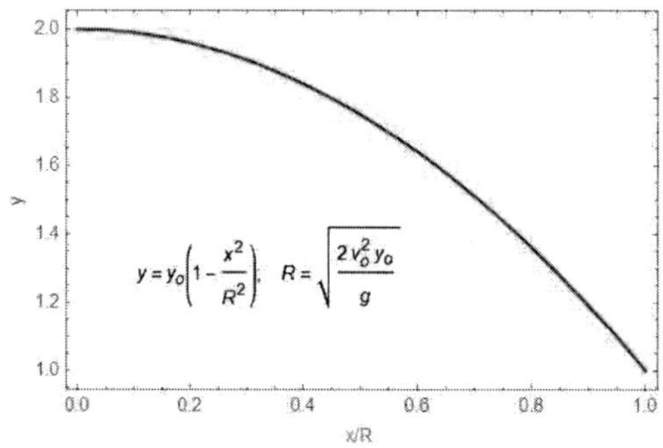

연습문제 1.8 그림

1.9 어떤 물체의 변위가 $x = x_o e^{-bt}\cos\omega t$로 주어진다. 변위 $x(t)$가 모든 시간 t에 대해 미분방정식 $\frac{d^2x}{dt^2} + A\frac{dx}{dt} + Bx = 0$을 만족할 때 계수 A, B를 구하라. 여기서 x_o, b, ω는 상수이다.

[힌트] 변위의 미분을 구하여 대입한 후 코사인 항과 사인 항들을 각각 비교한다.

[풀이]

$x = x_o e^{-bt}\cos\omega t$에 대한 미분은 다음과 같이 주어진다.

$$\frac{dx}{dt} = -x_o e^{-bt}(\omega\sin\omega t + b\cos\omega t),$$
$$\frac{d^2x}{dt^2} = x_o e^{-bt}\left[(b^2 - \omega^2)\cos\omega t + 2\omega b\sin\omega t\right]$$

미분방정식 $\frac{d^2x}{dt^2} + A\frac{dx}{dt} + Bx = 0$에 대입하여 정리하면 다음과 같다.

$$x_o e^{-bt}\left[(B - bA + b^2 - \omega^2)\cos\omega t + (2\omega b - \omega A)\sin\omega t\right] = 0$$

모든 시간 t에 대해 미분방정식이 성립하려면 $\sin\omega t$와 $\cos\omega t$의 계수가 0이어야 한다.

$$\sin\omega t:\ 2\omega b - \omega A = 0 \ \Rightarrow\ \therefore\ A = 2b$$
$$\cos\omega t:\ B - b^2 - \omega^2 = 0 \Rightarrow\ \therefore\ B = \omega^2 + b^2$$

1.10 중심력 $F(r)$에서 운동하는 질량 m인 입사의 지름 성분 (radial component) 운동 방정식이 $m\left[\frac{d^2r}{dt^2} - r\left(\frac{d\theta}{dt}\right)^2\right] = F(r)$로 주어지며 각운동량 보존식 $r^2\frac{d\theta}{dt} = l =$상수가 성립한다. $r = \frac{1}{u}$로 치환하고 $\frac{d\theta}{dt} = lu^2$와 연쇄 법칙을 이용하여 지름 방향 운동 방정식이 $\frac{d^2u}{d\theta^2} + u = -\frac{F(u^{-1})}{ml^2u^2}$가 됨을 보여라.

[풀이]

운동 방정식의 지름함수는 $r(\theta) = r(u(\theta)) \equiv (r \circ u)(\theta)$인 합성함수 (composite function)이므로 $r=r(u(\theta))$를 u와 θ에 대해 연속적으로 연쇄 법칙을 사용하자.

$r=\dfrac{1}{u}$이므로 연쇄 법칙을 사용하면 $\dfrac{dr}{dt}=\dfrac{dr}{du}\dfrac{du}{dt}=-\dfrac{1}{u^2}\dfrac{du}{dt}$가 된다.

한편, $\dfrac{d\theta}{dt}=lu^2$를 사용하면 $\dfrac{du}{dt}=\dfrac{du}{d\theta}\dfrac{d\theta}{dt}=lu^2\dfrac{du}{d\theta}$이므로 위의 미분에 대입하면 $\dfrac{dr}{dt}=-\dfrac{1}{u^2}\dfrac{du}{dt}=-l\dfrac{du}{d\theta}$이 된다. 이 식을 시간에 대해 한번 미분하고 연쇄 법칙을 적용하면 다음과 같이 주어진다.

$$\frac{d^2r}{dt^2}=-l\frac{d}{dt}\left(\frac{du}{d\theta}\right)=-l\frac{d\theta}{dt}\frac{d}{d\theta}\left(\frac{du}{d\theta}\right)=-l^2u^2\frac{d^2u}{d\theta^2}$$

이 방정식을 지름 성분 운동 방정식 $m\left[\dfrac{d^2r}{dt^2}-r\left(\dfrac{d\theta}{dt}\right)^2\right]=F(r)$에 대입하여 정리하면 다음과 같은 결과를 얻는다.

$$\frac{d^2u}{d\theta^2}+u=-\frac{F(u^{-1})}{ml^2u^2},$$

이 식은 중심력 $F(r)=F(u^{-1})$에서 운동하는 입자의 궤도 방정식이다.

[궤도 방정식의 응용]

(i) $u=u(\theta)$ 또는 $r=r(\theta)$를 아는 경우 위의 미분방정식에 대입하여 $F(r)=F(u^{-1})$의 형태를 구할 수 있다.

(ii) 만유인력과 같은 역 제곱 법칙을 따르는 힘 $F(r)=-\dfrac{K}{r^2}$ (K: 상수) 또는 $F(u)=-Ku^2$인 경우 궤도 방정식은 5장의 미정 계수법을 사용하여 2계 미분방정식의 해를 구할 수 있다. 해는 $u=\dfrac{K}{ml^2}+A\cos\theta$ 또는 $r=\dfrac{ml^2K}{1+(Aml^2/K)\cos\theta}$로 주어지며 A는 적분 상수이며 초기조건 $\theta_o=0$이다.

이 식은 타원의 방정식 (equation of ellipse)이 된다.

1.11 (1) 시간 t를 매개 변수로 하는 두 함수 $x = Ae^{-\alpha t}\cos\omega t,\ y = Ae^{-\alpha t}\sin\omega t$ 에 대한 미분이 $\dfrac{dy}{dx} = \dfrac{-\omega x + \alpha y}{\omega y + \alpha x}$ 임을 보여라. 단, A는 진폭, $\alpha(>0)$는 감쇠 상수, ω는 각 진동수로 상수들이다.

(2) 시간 $t \geq 0$일 때 운동 (궤도)가 연습문제 1.11 그림과 같을 때 운동을 설명하고 y_1과 y_2를 A, α, ω로 구하라.

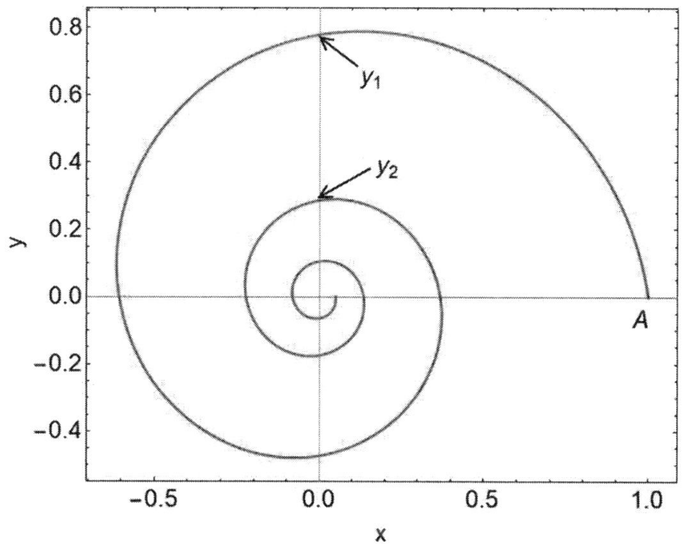

연습문제 1.11 그림.

[풀이]

(1) 두 함수 $x = Ae^{-\alpha t}\cos\omega t,\ y = Ae^{-\alpha t}\sin\omega t$ 는 시간 t가 매개 변수인 함수이다.

$$\frac{dx}{dt} = -Ae^{-\alpha t}(\alpha\cos\omega t + \omega\sin\omega t) \equiv -(\alpha x + \omega y),$$
$$\frac{dy}{dt} = -Ae^{-\alpha t}(\alpha\sin\omega t - \omega\sin\omega t) \equiv -(\alpha y - \omega x)$$

매개 변수 함수의 미분은 다음과 같이 주어진다.

$$\therefore\ \frac{dy}{dx} = \frac{\dfrac{dy}{dt}}{\dfrac{dx}{dt}} = \frac{-\omega x + \alpha y}{\omega y + \alpha x}$$

(2) 시간 $t=0$일 때 입자는 $(A,0)$에서 출발하여 지수 함수 $e^{-\alpha t}$에 따라 진폭이 감쇄하면서 시계 방향으로 회전하며, $t\to\infty$ 인 경우 원점으로 수렴하는 나선 운동 (helical motion)을 한다. 그림에서 $x_1=x_2=0$이며 y_1과 y_2에 도달하는 시간은 각각 $t_1=\frac{\pi}{2\omega}$, $t_2=\frac{5\pi}{2\omega}$ 이므로 $y_1=Ae^{-\frac{\pi\alpha}{2\omega}}$, $y_2=Ae^{-\frac{5\pi\alpha}{2\omega}}$가 된다.

1.2 적분

> 1.12 다음 적분을 부분 적분을 사용하여 구하라. 단, 적분 상수 C는 무시한다.
>
> (1) $\int x^2 e^{ax}dx$, (a : 상수), (2) $\int x^n \ln x\, dx$, (3) $\int \frac{dx}{x\ln x}$,
>
> (4) $\int e^{ax}\sin(bx)dx$, (a,b : 상수) (5) $\int e^{ax}\cos(bx)dx$, (a,b : 상수)

[풀이]

부분 적분 공식 $\int f'(x)g(x)dx=f(x)g(x)-\int f(x)g'(x)dx$을 사용한다.

(1) $$\int x^2 e^{ax}dx=x^2\frac{e^{ax}}{a}-\int \frac{2}{a}xe^{ax}dx=x^2\frac{e^{ax}}{a}-\frac{2}{a^2}xe^{ax}+\int\frac{2}{a^2}e^{ax}dx$$
$$=e^{ax}\frac{a^2x^2-2ax+2}{a^3}$$

(2) $$\int x^n \ln x\,dx=\frac{x^{n+1}}{n+1}\ln x-\int\frac{x^{n+1}}{n+1}\frac{1}{x}dx=\frac{x^{n+1}}{n+1}\ln x-\frac{x^{n+1}}{(n+1)^2}$$
$$=x^{n+1}\left[\frac{\ln x}{n+1}-\frac{1}{(n+1)^2}\right]$$

(3) 적분$\int\frac{dx}{x\ln x}$은 부분 적분보다는 치환 적분이 더 편리하다. $u=\ln x$로 치환하면 $du=\frac{dx}{x}$이므로 $\int\frac{dx}{x\ln x}=\int\frac{du}{u}=\ln u=\ln(\ln x)$가 된다.

(4) $I = \int e^{ax} \sin(bx)\, dx = \frac{e^{ax}}{a} \sin bx - \int \frac{e^{ax}}{a} b \cos bx\, dx$

$$= \frac{e^{ax}}{a} \sin bx - \left[\frac{e^{ax}}{a^2} b \cos bx + \int \frac{e^{ax}}{a^2} b^2 \sin bx dx \right]$$

$$= \frac{e^{ax}}{a} \sin bx - \frac{b}{a^2} e^{ax} \sin bx - \frac{b^2}{a^2} I$$

$$\therefore\ I = \int e^{ax} \sin(bx)\, dx = \frac{a \sin(bx) - b \cos(bx)}{a^2 + b^2} e^{ax}$$

(5) (4)와 같은 방법으로 구할 수 있다.

$$\therefore\ I = \int e^{ax} \cos(bx)\, dx = \frac{a \cos(bx) + b \sin(bx)}{a^2 + b^2} e^{ax}$$

1.13 다음 적분을 치환 적분을 사용하여 구하라. 단, 적분 상수 C는 무시한다.

(1) $\int x^5 e^{x^3} dx$, (힌트: $u = x^3$) (2) $\int \frac{x^2 + x - 1}{x^2 - 1} dx$, (힌트: $u = x^2 - 1$)

(3) $\int \frac{dx}{\sqrt{e^{ax} - 1}}$, (힌트: $u = \sqrt{e^{ax} - 1}$) (4) $\int \frac{dx}{\sqrt{x^2 - 1}}$ (힌트: $x = \cosh u$)

[풀이]

(1) $u = x^3$로 치환하면 $du = 3x^2\, dx$이므로 다음과 같이 주어진다.

$$\int x^5 e^{x^3} dx = \frac{1}{3} \int u e^u du = \frac{1}{3}(u-1)e^u = \frac{1}{3}(x^{3-1})e^{x^3}$$

(2) $u = x^2 - 1$로 치환하면 $du = 2xdx$이므로 $xdx = du/2$이다.

$$\int \frac{x^2 + x - 1}{x^2 - 1} dx = \int \left(1 + \frac{x}{x^2 - 1}\right) dx = \int dx + \int \frac{1}{2u} du$$

$$= x + \frac{1}{2} \ln|u| \equiv x + \frac{1}{2} \ln|x^2 - 1|$$

(3) $u = \sqrt{e^{ax} - 1}$ 로 치환하면 $du = \frac{a e^{ax}}{2\sqrt{e^{ax} - 1}} dx = \frac{a(u^2 + 1)}{2u} dx$이다.

$$\int \frac{dx}{\sqrt{e^{ax} - 1}} = \frac{2}{a} \int \frac{du}{u^2 + 1} = \frac{2}{a} \tan^{-1} u = \frac{2}{a} \tan^{-1}\left(\sqrt{e^{ax} - 1}\right)$$

(4) $x = \cosh u$로 치환하면 $dx = \sinh u\, du$이며 $x^2 - 1 = \cosh^2 u - 1 = \sinh^2 u$이다.

$$\int \frac{dx}{\sqrt{x^2 - 1}} = \int \frac{\sinh u}{\sinh u} du = u$$

$x = \cosh u = \dfrac{e^u + e^{-u}}{2} \Rightarrow e^{2u} - 2xe^u + 1 = 0$으로 변환되며 근의 공식을 사용하면 $e^u = x \pm \sqrt{x^2 - 1} \Rightarrow u^{\pm} = \ln\left(x \pm \sqrt{x^2 - 1}\right)$가 된다. 즉, u는 두 개의 근 $u^+(x)$와 $u^-(x)$가 존재하며 $\dfrac{du^+}{dx} = \dfrac{1}{2\sqrt{x^2 - 1}}$, $\dfrac{du^-}{dx} = -\dfrac{1}{2\sqrt{x^2 - 1}}$이다.

우변의 해 $u(x)$의 미분은 좌변의 피적분 함수 (integrand function) $\dfrac{1}{\sqrt{x^2 - 1}}$와 같아야 한다. 즉, $\dfrac{du^+}{dx} - \dfrac{du^-}{dx} = \dfrac{d}{dx}\left(u^+ - u^-\right) \equiv \dfrac{1}{\sqrt{x^2 - 1}}$이다.

따라서 다음과 같이 해를 선택한다.

$$\therefore \int \frac{dx}{\sqrt{x^2 - 1}} = \frac{1}{2}\left(u^+ - u^-\right) = \frac{1}{2}\ln\left(\frac{x + \sqrt{x^2 - 1}}{x - \sqrt{x^2 - 1}}\right)$$

우변의 해를 x에 대해 미분하면 피적분 함수 $\dfrac{1}{\sqrt{x^2 - 1}}$가 되므로 해의 타당성이 증명된다.

1.14 다음 적분을 치환 적분을 사용하여 구하라. 단, 적분 상수 C는 무시한다.

(1) $\int \tanh(ax)\,dx$, (2) $\int \frac{1}{\tanh(ax)}dx$, (3) $\int \frac{1+e^{ax}}{1-e^{ax}}dx$,

(4) $\int \frac{1}{\sinh(ax)}dx$, (5) $\int \frac{1}{\cosh(ax)}dx$ [힌트]: $u=e^{ax}$로 치환.

[풀이]

(1)~(3)의 적분은 $\int \frac{f'(x)}{f(x)}dx$ 형태이므로 $\int \frac{f'(x)}{f(x)}dx = \int [\ln f(x)]'dx = \ln f(x)$를 적용한다.

(1) $\int \tanh(ax)\,dx = \int \frac{\sinh(ax)}{\cosh(ax)}dx = \frac{1}{a}\ln[\cosh(ax)]$

(2) $\int \frac{1}{\tanh(ax)}dx = \int \frac{\cosh(ax)}{\sinh(ax)}dx = \frac{1}{a}\ln[\sinh(ax)]$

(3) $$\int \frac{1+e^{ax}}{1-e^{ax}}dx = \int \left[1-\frac{2e^{ax}}{e^{ax}-1}\right]dx = x-\int \frac{2e^{ax}}{e^{ax}-1}dx$$
$$= x-\frac{2}{a}\ln|e^{ax}-1|$$

(4) $\int \frac{1}{\sinh(ax)}dx = \int \frac{2}{e^{ax}-e^{-ax}}dx$ 적분은 $u=e^{ax}$로 치환하면 $du=ae^{ax}dx$

또는 $dx=\frac{du}{ae^{ax}}=\frac{1}{au}du$이다.

$$\int \frac{1}{\sinh(ax)}dx - \frac{2}{a}\int \frac{du}{u^2-1} - \frac{1}{a}\int\left(\frac{1}{u-1}-\frac{1}{u+1}\right)du$$
$$=\frac{1}{a}\ln\left(\frac{u-1}{u+1}\right)=\frac{1}{a}\ln\left(\frac{e^{ax}-1}{e^{ax}+1}\right)$$
$$=\frac{1}{a}\ln\left(\frac{e^{ax/2}-e^{-ax/2}}{e^{ax/2}+e^{-ax/2}}\right)=\frac{1}{a}\ln\left[\tanh\left(\frac{ax}{2}\right)\right]$$

(5) $\int \frac{1}{\cosh(ax)}dx = \int \frac{2}{e^{ax}+e^{-ax}}dx$ 적분은 $u=e^{ax}$로 치환하면 $du=ae^{ax}dx$

또는 $dx=\frac{du}{ae^{ax}}=\frac{1}{au}du$이다.

적분 $\int \frac{1}{\cosh(ax)}dx = \frac{2}{a}\int \frac{1}{u^2+1}du$은 다시 $u = \tan\theta$로 치환하면 $du = \frac{d\theta}{\cos^2\theta}$, $u^2+1 = \frac{1}{\cos^2\theta}$이다.

$$\therefore \int \frac{1}{\cosh(ax)}dx = \frac{2}{a}\int \frac{1}{u^2+1}du = \frac{2}{a}\int d\theta$$
$$= \frac{2}{a}\theta = \frac{2}{a}\tan^{-1}u = \frac{2}{a}\tan^{-1}(e^{ax})$$

한편 약간의 대수 계산을 통하여 $\frac{2}{a}\tan^{-1}(e^{ax}) \equiv \frac{2}{a}\tan^{-1}\left[\tanh\left(\frac{ax}{2}\right)\right]$가 됨을 알 수 있다. 즉, $\int \frac{1}{\cosh(ax)}dx = \frac{2}{a}\tan^{-1}(e^{ax})\frac{2}{a} = \tan^{-1}\left[\tanh\left(\frac{ax}{2}\right)\right]$이다.

[힌트: 각각의 적분 결과를 미분하면 피적분 함수 $\frac{1}{\cosh(ax)}$가 된다.]

1.15 수직 방향으로 운동하는 질량 m인 물체에 작용하는 힘은 중력 mg와 속력 v의 함수인 공기저항력의 합인 $F(v)$이며 운동 방정식은 $m\frac{dv}{dt}=F(v)$이다. 물체의 운동 시간은 적분 $t=\int\frac{m}{F(v)}dv$으로 주어진다.

다음의 $F(v)$에 대해 적분을 하여 물체의 속력을 구하라. 각각의 경우 $t\to\infty$일 때 속력인 종말 속력 (terminal speed) $v_{종말}$은 얼마인가?

(1) $F(v)=mg-bv$ (자유낙하할 때)

(2) $F(v)=mg-cv^2$ (자유낙하할 때)

(3) $F(v)=mg+cv^2$ (물체가 위로 운동할 때)

단, g는 중력 가속도, b, c는 마찰 계수이며, 아래 방향을 $+y(>0)$로 하며 초기 속력은 0이라 가정한다.

[풀이]

(1) $t=\int\frac{m}{F(v)}dv=\int_0^v\frac{m}{mg-bv}dv=-\frac{m}{b}\ln\left(\frac{v-mg/b}{-mg/b}\right)$이다.

$$\therefore\ v(t)=\frac{mg}{b}\left(1-e^{-\frac{b}{m}t}\right)$$

$t\to\infty$일 때 $e^{-\frac{b}{m}t}\to 0$이므로 종말 속력은 $v_{종말}=\frac{mg}{b}$이다.

(2) $$t=\int\frac{m}{F(v)}dv=\int_0^v\frac{m}{mg-cv^2}dv$$
$$=-\frac{1}{2}\sqrt{\frac{m}{cg}}\int_0^v\left(\frac{1}{v-\sqrt{mg/c}}-\frac{1}{v+\sqrt{mg/c}}\right)dv$$
$$=-\frac{1}{2}\sqrt{\frac{m}{cg}}\ln\left[\frac{\sqrt{mg/c}-v}{\sqrt{mg/c}+v}\right]$$

정리하면 속력은 다음과 같이 주어진다.

$$\therefore\ v(t)=\sqrt{\frac{mg}{c}}\frac{1-e^{-2\sqrt{cg/m}\,t}}{1+e^{-2\sqrt{cg/m}\,t}}\equiv\sqrt{\frac{mg}{c}}\tanh\left(\sqrt{\frac{cg}{m}}\,t\right)$$

$t\to\infty$일 때 $\tanh(t=\infty)=1$이므로 종말 속력은 $v_{종말}=\sqrt{\frac{mg}{c}}$이다.

(3) $t=\int \frac{m}{F(v)}dv=\int_0^v \frac{m}{mg+cv^2}dv$

$$=\sqrt{\frac{m}{cg}}\tan^{-1}\left(\frac{v}{\sqrt{mg/c}}\right)$$

$$\therefore\ v(t)=\sqrt{\frac{mg}{c}}\tan\left(\sqrt{\frac{cg}{m}}\,t\right)$$

시간 $t_n=\left(n+\frac{1}{2}\right)\pi\sqrt{\frac{m}{cg}}$ $(n=0, 1, 2, \cdots)$에서 속력은 $\pm\infty$로 발산한다.

1.16 어떤 물리계의 역학적 에너지 보존 법칙이 $\frac{1}{2}mv^2+\frac{1}{2}kx^2=E$이다.

속력 $v=\frac{dx}{dt}$에서 운동 시간은 적분 $t=\int \frac{dx}{\sqrt{(2E/m)-(k/m)x^2}}$로 주어진다. 치환 적분을 사용하여 물체의 변위 $x(t)$를 구하라.

편의상, $\omega=\sqrt{\frac{k}{m}}$, $A=\sqrt{\frac{2E}{k}}$라 둔다.

[풀이]

$\omega=\sqrt{\frac{k}{m}}$, $A=\sqrt{\frac{2E}{k}}$라 두면 적분은 $t=\frac{1}{\omega}\int \frac{dx}{\sqrt{A^2-x^2}}$가 된다.

삼각 함수 치환 ([예제 1.15])에 따라 $x=A\sin\theta$로 치환하면 $dx=A\cos\theta\,d\theta$이므로

$$t=\frac{1}{\omega}\int \frac{dx}{\sqrt{A^2-x^2}}=\frac{1}{\omega}\int_{\theta_o}^{\theta}\frac{A\cos\theta}{A\cos\theta}d\theta$$

$$=\frac{\theta-\theta_o}{\omega}=\frac{\sin^{-1}\left(\frac{x}{A}\right)-\theta_o}{\omega}$$

$$\therefore\ x=A\sin(\omega t+\theta_o)$$

여기서 $A=\sqrt{\frac{2E}{k}}$는 진폭이며 θ_o는 초기 조건으로 정해지는 상수이다.

역학적 에너지는 $E=\frac{1}{2}kA^2$이며 탄성 위치 에너지의 최댓값과 같다.

1.3 편미분

> 1.17 다음 함수의 전 미분을 구하라. 단, $r=\sqrt{x^2+y^2+z^2}$ 이다.
>
> (1) $f(x,y,z)=\dfrac{1}{\sqrt{x^2+y^2+z^2}}$, (2) $f(x,y,z)=\dfrac{1}{x^2+y^2+z^2}$,
>
> (3) $f(x,y,z)=\sqrt{x^2+y^2+z^2}$, (4) $f(x,y,z)=x^2+y^2+z^2$,
>
> (5) $f(x,y,z)=\ln\sqrt{x^2+y^2+z^2}$

[풀이]

3 변수 함수 $f(x,y,z)$의 전 미분은 $df(x,y,z)=\dfrac{\partial f}{\partial x}dx+\dfrac{\partial f}{\partial y}dy+\dfrac{\partial f}{\partial z}dz$로 주어지며, $f(x,y,z)$는 $r=\sqrt{x^2+y^2+z^2}$의 함수이므로 연쇄 법칙을 적용한다

$$\begin{aligned} df(x,y,z) &= \frac{\partial f}{\partial x}dx+\frac{\partial f}{\partial y}dy+\frac{\partial f}{\partial z}dz \\ &= \frac{\partial f}{\partial r}\left(\frac{\partial r}{\partial x}dx+\frac{\partial r}{\partial y}dy+\frac{\partial r}{\partial z}dz\right) \\ &= \frac{df}{dr}\left(\frac{x}{r}dx+\frac{y}{r}dy+\frac{z}{r}dz\right)\equiv\frac{df}{dr}\sum_{i=1}^{3}\frac{x_i dx_i}{r} \end{aligned}$$

여기서 $\dfrac{\partial r}{\partial x}=\dfrac{x}{r}$, $\dfrac{\partial r}{\partial y}=\dfrac{y}{r}$, $\dfrac{\partial r}{\partial z}=\dfrac{z}{r}$이다. $f(x,y,z)\equiv f(r)$의 함수의 미분을 적용하여 전 미분을 구한다.

(1) $f(r)=\dfrac{1}{r}\Rightarrow\dfrac{df}{dr}=-\dfrac{1}{r^2}$ 이므로 $df=-\dfrac{xdx+ydy+zdz}{r^3}=-\dfrac{1}{r^3}\sum\limits_{i=1,2,3}x_i dx_i$

(2) $f(r)=\dfrac{1}{r^2}\Rightarrow\dfrac{df}{dr}=-\dfrac{2}{r^3}$ 이므로 $df=-\dfrac{2}{r^4}\sum\limits_{i=1,2,3}x_i dx_i$

(3) $f(r)=r\Rightarrow\dfrac{df}{dr}=1$ 이므로 $df=\dfrac{1}{r}\sum\limits_{i=1,2,3}x_i dx_i$

(4) $f(r)=r^2\Rightarrow\dfrac{df}{dr}=2r$ 이므로 $df=2\sum\limits_{i=1,2,3}x_i dx_i$,

(5) $f(r)=\ln r\Rightarrow\dfrac{df}{dr}=\dfrac{1}{r}$ 이므로 $df=\dfrac{1}{r^2}\sum\limits_{i=1,2,3}x_i dx_i$

1.18 시간 t를 매개 변수로 하는 두 함수 $x=Ae^{-\alpha t}\cos\omega t$, $y=Ae^{-\alpha t}\sin\omega t$ 에 대한 함수 $f(x,y)=x^2+y^2$가 있다.

(1) $\dfrac{df}{dt}$를 구하라.

(2) 단위 질량 $m=1$인 입자의 운동 에너지 $K=\dfrac{1}{2}\left(\dot{x}^2+\dot{y}^2\right)$의 시간 변화를 구하라.

[풀이]

(1) $f(x,y)=x^2+y^2$의 전 미분은 $df=\dfrac{\partial f}{\partial x}dx+\dfrac{\partial f}{\partial y}dy=2xdx+2ydy$이며

$dx=-Ae^{-\alpha t}(\omega\sin\omega t+\alpha\cos\omega t)dt$, $dy=Ae^{-\alpha t}(\omega\cos\omega t-\alpha\sin\omega t)dt$

이다. 전 미분에 대입하면 $df=-2\alpha A^2e^{-2\alpha t}dt$가 되어 시간 t만의 함수를 얻는다.

$$\therefore \frac{df}{dt}=-2\alpha A^2e^{-2\alpha t}$$

(2) $\dfrac{dx}{dt}=-Ae^{-\alpha t}(\omega\sin\omega t+\alpha\cos\omega t)$, $\dfrac{dy}{dt}=Ae^{-\alpha t}(\omega\cos\omega t-\alpha\sin\omega t)$를 운동 에너지에 대입하여 정리하면 $K=\dfrac{1}{2}\left(\dot{x}^2+\dot{y}^2\right)=\dfrac{1}{2}A^2\left(\omega^2+\alpha^2\right)e^{-2\alpha t}$이다.

1.19 파동 방정식 $\dfrac{\partial^2\Psi}{\partial x^2}-\dfrac{1}{v^2}\dfrac{\partial^2\Psi}{\partial t^2}=0$이 있다. 여기서 Ψ는 파동함수, v는 파동의 속력이다. 다음 파동함수들이 파동 방정식을 만족하기 위한 조건을 구하라.

(1) $\Psi(x,t)=\ln(kx+\omega t)$, (2) $\Psi(x,t)=\cosh\left(\dfrac{2\pi}{\lambda}x+\dfrac{2\pi}{T}t\right)$.

[풀이]

(1)
$$\frac{\partial\Psi}{\partial x}=\frac{k}{kx+\omega t}\Rightarrow\frac{\partial^2\Psi}{\partial x^2}=-\frac{k^2}{(kx+\omega t)^2}$$
$$\frac{\partial\Psi}{\partial t}=\frac{\omega}{kx+\omega t}\Rightarrow\frac{\partial^2\Psi}{\partial t^2}=-\frac{\omega^2}{(kx+\omega t)^2}$$

를 파동 방정식에 대입하면 $\omega^2 = k^2 v^2$이므로 $\omega = kv$이다.

(2) $\dfrac{\partial\Psi}{\partial x} = \dfrac{2\pi}{\lambda}\sinh\left(\dfrac{2\pi}{\lambda}x + \dfrac{2\pi}{T}t\right) \Rightarrow \dfrac{\partial^2\Psi}{\partial x^2} = \left(\dfrac{2\pi}{\lambda}\right)^2\cosh\left(\dfrac{2\pi}{\lambda}x + \dfrac{2\pi}{T}t\right)$

$\dfrac{\partial\Psi}{\partial t} = \dfrac{2\pi}{T}\sinh\left(\dfrac{2\pi}{\lambda}x + \dfrac{2\pi}{T}t\right) \Rightarrow \dfrac{\partial^2\Psi}{\partial t^2} = \left(\dfrac{2\pi}{T}\right)^2\cosh\left(\dfrac{2\pi}{T}x + \dfrac{2\pi}{T}t\right)$

를 파동 방정식에 대입하면 $\lambda^2 = T^2 v^2$이므로 $Tv = \lambda$이다.

1.4 무한 급수 전개

> 1.20 (1) $f(x) = \dfrac{1}{x}$을 $x = 1$ 근방에서 테일러 전개하고 비율 판정법을 사용하여 수렴 구간을 구하라.
>
> (2) $f(x) = \sin x$를 $x = \dfrac{\pi}{2}$ 근방에서 테일러 전개하여 $\cos\left(x - \dfrac{\pi}{2}\right)$임을 보이고, 수렴 반경 R과 수렴 범위를 구하라.
>
> (3) $f(x) = \dfrac{1}{1+x}$을 $x = 1$ 근방에서 테일러 전개하고 수렴 구간을 구하라.

[풀이]

$x = x_o$근방에서 테일러 급수는 $f(x) = \sum_{n=0}^{\infty} \dfrac{1}{n!} f^{(n)}(x_o)(x - x_o)^n$로 주어진다.

비율 판정법을 사용하면 $L = \lim_{n\to\infty}\left|\dfrac{c_{n+1}(x-x_o)^{n+1}}{c_n(x-x_o)^n}\right| \equiv \dfrac{x - x_o}{R}$이며,

$L < 1$인 경우 즉, $|x - x_o| < R$인 경우 절대 수렴한다.

(1) $f(x) = \dfrac{1}{x}$에 대해 $f^{(n)}(x) = (-1)^n \dfrac{n!}{x^{n+1}}$이므로 $f^{(n)}(1) = (-1)^n n!$이다.

$$\therefore\ f(x) = \frac{1}{x} = \sum_{n=0}^{\infty}(-1)^n(x-1)^n.$$

비율 판정법을 사용하면 $L = \lim_{n\to\infty}\left|\frac{c_{n+1}(x-1)^{n+1}}{c_n(x-1)^n}\right| = |x-1| < 1$인 경우

절대 수렴하며 수렴 구간은 $|x-1|<1$ 또는 $0<x<2$이다.

$x=0$과 $x=2$에서는 발산한다.

(2) $f(x)=\sin x$에 대해 $f^{(2n)}(x)=(-1)^n \sin x$, $f^{(2n+1)}(x)=(-1)^n \cos x$,

$(n=0,1,2,\cdots)$이므로 $x=\frac{\pi}{2}$에서 $f^{(2n)}\left(\frac{\pi}{2}\right)=(-1)^n$, $f^{(2n+1)}\left(\frac{\pi}{2}\right)=0$이다.

$$\therefore\ f(x)=\sin x=\sum_{n=0}^{\infty}\frac{(-1)^n}{(2n)!}\left(x-\frac{\pi}{2}\right)^{2n}\equiv\cos\left(x-\frac{\pi}{2}\right)$$

$$L=\lim_{n\to\infty}\left|\frac{c_{2n+2}(x-\pi/2)^{2n+2}}{c_{2n}(x-\pi/2)^{2n}}\right|=\lim_{n\to\infty}\left|(-1)\frac{(x-\pi/2)^2}{(2n+2)(2n+1)}\right|=0$$

이므로 수렴 반경은 $R=\infty$이며 모든 x에 대해 수렴한다.

(3) $f(x)=\frac{1}{x+1}$에 대해 $f^{(n)}(x)=(-1)^n\frac{n!}{(x+1)^{n+1}}$이며 $f^{(n)}(1)=\frac{(-1)^n n!}{2^{n+1}}$

이다.

$$\therefore\ f(x)=\frac{1}{1+x}=\frac{1}{2}\sum_{n=0}^{\infty}(-1)^n\left(\frac{x-1}{2}\right)^n$$

$$L=\lim_{n\to\infty}\left|\frac{c_{n+1}(x-1)^{n+1}}{c_n(x-1)^n}\right|=\frac{|x-1|}{2}\equiv\frac{|x-1|}{R}<1$$이면 절대 수렴한다.

즉, $|x-1|<2$ 또는 $-1<x<3$에서는 절대 수렴한다.

$x=3$에서는 교대 급수 판정법에 따라 발산하며, $x=-1$에서도 발산한다.

1.21 2 원자 분자의 퍼텐셜은 Morse 함수 $V(x)=V_o\left[e^{-2(x-x_o)/a}-2e^{-(x-x_o)/a}\right]$로 주어진다. 여기서 x는 원자 간의 거리이며 V_o, a는 상수이며 x_o는 평형점에서 두 원자 간의 거리이다.

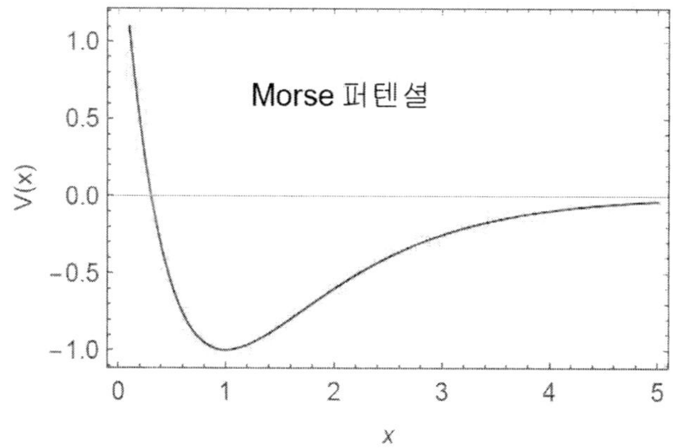

연습문제 1.21 그림. (편의상, $x_o=a=1$로 두었다.)

(1) 힘 $F(x)=-\dfrac{dV}{dx}=0$인 위치 x를 구하고 그 점에서 퍼텐셜은 얼마인가?

(2) 퍼텐셜 $V(x)$와 힘 $F(x)$를 x_o 근방에서 테일러 전개를 구하고 $x-x_o \ll a$인 근사를 사용하여 $(x-x_o)/a$의 최소 멱 수로 구하라.

[풀이]

(1) $F(x)=-\dfrac{dV}{dx}=\dfrac{2V_o}{a}e^{-(x-x_o)/a}\left[e^{-(x-x_o)/a}-1\right]=0$

$$\therefore\ x=x_o \ \Rightarrow\ V(x_o)=-V_o$$

(2) 퍼텐셜 $V(x)$를 x_o 근방에서 테일러 전개하고 $x-x_o \ll a$ 근사를 사용하면 다음과 같다.

$$V(x)=V_o\left[e^{-2(x-x_o)/a}-2e^{-(x-x_o)/a}\right]\simeq V_o\left[\frac{(x-x_o)^2}{a^2}-1\right]$$

$$F(x)=-\frac{dV}{dx}\simeq-\frac{2V_o}{a^2}(x-x_o)\equiv-k(x-x_o)\quad \Leftarrow (\text{훅의법칙})$$

1.22 다음 극한값을 맥클로린 전개를 사용하여 구하라. 단, $a>0$인 실수이다.

(1) $\lim_{x\to 0}\frac{1-\cos ax}{x^2}$, (2) $\lim_{x\to 0}\frac{\sin ax}{x}$, (3) $\lim_{x\to 0}\frac{\ln(1+ax)}{x}$

[풀이]

(1) $$\lim_{x\to 0}\frac{1-\cos ax}{x^2}=\lim_{x\to 0}\frac{1-\left[1-\frac{(ax)^2}{2!}+\frac{(ax)^4}{4!}-\cdots\right]}{x^2}=\frac{a^2}{2}$$

(2) $$\lim_{x\to 0}\frac{\sin ax}{x}=\lim_{x\to 0}\frac{ax-\frac{(ax)^3}{3!}+\frac{(ax)^5}{5!}-\cdots}{x}=a$$

(3) $$\lim_{x\to 0}\frac{\ln(1+ax)}{x}=\lim_{x\to 0}\frac{ax-\frac{(ax)^2}{2}+\frac{(ax)^3}{3}-\cdots}{x}=a$$

1.23 멱 급수 전개로 다음 적분을 a^5 항까지 구하라. 단, $a\ll 1$이다.

(1) $\int_0^a e^{x^2}dx$, (2) $\int_0^a \frac{\sin(x^2)}{x^2}dx$,

(3) $\int_0^a \sqrt{1-x^2}\,dx$, (4) $\int_0^a \frac{\ln(1+x^2)}{x^2}dx$

[풀이]

(1) $$\int_0^a e^{x^2}dx=\int_0^a\left(1+x^2+\frac{x^4}{2!}+\frac{x^6}{3!}+\cdots\right)dx\simeq a+\frac{a^3}{3}+\frac{a^5}{10},$$

(2) $$\int_0^a \frac{\sin(x^2)}{x^2}dx=\int_0^a\frac{1}{x^2}\left(x^2-\frac{x^6}{3!}+\frac{x^{10}}{5!}-\cdots\right)dx\simeq a-\frac{a^5}{30},$$

(3) $$\int_0^a\sqrt{1-x^2}\,dx=\int_0^a\left(1-\frac{x^2}{2}-\frac{x^4}{8}-\frac{x^6}{16}-\cdots\right)dx\simeq a-\frac{a^3}{6}-\frac{a^5}{40}$$

(4) $$\int_0^a\frac{\ln(1+x^2)}{x^2}dx=\int_0^a\frac{1}{x^2}\left(x^2-\frac{x^4}{2}+\frac{x^6}{3}-\frac{x^8}{4}+\cdots\right)dx\simeq a-\frac{a^3}{6}+\frac{a^5}{15}$$

1.24 적분 판정법을 사용하여 다음 $p-$급수가 수렴인지 발산인지 판별하라.

(1) $\sum_{n=1}^{\infty}\frac{1}{n^{1/2}}$, (2) $\sum_{n=1}^{\infty}\frac{1}{n}$, (3) $\sum_{n=1}^{\infty}\frac{1}{n^{3/2}}$, (4) $\sum_{n=1}^{\infty}\frac{1}{n^2}$

[풀이]

적분 판정법을 각각의 $p-$급수에 적용한다.

$f(n)=\frac{1}{n^p}$은 구간 $[1,\infty)$에서 양수이며 연속으로 감소하는 함수이다.

$p\neq1$인 경우 $\int_1^{\infty}f(t)dt=\int_1^{\infty}\frac{1}{t^p}dt=\left.\frac{1}{(1-p)t^{p-1}}\right|_{t=1}^{\infty}$이며, $p>1$인 경우 $\int_1^{\infty}f(t)dt=\frac{1}{p-1}=$유한이므로 수렴한다. $0<p<1$인 경우와 $p=0$인 경우 $\int_1^{\infty}f(t)dt=\infty$이므로 발산한다.

(1) $p=\frac{1}{2}$이므로 $\int_1^{\infty}f(t)dt=\int_1^{\infty}\frac{1}{t^{1/2}}dt=\left.2t^{1/2}\right|_{t=1}^{\infty}=\infty$가 되어 발산한다.

(2) $p=1$인 조화급수이므로 $\int_1^{\infty}f(t)dt=\int_1^{\infty}\frac{1}{t^1}dt=\left.\ln t\right|_{t=1}^{\infty}=\infty$가 되어 발산한다.

(3) $p=\frac{3}{2}$이므로 $\int_1^{\infty}f(t)dt=\int_1^{\infty}\frac{1}{t^{3/2}}dt=-\left.\frac{2}{t^{1/2}}\right|_{t=1}^{\infty}=2$이므로 수렴한다.

(4) $p=2$이므로 $\int_1^{\infty}f(t)dt=\int_1^{\infty}\frac{1}{t^2}dt=-\left.\frac{1}{t}\right|_{t=1}^{\infty}=1$이므로 수렴한다.

[타원의 둘레 구하기: 타원 적분]

1.25 $x = a\cos\theta,\quad y = b\sin\theta$ 는 타원 방정식 $\dfrac{x^2}{a^2}+\dfrac{y^2}{b^2}=1$을 만족한다.

여기서 a는 단축, b는 장축으로 $b \geq a$이다.

(1) 타원의 둘레 $C = 4bE\left(k^2|\Phi = \dfrac{\pi}{2}\right)$가 됨을 보여라.

여기서 $E\left(k|\Phi = \dfrac{\pi}{2}\right) = \displaystyle\int_0^{\pi/2}\sqrt{1-k^2\sin^2\theta}\,d\theta$는 제2종 완전 타원 적분

이다. $0 \leq k \leq 1$일 때 k는 a와 b로 어떻게 표현되는가?

[힌트] 타원의 둘레 미소 선분은 $ds = \sqrt{dx^2+dy^2} = \sqrt{1+\left(\dfrac{dy}{dx}\right)^2}\,dx$이다.

(2) $\sin\theta = t$ 로 치환하여 제2종 완전 타원 적분 $E(k) = \displaystyle\int_0^1 \frac{\sqrt{1-k^2t^2}}{\sqrt{1-t^2}}dt$이

됨을 보여라.

(3) 제2종 완전 타원 적분을 멱 급수로 전개하여 계산하면

$$E(k) = \frac{\pi}{2}\left[1-\sum_{n=1}^{\infty}\left(\frac{(2n-1)!!}{(2n)!!}\right)^2\frac{k^{2n}}{2n-1}\right]$$

임을 보여라. 여기서 $n!!$은 이중 팩토리얼 (double factorial)이며,

n이 짝수 (even)인 경우 $n!! = n(n-2)(n4)\cdots 4 \bullet 2$이며 홀수 (odd)인 경우

$n!! = n(n-2)(n4)\cdots 3 \bullet 1$이며 $0! \neq 1$로 정의한다.

[풀이]

(1) $x = x(\theta),\quad y = y(\theta)$인 θ를 매개 변수로 하는 함수이므로 타원의 둘레 미소 선분은

$$ds = \sqrt{dx^2+dy^2} = \sqrt{\left(\frac{dx}{d\theta}d\theta\right)^2+\left(\frac{dy}{d\theta}d\theta\right)^2} = \sqrt{\left(\frac{dx}{d\theta}\right)^2+\left(\frac{dy}{d\theta}\right)^2}\,d\theta$$이다. 즉,

$$ds = \sqrt{\left(\frac{dx}{d\theta}\right)^2+\left(\frac{dy}{d\theta}\right)^2}\,d\theta = \sqrt{(-a\sin\theta)^2+(b\cos\theta)^2}\,d\theta$$이다.

$b \geq a$이므로 정리하면 $ds = b\sqrt{1-\dfrac{b^2-a^2}{b^2}\sin^2\theta}\,d\theta \equiv b\sqrt{1-k^2\sin^2\theta}\,d\theta$이다.

여기서 $k=\sqrt{1-\dfrac{a^2}{b^2}}$ 는 타원의 이심률이다.

1 사분면의 둘레에 4를 곱하면 전체 둘레가 된다.

$$\therefore\ C=4b\int_0^{\pi/2}\sqrt{1-k^2\sin^2\theta}\,d\theta\equiv 4bE\left(k^2|\Phi=\frac{\pi}{2}\right)$$

[참고] $a\geq b$인 경우 $C=4a\int_0^{\pi/2}\sqrt{1-k^2\sin^2\theta}\,d\theta\equiv 4aE\left(k^2|\Phi=\dfrac{\pi}{2}\right)$이며

이심률은 $k=\sqrt{1-\dfrac{b^2}{a^2}}$ 이다.

(2) $\sin\theta=t$로 치환하면 $d\theta=\dfrac{dt}{\cos\theta}=\dfrac{dt}{\sqrt{1-t^2}}$이므로 제2종 완전 타원 적분은

$$E\left(k|\Phi=\frac{\pi}{2}\right)=\int_0^{\pi/2}\sqrt{1-k^2\sin^2\theta}\,d\theta=\int_0^1\frac{\sqrt{1-k^2t^2}}{\sqrt{1-t^2}}dt$$

가 된다.

(3) $(1+x)^m$의 이항 급수는 다음과 같이 주어진다.

$$\begin{aligned}(1+x)^m&=1+\frac{1}{2}x+\frac{m(m-1)}{2!}x^2+\frac{m(m-1)(m-2)}{3!}x^3+\cdots\\&=\sum_{n=0}^{\infty}\frac{1}{n!}\frac{m!}{(m-n)!}x^n\equiv\sum_{n=0}^{\infty}{}_mC_n\,x^n\end{aligned}$$

$m=\dfrac{1}{2}$과 $x=-k^2\sin^2\theta$를 대입하여 정리하면 (1)의 제2종 완전 타원 적분의 피적분 함수는 다음과 같이 주어진다.

$$\sqrt{1-k^2\sin^2\theta}=1-\frac{k^2}{2}\sin^2\theta-\frac{k^4}{8}\sin^4\theta-\frac{k^6}{16}\sin^6\theta-\frac{5k^8}{128}\sin^8\theta-\cdots$$

한편 베타 함수 (beta function)를 이용하면 $\int_0^{\pi/2}\sin^{2n}\theta d\theta=\dfrac{(2n-1)!!}{(2n)!!}\dfrac{\pi}{2}$ 이므로 제2종 완전 타원 적분에 대입하고 약간의 계산 과정을 거치면 다음의 멱급수 전개식을 얻는다.

$$\therefore\ E(k) = \frac{\pi}{2}\left[1-\left(\frac{1}{2}\right)^2\frac{k^2}{1}-\left(\frac{1\cdot 3}{2\cdot 4}\right)^2\frac{k^4}{3}-\left(\frac{1\cdot 3\cdot 5}{2\cdot 4\cdot 6}\right)^2\frac{k^6}{5}-\cdots\right]$$
$$= \frac{\pi}{2}\left[1-\sum_{n=1}^{\infty}\left(\frac{(2n-1)!!}{(2n)!!}\right)^2\frac{k^{2n}}{2n-1}\right]$$

여기서 $n!!$은 이중 팩토리얼이다.

1.26 미분방정식 $\dfrac{d^2y}{dx^2}-a^2y=0$의 해를 멱 급수 해로 풀려고 한다.

여기서, $a(\neq 0)$는 실수이다. 멱 급수 해를

$$y=c_0+c_1x+c_2x^2+c_3x^3+c_4x^4+\cdots=\sum_{n=0}^{\infty}c_nx^n$$

라 두자. 단, $c_0\neq 0$, $c_1\neq 0$이다.

(1) 미분방정식에 대입하여 x의 같은 멱 수끼리 비교하여 계수 c_n $(n\geq 2)$을 c_0와 c_1으로 나타내어라.

(2) 멱 급수 해를 구하라.

(3) (2)의 해를 쌍곡선 함수 $\sinh(ax)$와 $\cosh(ax)$의 맥클로린 전개와 비교하여 멱 급수 해를 구하라.

[풀이]

(1) 멱 급수 해를 $y=c_0+c_1x+c_2x^2+c_3x^3+c_4x^4+\cdots=\sum_{n=0}^{\infty}c_nx^n$라 두면

$$y'=c_1+2c_2x+3c_3x^2+4c_4x^3+\cdots=\sum_{n=1}^{\infty}nc_nx^{n-1},$$
$$y''=2c_2+3\cdot 2c_3x+4\cdot 3c_4x^2+\cdots=\sum_{n=2}^{\infty}n(n-1)c_nx^{n-2}$$

미분방정식에 대입하여 x의 같은 멱 수끼리 비교하면 계수는 다음과 같다.

$$x^0 : 2c_2 = a^2 c_0 \qquad \rightarrow c_2 = \frac{a^2}{2} c_0$$

$$x^1 : 3 \cdot 2c_3 = a^2 c_1 \rightarrow c_3 = \frac{a^2}{3!} c_1$$

$$x^2 : 4 \cdot 3c_4 = a^2 c_2 \rightarrow c_4 = \frac{a^2}{4 \cdot 3} c_2 = \frac{a^4}{4!} c_0$$

$$x^3 : 5 \cdot 4c_5 = a^2 c_3 \rightarrow c_5 = \frac{a^2}{5 \cdot 4} c_3 = \frac{a^4}{5!} c_1$$

$$\vdots$$

$$\therefore\ c_{2n} = \frac{a^{2n}}{(2n)!} c_0, \quad c_{2n+1} = \frac{a^{2n}}{(2n+1)!} c_1 \quad (n = 0, 1, 2, 3, \cdots)$$

(2) $$y = c_0 \left[1 + \frac{a^2}{2!} x^2 + \frac{a^4}{4!} x^4 + \frac{a^6}{6!} x^6 + \cdots \right] + \frac{c_1}{a} \left[ax + \frac{a^3}{3!} x^3 + \frac{a^5}{5!} x^5 + \frac{a^7}{7!} x^7 + \cdots \right]$$

(3) $$y = c_0 \underbrace{\left[1 + \frac{a^2}{2!} x^2 + \frac{a^4}{4!} x^4 + \frac{a^6}{6!} x^6 + \cdots \right]}_{= \cosh ax} + \frac{c_1}{a} \underbrace{\left[ax + \frac{a^3}{3!} x^3 + \frac{a^5}{5!} x^5 + \frac{a^7}{7!} x^7 + \cdots \right]}_{= \sinh ax}$$

$$\therefore\ y = c_0 \cosh(ax) + \frac{c_1}{a} \sinh(ax)$$

1.27 연습문제 1.26에서 $a=ik$로 대체하면 미분방정식은 $\frac{d^2y}{dx^2}+k^2y=0$가 된다.

(1) 연습문제 1.26과 같은 방법으로 멱 급수 해를 구하라.

(2) (1)의 멱 급수 해가 $y=c_0\cos(kx)+\frac{c_1}{k}\sin(kx)$임을 보여라.

[풀이]

(1) 연습문제 1.26의 계수에 $a=ik$를 대입하면 계수는 다음과 같다.

$$c_{2n}=\frac{a^{2n}}{(2n)!}c_0=\frac{(ik)^{2n}}{(2n)!}c_0=\frac{(-1)^n k^{2n}}{(2n)!}c_0,$$
$$c_{2n+1}=\frac{a^{2n}}{(2n+1)!}c_1=\frac{(ik)^{2n}}{(2n+1)!}c_1=\frac{(-1)^n k^{2n}}{(2n+1)!}c_1 \quad (n=0,1,2,3,\cdots)$$

여기서 $i^{2n}=(i^2)^n=(-1)^n$이다. 따라서 멱 급수 해는 다음과 같이 주어진다.

$$y=\sum_{n=0}^{\infty}\left(c_{2n}x^{2n}+c_{2n+1}x^{2n+1}\right)$$
$$=c_0\sum_{n=0}^{\infty}\frac{(-1)^n}{(2n)!}k^{2n}x^{2n}+c_1\sum_{n=0}^{\infty}\frac{(-1)^n}{(2n+1)!}k^{2n}x^{2n+1}$$

(2) 삼각 함수의 맥클로린 급수는 다음과 같다.

$$\sin x=x-\frac{1}{3!}x^3+\frac{1}{5!}x^5-\frac{1}{7!}x^7+\cdots=\sum_{n=0}^{\infty}(-1)^n\frac{x^{2n+1}}{(2n+1)!}$$

$$\cos x=1-\frac{1}{2!}x^2+\frac{1}{4!}x^4-\frac{1}{6!}x^6+\cdots=\sum_{n=0}^{\infty}(-1)^n\frac{x^{2n}}{(2n)!}$$

$$\therefore\ y=c_0\sum_{n=0}^{\infty}\frac{(-1)^n}{(2n)!}(kx)^{2n}+\frac{c_1}{k}\sum_{n=0}^{\infty}\frac{(-1)^n}{(2n+1)!}(kx)^{2n+1}$$
$$\equiv c_0\cos kx+\frac{c_1}{k}\sin kx$$

2장. 벡터 해석 연습문제

2.1 벡터의 기본 특성: 스칼라 (벡터) 곱, 스칼라 (벡터) 3중곱

2.1 (1) 벡터 $\boldsymbol{A}=(a_1, a_2, a_3)$의 단위 벡터 $\hat{a}$를 세 성분 a_1, a_2, a_3로 나타내어라. (2) 두 벡터 $\boldsymbol{A}=(a_1, a_2, a_3)$, $\boldsymbol{B}=(b_1, b_2, b_3)$에 수직인 단위 벡터 $\hat{c}$를 구하라.

[풀이]

(1) $\boldsymbol{A}=(a_1, a_2, a_3)\equiv a\hat{a}$라 하면 벡터의 크기 $a=\sqrt{a_1^2+a_2^2+a_3^2}$이므로 단위 벡터는

$\hat{a}=\dfrac{a_1\hat{x}+a_2\hat{y}+a_3\hat{z}}{\sqrt{a_1^2+a_2^2+a_3^2}}$이다.

(2) 벡터 곱 $\boldsymbol{C}=\boldsymbol{A}\times\boldsymbol{B}$는 (영 벡터가 아닌) 두 벡터 $\boldsymbol{A}, \boldsymbol{B}$에 항상 수직이다.

$\boldsymbol{C}=\boldsymbol{A}\times\boldsymbol{B}=c_1\hat{x}+c_2\hat{y}+c_3\hat{z}\equiv c\hat{c}$라 두면 단위 벡터는 $\hat{c}=\dfrac{c_1\hat{x}+c_2\hat{y}+c_3\hat{z}}{\sqrt{c_1^2+c_2^2+c_3^2}}$

이다. 각각의 성분은 $\boldsymbol{C}=\boldsymbol{A}\times\boldsymbol{B}=\begin{vmatrix}\hat{x} & \hat{y} & \hat{z}\\ a_1 & a_2 & a_3\\ b_1 & b_2 & b_3\end{vmatrix}$를 계산하면 $c_1=a_2b_3-a_3b_2$,

$c_2=a_3b_1-a_1b_3$, $\quad c_3=a_1b_2-a_2b_1$가 된다.

2.2 두 벡터 $\boldsymbol{A}, \boldsymbol{B}$가 있다. (1) $\boldsymbol{A}\cdot\boldsymbol{B}\le AB$, (2) $\lvert\boldsymbol{A}+\boldsymbol{B}\rvert\le\lvert\boldsymbol{A}\rvert+\lvert\boldsymbol{B}\rvert$, (3) $\lvert\boldsymbol{A}\times\boldsymbol{B}\rvert^2+\lvert\boldsymbol{A}\cdot\boldsymbol{B}\rvert^2=A^2B^2$ 임을 보여라. 여기서 $A=\lvert\boldsymbol{A}\rvert$, $B=\lvert\boldsymbol{B}\rvert$이다.

[풀이]

(1) $\boldsymbol{A}\cdot\boldsymbol{B}=AB\cos\theta\le AB$ $(\because -1\le\cos\theta\le 1)$: 슈바르츠 부등식 (Schwartz inequality)

(2) $|\boldsymbol{A}+\boldsymbol{B}|^2 = A^2+B^2+2\boldsymbol{A}\cdot\boldsymbol{B}$
$(|\boldsymbol{A}|+|\boldsymbol{B}|)^2 = (A+B)^2 = A^2+B^2+2AB$

이다. (1)의 슈바르츠 부등식에 따라 $\boldsymbol{A}\cdot\boldsymbol{B} \le AB$ 이므로

$|\boldsymbol{A}+\boldsymbol{B}|^2 \le (|\boldsymbol{A}|+|\boldsymbol{B}|)^2 = (A+B)^2$

$\therefore\ |\boldsymbol{A}+\boldsymbol{B}| \le |\boldsymbol{A}|+|\boldsymbol{B}| = A+B$

등호는 두 벡터가 같은 경우이다.

(3) $|\boldsymbol{A}\times\boldsymbol{B}|^2+|\boldsymbol{A}\cdot\boldsymbol{B}|^2 = A^2B^2\sin^2\theta+A^2B^2\cos^2\theta = A^2B^2$

2.3 $(\boldsymbol{A}\cdot\boldsymbol{B})\boldsymbol{C} = \boldsymbol{A}\times\boldsymbol{B}$를 만족하는 벡터 $\boldsymbol{C}$가 있다. $|\boldsymbol{C}|=1$을 만족할 때
(1) 두 벡터 $\boldsymbol{A},\boldsymbol{B}$ 가 이루는 사이 각 θ를 구하라.
(2) 세 벡터 $\boldsymbol{A},\boldsymbol{B},\boldsymbol{C}$로 이루어진 직육면체의 부피는 얼마인가?

[풀이]

(1) 벡터 $\boldsymbol{C}$는 두 벡터 $\boldsymbol{A},\boldsymbol{B}$에 수직이며, $|\boldsymbol{C}|=1$인 단위 벡터이다. 두 벡터 $\boldsymbol{A},\boldsymbol{B}$가 이루는 사이 각이 θ라 하면

$$(\boldsymbol{A}\cdot\boldsymbol{B})\boldsymbol{C} = \boldsymbol{A}\times\boldsymbol{B} \Rightarrow AB\cos\theta\boldsymbol{C} = AB\sin\theta\boldsymbol{C}$$
$$\Rightarrow \cos\theta = \sin\theta$$
$$\therefore\ \theta = \frac{\pi}{4}$$

(2) 직육면체의 부피는 스칼라 3중 곱 $\boldsymbol{A}\cdot(\boldsymbol{B}\times\boldsymbol{C})$와 같다.

$$\boldsymbol{A}\cdot(\boldsymbol{B}\times\boldsymbol{C}) = \boldsymbol{C}\cdot\underbrace{(\boldsymbol{A}\times\boldsymbol{B})}_{=(\boldsymbol{A}\cdot\boldsymbol{B})\boldsymbol{C}} = \boldsymbol{C}\cdot\boldsymbol{C}(\boldsymbol{A}\cdot\boldsymbol{B}) = AB\cos\theta = \frac{1}{\sqrt{2}}AB$$

2.4 세 벡터 $\boldsymbol{A},\boldsymbol{B},\boldsymbol{C}$가 서로 수직이며 벡터 곱은 $\boldsymbol{A}\times\boldsymbol{B}=\gamma\boldsymbol{C}$, $\boldsymbol{B}\times\boldsymbol{C}=\alpha\boldsymbol{A}$, $\boldsymbol{C}\times\boldsymbol{A}=\beta\boldsymbol{B}$의 관계를 만족한다. 세 상수 $(\alpha,\beta,\gamma>0)$의 곱 $\alpha\beta\gamma$ 를 구하라.

[풀이]

각각의 벡터 곱 양변에 우변의 벡터를 스칼라 곱을 연산한다.

$$(\boldsymbol{A}\times\boldsymbol{B})\cdot\boldsymbol{C} = \gamma\boldsymbol{C}\cdot\boldsymbol{C} \Rightarrow ABC = \gamma C^2 \Rightarrow \gamma = \frac{AB}{C},$$

$$(\boldsymbol{B}\times\boldsymbol{C})\cdot\boldsymbol{A}=\alpha\boldsymbol{A}\cdot\boldsymbol{A}\ \Rightarrow\ ABC=\alpha A^2\ \Rightarrow\ \alpha=\frac{BC}{A},$$

$$(\boldsymbol{C}\times\boldsymbol{A})\cdot\boldsymbol{B}=\beta\boldsymbol{B}\cdot\boldsymbol{B}\ \Rightarrow\ ABC=\beta B^2\ \Rightarrow\ \beta=\frac{AC}{B}$$

$$\therefore\ \alpha\beta\gamma=ABC$$

> 2.5 벡터 $\boldsymbol{A}=A_x\hat{x}+A_y\hat{y}+A_z\hat{z}$, $\boldsymbol{B}=B_x\hat{x}+B_y\hat{y}+B_z\hat{z}$, $\boldsymbol{C}=C_x\hat{x}+C_y\hat{y}+C_z\hat{z}$에 대하여 다음 연산을 직접 계산하여 주어진 행렬식과 같음을 증명하라
>
> (1) $\boldsymbol{A}\times\boldsymbol{B}=\begin{vmatrix}\hat{x}&\hat{y}&\hat{z}\\A_x&A_y&A_z\\B_x&B_y&B_z\end{vmatrix}$, (2) $\boldsymbol{A}\cdot(\boldsymbol{B}\times\boldsymbol{C})=\begin{vmatrix}A_x&A_y&A_z\\B_x&B_y&B_z\\C_x&C_y&C_z\end{vmatrix}$

[풀이]

(1) $$\begin{aligned}\boldsymbol{A}\times\boldsymbol{B}&=\left(A_x\hat{x}+A_y\hat{y}+A_z\hat{z}\right)\times\left(B_x\hat{x}+B_y\hat{y}+B_z\hat{z}\right)\\&=\sum_{i,j=x,y,z}A_iB_j\hat{x}_i\times\hat{x}_j\end{aligned}$$

단위 벡터 $\hat{x}_i$, $\hat{x}_j$의 벡터 곱을 레비치비타 기호 ϵ_{ijk}로 나타내면 $\hat{x}_i\times\hat{x}_j=\epsilon_{ijk}\hat{x}_k$이므로 $\boldsymbol{A}\times\boldsymbol{B}$를 연산하면 다음과 같이 주어진다.

$$\begin{aligned}\boldsymbol{A}\times\boldsymbol{B}&=\sum_{i,j=x,y,z}A_iB_j\hat{x}_i\times\hat{x}_j=\sum_{i,j=x,y,z}A_iB_j\epsilon_{ijk}\hat{x}_k\\&=\left(A_yB_z-A_zB_y\right)\hat{x}+\left(A_zB_x-A_xB_z\right)\hat{y}+\left(A_xB_y-A_yB_x\right)\hat{z}\end{aligned}$$

한편, $\boldsymbol{A}\times\boldsymbol{B}$에 대한 행렬식으로 연산하여도 같은 결과를 얻는다.

(2) 스칼라 3중 곱의 계산은 다음과 같은 순환순서 관계도 성립한다.

$$\boldsymbol{A}\cdot(\boldsymbol{B}\times\boldsymbol{C})=\boldsymbol{C}\cdot(\boldsymbol{A}\times\boldsymbol{B})=\boldsymbol{B}\cdot(\boldsymbol{C}\times\boldsymbol{A})$$

스칼라 3중 곱 $\boldsymbol{A}\cdot(\boldsymbol{B}\times\boldsymbol{C})=\boldsymbol{C}\cdot\underbrace{(\boldsymbol{A}\times\boldsymbol{B})}_{(1)\text{의결과}}$을 직접 계산하면 다음과 같다.

$$\begin{aligned}\boldsymbol{A}\cdot(\boldsymbol{B}\times\boldsymbol{C})&=\boldsymbol{C}\cdot\underbrace{(\boldsymbol{A}\times\boldsymbol{B})}_{(1)\text{의결과}}\\&=\left(A_yB_z-A_zB_y\right)C_x+\left(A_zB_x-A_xB_z\right)C_y+\left(A_xB_y-A_yB_x\right)C_z\end{aligned}$$

이 결과를 행렬식과 같음을 보이기 위해 다음과 같이 2×2 소 행렬식 (minor determinants)로 변환하자.

$$\begin{aligned}
\boldsymbol{A}\cdot(\boldsymbol{B}\times\boldsymbol{C}) &= \boldsymbol{C}\cdot\underbrace{(\boldsymbol{A}\times\boldsymbol{B})}_{(1)\text{의결과}}\\
&=(A_yB_z-A_zB_y)C_x+(A_zB_x-A_xB_z)C_y+(A_xB_y-A_yB_x)C_z\\
&=A_x(B_yC_z-B_zC_y)-A_y(B_xC_z-B_zC_x)+A_z(B_xC_y-B_yC_x)\\
&=A_x\begin{vmatrix}B_y & B_z\\ C_y & C_z\end{vmatrix}-A_y\begin{vmatrix}B_x & B_z\\ C_x & C_z\end{vmatrix}+A_z\begin{vmatrix}B_x & B_y\\ C_x & C_y\end{vmatrix}\\
&\equiv A_xC_{11}+A_yC_{12}+A_{13}C_{13}
\end{aligned}$$

여기서 C_{1j} $(j=1,2,3)$은 여인수이다. 이 결과는 4장에서 공부한 1행의 여인수 전개 C_{1j}에 의한 행렬식 (라플라스 전개)와 같음을 알 수 있다. 즉,

$\boldsymbol{A}\cdot(\boldsymbol{B}\times\boldsymbol{C})=\begin{vmatrix}A_x & A_y & A_z\\ B_x & B_y & B_z\\ C_x & C_y & C_z\end{vmatrix}$ 의 관계가 다시 확인된다.

> 2.6 벡터 $\boldsymbol{A},\boldsymbol{B},\boldsymbol{C}$ 가 서로 같은 평면 (coplanar plane)에 있을 때 다음 관계식을 증명하라.
>
> (1) $\boldsymbol{A}\cdot(\boldsymbol{B}\times\boldsymbol{C})=0$임을 보여라.
>
> (2) $(\boldsymbol{A}\times\boldsymbol{B})\times(\boldsymbol{A}\times\boldsymbol{C})=0$

[풀이]

(1) 벡터 $\boldsymbol{A},\boldsymbol{B},\boldsymbol{C}$ 가 서로 같은 평면에 있다. 그러나 벡터 곱 $\boldsymbol{B}\times\boldsymbol{C}$는 세 벡터가 위치한 평면에 수직이므로 $\boldsymbol{A}\cdot(\boldsymbol{B}\times\boldsymbol{C})=0$이다.

(2) $\boldsymbol{A}\times\boldsymbol{B}\equiv\boldsymbol{D}$는 두 벡터 $\boldsymbol{A},\boldsymbol{B}$에 수직이며 $\boldsymbol{A}\times\boldsymbol{C}\equiv\boldsymbol{E}$도 $\boldsymbol{A},\boldsymbol{C}$에 수직이므로 $\boldsymbol{D},\boldsymbol{E}$는 서로 평행하다. 따라서 $\boldsymbol{D}\times\boldsymbol{E}=(\boldsymbol{A}\times\boldsymbol{B})\times(\boldsymbol{A}\times\boldsymbol{C})=0$ 이다.

2.7 벡터 $\boldsymbol{A}, \boldsymbol{B}, \boldsymbol{C}$ 가 $\boldsymbol{C} = \boldsymbol{B} - \frac{\boldsymbol{A} \cdot \boldsymbol{B}}{|\boldsymbol{A}|^2}\boldsymbol{A}$ 관계식을 만족한다.

(1) 벡터 $\boldsymbol{C}$ 는 $\boldsymbol{A}$ 에 수직임을 보여라.

(2) 연습문제 2.6 (1)을 이용하여 벡터 $\boldsymbol{A}, \boldsymbol{B}, \boldsymbol{C}$ 가 서로 같은 평면에 있음을 보여라.

(3) 벡터 $\boldsymbol{A}, \boldsymbol{B}$ 가 이루는 각도가 θ 일 때 $\sin\theta = \frac{C}{B}$ 임을 보여라. [힌트: $\boldsymbol{A} \times \boldsymbol{C}$ 를 계산하고 (1)을 이용한다.]

[풀이]

(1) 벡터 $\boldsymbol{C}$ 의 관계식 양변에 $\boldsymbol{A}$ 와 스칼라 곱을 연산한다.

$$\boldsymbol{A} \cdot \boldsymbol{C} = \boldsymbol{A} \cdot \boldsymbol{B} - \frac{\boldsymbol{A} \cdot \boldsymbol{B}}{|\boldsymbol{A}|^2}\boldsymbol{A} \cdot \boldsymbol{A} = \boldsymbol{A} \cdot \boldsymbol{B} - \boldsymbol{A} \cdot \boldsymbol{B} = 0$$

$$\therefore\ \boldsymbol{A} \perp \boldsymbol{C}$$

(2) 벡터 $\boldsymbol{C}$ 의 관계식 양변에 스칼라 3중 곱 $\boldsymbol{A} \cdot \boldsymbol{B} \times$ 연산을 계산한다.

$$\boldsymbol{A} \cdot (\boldsymbol{B} \times \boldsymbol{C}) = \boldsymbol{A} \cdot \underbrace{(\boldsymbol{B} \times \boldsymbol{B})}_{=0} - \frac{\boldsymbol{A} \cdot \boldsymbol{B}}{|\boldsymbol{A}|^2}\underbrace{\boldsymbol{A} \cdot (\boldsymbol{B} \times \boldsymbol{A})}_{=0} = 0$$

즉, $\boldsymbol{A} \cdot (\boldsymbol{B} \times \boldsymbol{C}) = 0$이며 연습문제 2.6 (1)의 결과에 따라 벡터 $\boldsymbol{A}, \boldsymbol{B}, \boldsymbol{C}$ 는 서로 같은 평면 (coplanar plane)에 있다.

(3) 벡터 $\boldsymbol{C}$ 의 관계식 양변에 $\boldsymbol{A} \times \boldsymbol{C}$ 를 연산한다.

$$\boldsymbol{A} \times \boldsymbol{C} = \boldsymbol{A} \times \boldsymbol{B} - \frac{\boldsymbol{A} \cdot \boldsymbol{B}}{|\boldsymbol{A}|^2}\underbrace{\boldsymbol{A} \times \boldsymbol{A}}_{=0} = \boldsymbol{A} \times \boldsymbol{B}$$

$$\Rightarrow\ \boldsymbol{A} \times \boldsymbol{C} = \boldsymbol{A} \times \boldsymbol{B}$$

$\boldsymbol{C}$ 는 $\boldsymbol{A}$ 에 수직이므로 $|\boldsymbol{A} \times \boldsymbol{C}| = |\boldsymbol{A} \times \boldsymbol{B}| \Rightarrow AC = AB\sin\theta$이다.

$$\therefore\ \sin\theta = \frac{C}{B}$$

2.8 벡터 $\boldsymbol{A}$와 단위 벡터의 다음 연산을 구하라.

$\hat{x}\times(\hat{x}\times\boldsymbol{A})+\hat{y}\times(\hat{y}\times\boldsymbol{A})+\hat{z}\times(\hat{z}\times\boldsymbol{A})$

[풀이]

벡터 $\boldsymbol{A}$를 $\boldsymbol{A}=A_x\hat{x}+A_y\hat{y}+A_z\hat{z}$라 두자.

$$\hat{x}\times\boldsymbol{A}=\hat{x}\times\left(A_x\hat{x}+A_y\hat{y}+A_z\hat{z}\right)=A_y\hat{z}-A_z\hat{y}$$

$$\Rightarrow\ \hat{x}\times(\hat{x}\times\boldsymbol{A})=-A_y\hat{y}-A_z\hat{z} \qquad (1)$$

$$\hat{y}\times\boldsymbol{A}=\hat{y}\times\left(A_x\hat{x}+A_y\hat{y}+A_z\hat{z}\right)=-A_x\hat{z}+A_z\hat{x}$$

$$\Rightarrow\ \hat{y}\times(\hat{y}\times\boldsymbol{A})=-A_x\hat{x}-A_z\hat{z} \qquad (2)$$

$$\hat{z}\times\boldsymbol{A}=\hat{z}\times\left(A_x\hat{x}+A_y\hat{y}+A_z\hat{z}\right)=A_x\hat{y}-A_y\hat{x}$$

$$\Rightarrow\ \hat{z}\times(\hat{z}\times\boldsymbol{A})=-A_x\hat{x}-A_y\hat{y} \qquad (3)$$

$$\Rightarrow (1)+(2)+(3):$$

$$\therefore\ \hat{x}\times(\hat{x}\times\boldsymbol{A})+\hat{y}\times(\hat{y}\times\boldsymbol{A})+\hat{z}\times(\hat{z}\times\boldsymbol{A})$$

$$=-2\left(A_x\hat{x}+A_y\hat{y}+A_z\hat{z}\right)=-2\boldsymbol{A}$$

2.9 (1) 세 벡터의 합이 $\boldsymbol{A}+\boldsymbol{B}+\boldsymbol{C}=0$이다.

$\boldsymbol{A}\times\boldsymbol{B}=\boldsymbol{B}\times\boldsymbol{C}=\boldsymbol{C}\times\boldsymbol{A}$ 임을 보여라.

(2) 연습문제 2.9(a) 그림과 같이 세 개의 힘 벡터가 (정적) 평형을 이루고 있다. (1)의 결과를 이용하여 세 힘의 평형 조건이

$$\frac{F_1}{\sin\theta_1}=\frac{F_2}{\sin\theta_2}=\frac{F_3}{\sin\theta_3}$$

임을 보여라. (이 관계식을 라미의 정리 (Lami's theorem)라 한다.)

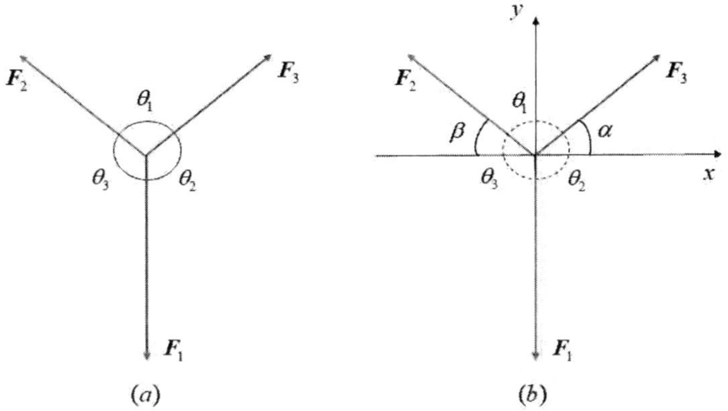

연습문제 2.9 그림.

(3) 연습문제 2.9(b) 그림의 좌표계를 이용하여 뉴턴의 제2 법칙을 적용하여 (2)의 라미의 정리를 유도하라.

[힌트]: $\sum F_x=0$, $\sum F_y=0$에서 힘의 성분들을 각 α, β로 표현한 다음 α, β의 삼각 함수를 θ_1, θ_2, θ_3의 삼각 함수로 변환한다.

$$\sin\theta_1=\sin(\pi-\alpha-\beta)=\sin\alpha\cos\beta+\cos\alpha\sin\beta$$
$$=-\cos\theta_3\sin\theta_2-\sin\theta_3\cos\theta_2$$

[풀이]

(1) $\boldsymbol{A}+\boldsymbol{B}+\boldsymbol{C}=0$에 각각 세 벡터 $\boldsymbol{A}$, $\boldsymbol{B}$, $\boldsymbol{C}$의 벡터 곱을 연산한다.

$$\underbrace{\boldsymbol{A}\times\boldsymbol{A}}_{=0}+\boldsymbol{B}\times\boldsymbol{A}+\boldsymbol{C}\times\boldsymbol{A}=0\ \Rightarrow\ \boldsymbol{C}\times\boldsymbol{A}=-\boldsymbol{B}\times\boldsymbol{A}=\boldsymbol{A}\times\boldsymbol{B}$$

$$\boldsymbol{A}\times\boldsymbol{B}+\underbrace{\boldsymbol{B}\times\boldsymbol{B}}_{=0}+\boldsymbol{C}\times\boldsymbol{B}=0\ \Rightarrow\ \boldsymbol{A}\times\boldsymbol{B}=-\boldsymbol{C}\times\boldsymbol{B}=\boldsymbol{B}\times\boldsymbol{C}$$

$$A \times C + B \times C + \underbrace{C \times C}_{=0} = 0 \;\Rightarrow\; B \times C = -A \times C = -C \times A$$

위의 세 관계식을 종합하면 다음과 같다.

$$\therefore\; A \times B = B \times C = C \times A$$

(2) $A = F_1,\; B = F_2,\; C = F_3$라 두면 (1)의 관계식은 다음과 같이 주어진다. $F_1 \times F_2 = F_2 \times F_3 = F_3 \times F_1$ 이 된다. 연습문제 2.9 그림(*a*)를 참고하면 각 벡터곱의 크기는 $F_1 F_2 \sin\theta_3 = F_2 F_3 \sin\theta_1 = F_3 F_1 \sin\theta_2 =$ 일정이다.

$F_1 F_2 F_3$를 나누어 주면 $\dfrac{\sin\theta_3}{F_3} = \dfrac{\sin\theta_1}{F_1} = \dfrac{\sin\theta_2}{F_2} =$ 일정이므로 세 힘의 평형조건인 라미의 정리를 얻는다.

$$\therefore\; \frac{F_1}{\sin\theta_1} = \frac{F_2}{\sin\theta_2} = \frac{F_3}{\sin\theta_3}$$

(3) 연습문제 2.9(*b*) 그림의 좌표계를 이용하여 뉴턴의 제2 법칙을 적용한다.

$$\sum F_x = 0:\quad F_3\cos\alpha - F_2\cos\beta = 0 \qquad (a)$$
$$\sum F_y = 0:\quad F_3\sin\alpha + F_2\sin\beta = F_1 \qquad (b)$$

연습문제 2.9(*b*) 그림을 참고하면 $\alpha = \theta_2 - \dfrac{\pi}{2},\; \beta = \theta_3 - \dfrac{\pi}{2},\; \alpha + \beta = \pi - \theta_1$이므로 $\alpha,\ \beta$의 삼각 함수와 $\theta_1,\ \theta_2,\ \theta_3$의 삼각 함수의 변환은 다음과 같다.

$$\cos\alpha = \sin\theta_2,\qquad \cos\beta = \sin\theta_3,$$
$$\sin\alpha = -\cos\theta_2,\qquad \sin\beta = -\cos\theta_3$$

$$\sin\theta_1 = \sin(\pi - \alpha - \beta) = \sin\alpha\cos\beta + \cos\alpha\sin\beta$$
$$= -\cos\theta_3\sin\theta_2 - \sin\theta_3\cos\theta_2$$

위의 관계식을 뉴턴의 제2 법칙 (*a*)와 (*b*) 식에 적용하면 다음을 얻는다.

$$\sum F_x = 0:\quad F_3\sin\theta_2 = F_2\sin\theta_3 \qquad (c)$$
$$\sum F_y = 0:\quad -F_3\cos\theta_2 - F_2\cos\theta_3 = F_1 \qquad (d)$$

식 (*c*)의 양변을 $\sin\theta_2\sin\theta_3$로 나누면 다음 관계식을 얻는다.

$$\boxed{\frac{F_2}{\sin\theta_2} = \frac{F_3}{\sin\theta_3}} \qquad (e)$$

식 (c)에서 $F_3 = \dfrac{\sin\theta_3}{\sin\theta_2}F_2$를 식 (d)에 대입하여 F_3를 소거하면 다음과 같다.

$$\begin{aligned} F_1 &= F_3\cos\theta_2 - F_2\cos\theta_3 \\ &= -F_2\frac{\cos\theta_2\sin\theta_3 + \sin\theta_2\cos\theta_3}{\sin\theta_2} = -F_2\frac{\sin(\theta_2+\theta_3)}{\sin\theta_2} \\ &\Rightarrow\ F_1 = -F_2\frac{\sin(\theta_2+\theta_3)}{\sin\theta_2} \end{aligned}$$

한편 $\theta_2 + \theta_3 = 2\pi - \theta_1$이므로 $\sin(\theta_2+\theta_3) = \sin(2\pi-\theta_1) = -\sin\theta_1$이다.

$$F_1 = -F_2\frac{\sin(2\pi-\theta_1)}{\sin\theta_2} \equiv F_2\frac{\sin\theta_1}{\sin\theta_2}$$

$$\Rightarrow\ \boxed{\frac{F_2}{\sin\theta_2} = \frac{F_1}{\sin\theta_1}} \qquad (f)$$

식 (e)와 (f)로부터 (2)에서 구한 라미의 정리를 다시 증명하였다.

2.10 연습문제 2.10 그림 (a)는 길이가 $2a$이며 균일한 선 전하 밀도 λ인 전하 분포로 P점에 만들어지는 전기장 벡터 $\boldsymbol{E}$를 나타내고 있다.

그림 (b)는 길이가 $2a$인 도선에 흐르는 전류 I에 의해 P점에 만들어지는 자기장 벡터 $\boldsymbol{B}$를 나타낸다.

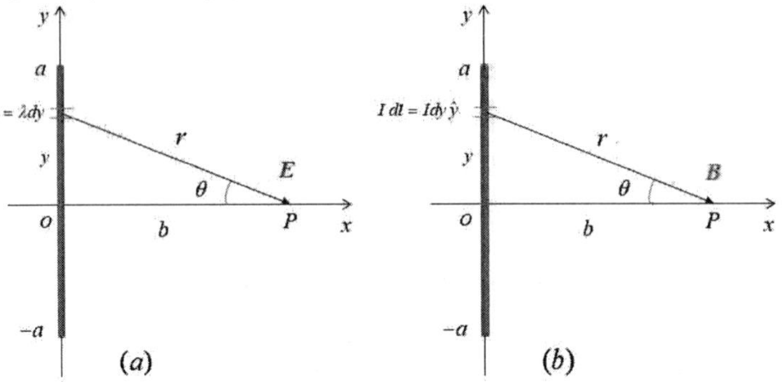

연습문제 2.10 그림

(1) 전기장 벡터 $\boldsymbol{E}$의 각 성분을 쿨롱의 법칙을 사용하여 구하라.

(2) $a \to \infty$ 인 경우 전기장 벡터 $\boldsymbol{E}$의 크기는 얼마인가?

(3) 무한 직선 도선의 전하 (선 전하 밀도 λ)에 의한 전기장을 가우스 정리 또는 가우스 법칙 $\int_V \nabla \cdot \boldsymbol{E} dv = \oint_S \boldsymbol{E} \cdot d\boldsymbol{s} = \dfrac{Q}{\epsilon_o}$ 로 구한 결과와 (2)의 결과를 비교하라.

(4) 자기장 벡터 $\boldsymbol{B}$의 각 성분을 비오-사바르 법칙을 사용하여 구하라.

(5) $a \to \infty$ 인 경우 자기장 벡터 $\boldsymbol{B}$의 크기는 얼마인가?

(6) 무한 직선 도선에 흐르는 전류 I에 의한 자기장을 스토크스 정리 또는 암페어 법칙 $\int_S \nabla \times \boldsymbol{B} \cdot d\boldsymbol{s} = \oint_C \boldsymbol{B} \cdot d\boldsymbol{l} = \mu_o I$ 로 구한 결과와 (5)의 결과를 비교하라.

[힌트] $\hat{r} = \cos\theta\hat{x} - \sin\theta\hat{y}$, $r = \sqrt{b^2 + y^2}$ 이며 $y = b\tan\theta$로 치환 적분한다.

$$\boldsymbol{E} = \frac{1}{4\pi\epsilon_o}\int \frac{\lambda dy}{r^2}\hat{r}, \qquad \boldsymbol{B} = \frac{\mu_o}{4\pi}\int \frac{I dl \times \hat{r}}{r^2} = \frac{\mu_o}{4\pi}\int \frac{I dy}{r^2}\hat{y} \times \hat{r}$$

[풀이]

(1) 쿨롱의 법칙을 사용하여 전기장 성분을 계산한다.

$$\boldsymbol{E} = \frac{1}{4\pi\epsilon_o}\int\frac{dq}{r^2}\hat{r} = \frac{1}{4\pi\epsilon_o}\int\frac{\lambda dy}{r^2}\hat{r}$$

$y = b\tan\theta$로 치환하면 $dy = \dfrac{b}{\cos^2\theta}d\theta$가 되며 단위 벡터 $\hat{r} = \cos\theta\hat{x} - \sin\theta\hat{y}$과

$r = \sqrt{b^2+y^2} = \dfrac{b}{\cos\theta}$을 쿨롱의 법칙에 대입한다. 적분 구간은 $(-\theta_o, \theta_o)$이며

$\theta_o = \sin^{-1}\left(\dfrac{a}{\sqrt{a^2+b^2}}\right)$이다.

$$\begin{aligned}\boldsymbol{E} &= \frac{1}{4\pi\epsilon_o}\int\frac{\lambda dy}{r^2}\hat{r} = \frac{1}{4\pi\epsilon_o}\frac{\lambda}{b}\int_{-\theta_o}^{\theta_o}(\cos\theta\hat{x} - \sin\theta\hat{y}) \\ &= \frac{1}{4\pi\epsilon_o}\frac{\lambda}{b}(\hat{x}\sin\theta + \hat{y}\cos\theta)|_{-\theta_o}^{+\theta_o} = \frac{1}{4\pi\epsilon_o}\frac{2\lambda}{b}\sin\theta_o\hat{x} \\ &= \frac{Q}{4\pi\epsilon_o}\frac{1}{b\sqrt{a^2+b^2}}\hat{x}\end{aligned}$$

$$\therefore\ E_x = \frac{Q}{4\pi\epsilon_o}\frac{1}{b\sqrt{a^2+b^2}}, \quad E_y = E_z = 0$$

여기서 $Q = 2\lambda a$는 총 전하이다.

(2) $As\ a \to \infty,\ E_x = \dfrac{Q}{4\pi\epsilon_o}\dfrac{1}{b\sqrt{a^2+b^2}} = \dfrac{Q}{4\pi\epsilon_o}\dfrac{1}{ab} \to \dfrac{\lambda}{2\pi\epsilon_o b}$ $(\because Q = 2\lambda a)$

(3) 무한 직선 도선의 대전 전하 (선 전하 밀도 λ)에 대해 적분 형 가우스 법칙을 사용한다. 반지름 b, 높이 h인 원통형 가우스 곡면 (폐 곡면)을 선택하면

$$\int_V \nabla\cdot\boldsymbol{E}dv = \oint_S \boldsymbol{E}\cdot ds = E\int_S ds = E2\pi bh \equiv \frac{Q}{\epsilon_o} = \frac{\lambda h}{\epsilon_o}$$

$$\therefore\ \boxed{E = \frac{\lambda}{2\pi\epsilon_o b}}$$

(2)의 쿨롱의 법칙에서 구한 전기장과 같다.

(4) (2)에서 구한 쿨롱의 법칙과 유사하게 비오-사바르 법칙을 적용하여 자기장을 계산한다.

$$\boldsymbol{B} = \frac{\mu_o}{4\pi}\int \frac{I\,dl \times \hat{r}}{r^2} = \frac{\mu_o}{4\pi}\int \frac{Idy}{r^2}\,\hat{y} \times \hat{r}$$

$$= -\frac{\mu_o I}{4\pi}\int_{-\theta_o}^{+\theta_o} \frac{\cos\theta d\theta}{b}\,\hat{z} = -\frac{\mu_o I}{2\pi}\frac{a}{b\sqrt{a^2+b^2}}\,\hat{z}$$

$$\therefore\ B_x = B_y = 0, \quad B_z = -\frac{\mu_o I}{2\pi}\frac{a}{b\sqrt{a^2+b^2}} \quad (-\text{부호}:\ -\hat{z}\ \text{방향})$$

(5) $As\ a \to \infty,\ \left|B_z\right| = \frac{\mu_o I}{2\pi}\frac{a}{b\sqrt{a^2+b^2}} \to \frac{\mu_o I}{2\pi b}$

(6) 무한 직선 도선의 전류에 대해 반지름 b인 폐 경로 C를 선택하고 적분 형 암페어 법칙 $\int_S \nabla \times \boldsymbol{B} \cdot ds = \oint_C \boldsymbol{B} \cdot dl = \mu_o I$을 적용하면 다음을 얻는다.

$$\oint_C B \cdot dl = B\oint_C dl = B\,2\pi b = \mu_o I$$

$$\therefore\ \boxed{B = \frac{\mu_o I}{2\pi b}}$$

(5)의 비오-사바르 법칙으로 구한 자기장과 같다.

2.2 벡터 함수의 미분

> 2.11 독립 변수가 σ인 스칼라 함수 $f(\sigma)$와 벡터 함수 $\boldsymbol{A}(\sigma)$, $\boldsymbol{B}(\sigma)$에 대해 다음 관계식을 증명하라.
>
> (1) $\dfrac{d}{d\sigma}(f\boldsymbol{A})=\dfrac{df}{d\sigma}\boldsymbol{A}+f\dfrac{d\boldsymbol{A}}{d\sigma}$
>
> (2) $\dfrac{d}{d\sigma}(\boldsymbol{A}\cdot\boldsymbol{B})=\dfrac{d\boldsymbol{A}}{d\sigma}\cdot\boldsymbol{B}+\boldsymbol{A}\cdot\dfrac{d\boldsymbol{B}}{d\sigma}$
>
> [힌트: 도함수의 정의를 이용하거나 벡터 성분으로 나타내어 증명한다.]

[풀이]

벡터 함수 $\boldsymbol{A}(\sigma)$, $\boldsymbol{B}(\sigma)$를 성분으로 $\boldsymbol{A}(\sigma)=\sum_{i=1}^{3}A_i(\sigma)\hat{x}_i$, $\boldsymbol{B}(\sigma)=\sum_{i=1}^{3}B_i(\sigma)\hat{x}_i$라 두자.

(1)
$$\begin{aligned}\frac{d}{d\sigma}(f\boldsymbol{A})&=\sum_i\frac{d}{d\sigma}\left[f(\sigma)A_i(\sigma)\right]\hat{x}_i=\sum_i\left[\frac{df}{d\sigma}A_i+f\frac{dA_i}{d\sigma}\right]\hat{x}_i\\&=\frac{df}{d\sigma}\sum_i A_i\hat{x}_i+f\sum_i\frac{dA_i}{d\sigma}\hat{x}_i\equiv\frac{df}{d\sigma}\boldsymbol{A}+f\frac{d\boldsymbol{A}}{d\sigma}\end{aligned}$$

(2) $\boldsymbol{A}(\sigma)\cdot\boldsymbol{B}(\sigma)=\sum_{i,j=1}^{3}A_i(\sigma)B_j(\sigma)\underbrace{\hat{x}_i\cdot\hat{x}_j}_{=\delta_{ij}}\equiv\sum_{i,j=1}^{3}A_i(\sigma)B_j(\sigma)\delta_{ij}$이다.

여기서 $\delta_{ij}\equiv\hat{x}_i\cdot\hat{x}_j$ $(i,j=1,2,3)$는 크로네커 델타 함수이다. 두 벡터 함수의 스칼라 곱 (내적)의 독립 변수 σ에 대한 도함수는 라이프니츠 규칙을 따른다.

$$\begin{aligned}\frac{d}{d\sigma}(\boldsymbol{A}\cdot\boldsymbol{B})&=\frac{d}{d\sigma}\sum_{i,j=1}^{3}A_i(\sigma)B_j(\sigma)\delta_{ij}\\&=\sum_{i,j=1}^{3}\left[\frac{dA_i}{d\sigma}B_j+A_i\frac{dB_j}{d\sigma}\right]\delta_{ij}\quad\Leftarrow\ \delta_{ij}\equiv\hat{x}_i\cdot\hat{x}_j\\&=\sum_{i,j=1}^{3}\left[\frac{dA_i}{d\sigma}\hat{x}_i\cdot B_j\hat{x}_j+A_i\hat{x}_i\cdot\frac{dB_j}{d\sigma}\hat{x}_j\right]\\&\equiv\frac{d\boldsymbol{A}}{d\sigma}\cdot\boldsymbol{B}+\boldsymbol{A}\cdot\frac{d\boldsymbol{B}}{d\sigma}\end{aligned}$$

2.12 xy 평면상에서 위치 벡터가 $\boldsymbol{r} = a\cos\omega t\,\hat{x} + b\sin\omega t\,\hat{y}$인 질량 m인 입자가 있다. 여기서 a, b, ω는 (양의) 상수이며 $a > b$이다.

(1) 입자의 운동이 타원 궤도 (ellipse)임을 보여라.

(2) 입자에 작용하는 힘 $\boldsymbol{F}$는 항상 원점을 향하고 있음을 보여라.

(3) 입자의 각운동량 $\boldsymbol{L} = \boldsymbol{r} \times \boldsymbol{p}$을 구하라. 단, $\boldsymbol{p} = m\boldsymbol{v}$는 선운동량이다.

(4) 각운동량 벡터의 시간 미분인 토오크 $\boldsymbol{\tau} = \dfrac{d\boldsymbol{L}}{dt}$를 구하여 각운동량이 보존됨을 보여라.

(5) 토오크의 다른 표현인 $\boldsymbol{\tau} = \boldsymbol{r} \times \boldsymbol{F}$를 구하여 (4)의 결과와 같음을 보여라.

[풀이]

(1) 입자의 운동 좌표는 $x = a\cos\omega t$, $y = b\sin\omega t$이므로 입자의 궤도 방정식을 얻기 위해 시간 항을 소거한다. $\dfrac{x}{a} = \cos\omega t$, $\dfrac{y}{b} = \sin\omega t$를 제곱해서 더하면

$$\frac{x^2}{a^2} + \frac{y^2}{b^2} = 1$$

타원 방정식을 얻는다. 즉, 입자의 운동 궤도는 타원이다.

(2) 입자의 속력과 가속도를 구하자.

$$\boldsymbol{v} = \frac{d\boldsymbol{r}}{dt} = -\omega a\sin\omega t\,\hat{x} + \omega b\cos\omega t\,\hat{y},$$

$$\boldsymbol{a} = \frac{d\boldsymbol{v}}{dt} = -\omega^2\left(a\cos\omega t\,\hat{x} + b\sin\omega t\,\hat{y}\right) \equiv -\omega^2\boldsymbol{r}$$

질량 m인 입자에 작용하는 힘 $\boldsymbol{F}$는 다음과 같다.

$$\boldsymbol{F} = m\boldsymbol{a} = -m\omega^2\boldsymbol{r} = -mr\omega^2\,\hat{r}$$

즉, 힘은 원점을 향하는 $\left(-\hat{r}\right)$ 구심력 (centripetal force)을 가지며, 크기는 $F(r) = mr\omega^2$ 이다.

(3) 입자의 각운동량 $\boldsymbol{L} = \boldsymbol{r} \times \boldsymbol{p} = \boldsymbol{r} \times m\boldsymbol{v}$ 는 다음과 같이 주어진다.

$$L = r \times p = \left[a\cos(\omega t)\hat{x} + b\sin(\omega t)\hat{y}\right] \times m\left[-a\sin(\omega t)\hat{x} + b\cos(\omega t)\hat{y}\right]$$

$$= mab(\cos^2\omega t + \sin^2\omega t)\hat{z} = m\omega ab\hat{z}$$

(4) 토오크 $\tau = \frac{dL}{dt}$를 구하면 다음과 같다.

$$\tau = \frac{dL}{dt} = m\omega ab\frac{d(\hat{z})}{dt} = 0$$

즉, 각운동량 벡터는 보존된다.

[참고] 토오크 $\tau = \frac{dL}{dt}$의 다른 표현으로 다음 관계식이 성립한다.

$$\tau = \frac{dL}{dt} = \frac{d}{dt}(r \times p) = \underbrace{\frac{dr}{dt} \times p}_{\propto v \times v = 0} + r \times \underbrace{\frac{dp}{dt}}_{=F}$$

$$\therefore \ \tau = r \times F$$

(5) (2)에서 구한 힘 (구심력)은 원점을 향하는 중심력 $F = F(r)\hat{r}$이다.

$$\tau = \frac{dL}{dt} = r \times F = r \times \hat{r}F = 0 \quad \therefore \ \boxed{L = 일정}$$

위의 결과에서 중심력의 경우 항상 각운동량이 보존됨을 알 수 있다.

2.13 입자의 위치 벡터가 $r(t) = x(t)\ddot{x} + y(t)\ddot{y} + z(t)\ddot{z}$이다.

(1) 위치 벡터의 크기 $r(t) = \sqrt{x^2 + y^2 + z^2}$가 일정한 경우 위치 벡터와 속도 벡터 $v(t) = \frac{dr}{dt}$는 서로 수직임을 보여라. 즉, $r \cdot v = 0$임을 보여라.

(2) 가속도 벡터 $a(t)$와 속도 벡터 $v(t)$가 서로 수직일 조건을 구하라.

[풀이]

(1) 위치 벡터 r과 속도 벡터 $v(t) = \frac{dr}{dt}$의 스칼라 곱은 다음과 같다.

$$\boldsymbol{r} \cdot \boldsymbol{v} = x\frac{dx}{dt} + y\frac{dy}{dt} + z\frac{dz}{dt} = \frac{1}{2}\frac{d(x^2+y^2+z^2)}{dt}$$

위의 식에서 $x^2+y^2+z^2=$상수 또는 $r(t)=\sqrt{x^2+y^2+z^2}$가 일정한 경우 $\boldsymbol{r} \cdot \boldsymbol{v} = 0 \Rightarrow \therefore \boldsymbol{r} \perp \boldsymbol{v}$

(2) $\boldsymbol{v} \cdot \boldsymbol{a} = v_x\frac{dv_x}{dt} + v_y\frac{dv_y}{dt} + v_z\frac{dv_z}{dt} = \frac{1}{2}\frac{d}{dt}(v_x^2+v_y^2+v_z^2) = 0$일 때 가속도 벡터 $\boldsymbol{a}(t)$와 속도 벡터 $\boldsymbol{v}(t)$는 수직이다.

$\therefore v = \sqrt{v_x^2+v_y^2+v_z^2} =$ 일정

2.14 입자의 위치 벡터가 (r, θ)로 $\boldsymbol{r}(t) = r(t)\cos\theta(t)\,\hat{x} + r(t)\sin\theta(t)\,\hat{y}$ 로 주어진다.

(1) 속도 벡터가 $\boldsymbol{v} = \left(\frac{dr}{dt}\cos\theta - r\sin\theta\frac{d\theta}{dt}\right)\hat{x} + \left(\frac{dr}{dt}\sin\theta + r\cos\theta\frac{d\theta}{dt}\right)\hat{y}$ 임을 보여라.

(2) 극 좌표계로 변환하여 $\boldsymbol{v} = \frac{dr}{dt}\hat{r} + r\frac{d\theta}{dt}\hat{\theta}$ 임을 보여라.

(3) (1)의 결과에서 가속도는 다음과 같음을 보여라.

$$\begin{aligned}\boldsymbol{a} = &\left[\left(\frac{d^2 r}{dt^2} - r\left(\frac{d\theta}{dt}\right)^2\right)\cos\theta - \left(r\frac{d^2\theta}{dt^2} + 2\frac{dr}{dt}\frac{d\theta}{dt}\right)\sin\theta\right]\hat{x} \\ &+ \left[\left(\frac{d^2 r}{dt^2} - r\left(\frac{d\theta}{dt}\right)^2\right)\sin\theta + \left(r\frac{d^2\theta}{dt^2} + 2\frac{dr}{dt}\frac{d\theta}{dt}\right)\cos\theta\right]\hat{y}\end{aligned}$$

(4) (3)의 가속도를 극 좌표계로 변환하여

$\boldsymbol{a} = \left[\frac{d^2 r}{dt^2} - r\left(\frac{d\theta}{dt}\right)^2\right]\hat{r} + \left[r\frac{d^2\theta}{dt^2} + 2\frac{dr}{dt}\frac{d\theta}{dt}\right]\hat{\theta}$ 임을 보여라.

(5) 위치 벡터는 극좌표로 $\boldsymbol{r}(t) = r(t)\,\hat{r}$ 로 표현할 수도 있다. 운동 좌표계를 사용하여 속도 $\boldsymbol{v} = \frac{d\boldsymbol{r}}{dt}$ 가 (2)에서 구한 속도 $\boldsymbol{v} = \frac{dr}{dt}\hat{r} + r\frac{d\theta}{dt}\hat{\theta}$ 와 같으며 가속도는 (4)에서 구한 결과와 같음을 보여라.

[힌트: $\frac{d\hat{r}}{dt} = \frac{d\theta}{dt}\hat{\theta}$, $\frac{d\hat{\theta}}{dt} = -\frac{d\theta}{dt}\hat{r}$]

[풀이]

(1) 속도 벡터는 $r = r(t)$, $\theta = \theta(t)$를 고려하여 계산한다.

$$\boldsymbol{v}(t) = \frac{d\boldsymbol{r}(t)}{dt} = \left(\frac{dr}{dt}\cos\theta - r\sin\theta\frac{d\theta}{dt}\right)\hat{x} + \left(\frac{dr}{dt}\sin\theta + r\cos\theta\frac{d\theta}{dt}\right)\hat{y}$$

(2) [예제 2.7]을 참고하면 극 좌표계 (polar coordinate system)의 단위 벡터들은 다음과 같이 주어진다.

$$\begin{aligned}\hat{r}(t) &= +\cos\theta\,\hat{x} + \sin\theta\,\hat{y} \\ \hat{\theta}(t) &= -\sin\theta\,\hat{x} + \cos\theta\,\hat{y}\end{aligned}$$

단위 벡터의 시간 미분 $\frac{d\hat{r}}{dt}$, $\frac{d\hat{\theta}}{dt}$을 구하면 다음과 같다.

$$\frac{d\hat{r}}{dt}=\frac{d\theta}{dt}(-\sin\theta\,\hat{x}+\cos\theta\,\hat{y})\equiv\frac{d\theta}{dt}\,\hat{\theta},$$
$$\frac{d\hat{\theta}}{dt}=-\frac{d\theta}{dt}(\cos\theta\,\hat{x}+\sin\theta\,\hat{y})\equiv-\frac{d\theta}{dt}\,\hat{r}$$

(1)에서 구한 속도 벡터를 정리하면 다음과 같이 주어진다.

$$\begin{aligned}\boldsymbol{v}(t)&=\left(\frac{dr}{dt}\cos\theta-r\sin\theta\frac{d\theta}{dt}\right)\hat{x}+\left(\frac{dr}{dt}\sin\theta+r\cos\theta\frac{d\theta}{dt}\right)\hat{y}\\&=\frac{dr}{dt}\underbrace{(\cos\theta\,\hat{x}+\sin\theta\,\hat{y})}_{=\hat{r}}+r\frac{d\theta}{dt}\underbrace{(-r\sin\theta\,\hat{x}+\cos\theta\,\hat{y})}_{=\hat{\theta}}\end{aligned}$$

$$\therefore\ \boldsymbol{v}(t)=\frac{dr}{dt}\,\hat{r}+r\frac{d\theta}{dt}\,\hat{\theta}$$

(3) (1)의 결과에서 가속도 $\boldsymbol{a}(t)=\frac{dv(t)}{dt}$를 구하면 다음과 같이 주어진다.

$$\begin{aligned}\boldsymbol{a}(t)=&\left(\frac{d^2r}{dt^2}\cos\theta-2\frac{dr}{dt}\frac{d\theta}{dt}\sin\theta-r\left(\frac{d\theta}{dt}\right)^2\cos\theta-r\sin\theta\frac{d^2\theta}{dt^2}\right)\hat{x}\\&+\left(\frac{d^2r}{dt^2}\sin\theta+2\frac{dr}{dt}\frac{d\theta}{dt}\cos\theta-r\left(\frac{d\theta}{dt}\right)^2\sin\theta+r\cos\theta\frac{d^2\theta}{dt^2}\right)\hat{y}\end{aligned}$$

위의 결과를 $\cos\theta$와 $\sin\theta$ 별로 정리하면 다음과 같다.

$$\begin{aligned}\therefore\ \boldsymbol{a}=&\left[\left(\frac{d^2r}{dt^2}-r\left(\frac{d\theta}{dt}\right)^2\right)\cos\theta-\left(r\frac{d^2\theta}{dt^2}+2\frac{dr}{dt}\frac{d\theta}{dt}\right)\sin\theta\right]\hat{x}\\&+\left[\left(\frac{d^2r}{dt^2}-r\left(\frac{d\theta}{dt}\right)^2\right)\sin\theta+\left(r\frac{d^2\theta}{dt^2}+2\frac{dr}{dt}\frac{d\theta}{dt}\right)\cos\theta\right]\hat{y}\end{aligned}$$

(4)
$$\begin{aligned}\boldsymbol{a}=&\left[\underline{\left(\frac{d^2r}{dt^2}-r\left(\frac{d\theta}{dt}\right)^2\right)}\cos\theta-\underline{\underline{\left(r\frac{d^2\theta}{dt^2}+2\frac{dr}{dt}\frac{d\theta}{dt}\right)}}\sin\theta\right]\hat{x}\\&+\left[\underline{\left(\frac{d^2r}{dt^2}-r\left(\frac{d\theta}{dt}\right)^2\right)}\sin\theta+\underline{\underline{\left(r\frac{d^2\theta}{dt^2}+2\frac{dr}{dt}\frac{d\theta}{dt}\right)}}\cos\theta\right]\hat{y}\end{aligned}$$

(3)의 가속도를 살펴보면 $\hat{x}$와 $\hat{y}$의 밑줄 "_"와 "$\underline{\underline{\ }}$"의 두 묶음으로 나누어진다. 같은 밑줄끼리 묶어서 정리하고 극 좌표계의 단위 벡터를 사용한다. 밑줄 "_"은 $\cos\theta\,\hat{x}+\sin\theta\,\hat{y}\equiv\hat{r}$과 같고, 밑줄 "$\underline{\underline{\ }}$"의 묶음은 $-\sin\theta\,\hat{x}+\cos\theta\,\hat{y}\equiv\hat{\theta}$와 같다.

따라서 극 좌표계로 변환하면 다음과 같이 정리할 수 있다.

$$\therefore\ \boldsymbol{a}=\left[\frac{d^2 r}{dt^2}-r\left(\frac{d\theta}{dt}\right)^2\right]\hat{r}+\left[r\frac{d^2\theta}{dt^2}+2\frac{dr}{dt}\frac{d\theta}{dt}\right]\hat{\theta}$$

(5) 위치 벡터는 극좌표로 $\boldsymbol{r}(t)=r(t)\hat{r}$ 로 표현할 수도 있다. 운동 좌표계의 단위 벡터의 시간 미분 관계식 $\frac{d\hat{r}}{dt}=\frac{d\theta}{dt}\hat{\theta}$, $\frac{d\hat{\theta}}{dt}=-\frac{d\theta}{dt}\hat{r}$을 사용하여 속도 $\boldsymbol{v}=\frac{d\boldsymbol{r}}{dt}$를 구한다.

$$\therefore\ \boldsymbol{v}=\frac{d\boldsymbol{r}}{dt}=\frac{dr}{dt}\hat{r}+r\frac{d\hat{r}}{dt}=\frac{dr}{dt}\hat{r}+r\frac{d\theta}{dt}\hat{\theta}$$

(2)에서 구한 결과와 같다.

같은 방법으로 가속도를 구하면 다음의 결과를 얻는다.

$$\boldsymbol{a}=\frac{d\boldsymbol{v}}{dt}=\frac{d^2r}{dt^2}\hat{r}+\frac{dr}{dt}\underbrace{\frac{d\hat{r}}{dt}}_{\frac{d\theta}{dt}\hat{\theta}}+\frac{dr}{dt}\frac{d\theta}{dt}\hat{\theta}+r\frac{d^2\theta}{dt^2}\hat{\theta}+r\frac{d\theta}{dt}\underbrace{\frac{d\hat{\theta}}{dt}}_{=-\frac{d\theta}{dt}\hat{r}}$$

$$\equiv\left[\frac{d^2 r}{dt^2}-r\left(\frac{d\theta}{dt}\right)^2\right]\hat{r}+\left[r\frac{d^2\theta}{dt^2}+2\frac{dr}{dt}\frac{d\theta}{dt}\right]\hat{\theta}$$

(4)에서 구한 가속도와 일치한다.

2.15 평면 극 좌표계 (r, θ)에서 어떤 벡터 함수가 $\boldsymbol{A}(t) = A_r(t)\hat{r} + A_\theta(t)\hat{\theta}$와 같이 주어진다고 하자.

(1) $$\frac{d^2\boldsymbol{A}}{dt^2} = \hat{r}\left[\frac{d^2A_r}{dt^2} - A_r\left(\frac{d\theta}{dt}\right)^2 - 2\frac{dA_\theta}{dt}\frac{d\theta}{dt} - A_\theta\frac{d^2\theta}{dt^2}\right] + \hat{\theta}\left[\frac{d^2A_\theta}{dt^2} - A_\theta\left(\frac{d\theta}{dt}\right)^2 + 2\frac{dA_r}{dt}\frac{d\theta}{dt} + A_r\frac{d^2\theta}{dt^2}\right]$$ 임을 보여라.

(2) (1)은 $$\frac{d^2\boldsymbol{A}}{dt^2} = \hat{r}\left[\frac{d^2A_r}{dt^2} - A_r\left(\frac{d\theta}{dt}\right)^2 - \frac{1}{A_\theta}\frac{d}{dt}\left(A_\theta^2\frac{d\theta}{dt}\right)\right] + \hat{\theta}\left[\frac{d^2A_\theta}{dt^2} - A_\theta\left(\frac{d\theta}{dt}\right)^2 + \frac{1}{A_r}\frac{d}{dt}\left(A_r^2\frac{d\theta}{dt}\right)\right]$$

와 같음을 보여라. [힌트: $\frac{d\hat{r}}{dt} = \frac{d\theta}{dt}\hat{\theta}$, $\frac{d\hat{\theta}}{dt} = -\frac{d\theta}{dt}\hat{r}$]

[풀이]

연습문제 2.15는 연습문제 2.14 (5)의 극 좌표계 문제를 확장하여 $\hat{\theta}$ 성분까지 포함한 문제이다.

극 좌표계의 단위 벡터의 미분 관계식 $\frac{d\hat{r}}{dt} = \frac{d\theta}{dt}\hat{\theta}$, $\frac{d\hat{\theta}}{dt} = -\frac{d\theta}{dt}\hat{r}$을 주의 깊게 고려하여 계산하면 (1)과 (2)의 결과를 무난하게 유도할 수 있다.

(2)의 유도 과정에서 마지막 항 $\frac{1}{A_i}\frac{d}{dt}\left(A_i^2\frac{d\theta}{dt}\right)$은 $2\frac{dA_i}{dt}\frac{d\theta}{dt} + A_i\frac{d^2\theta}{dt^2}$, $(i = r, \theta)$와 같음은 주의할 부분이다.

2.16 균일한 자기장 $\boldsymbol{B} = B\hat{z}$ (B=상수) 내부에서 운동하는 질량 m인 양전하 $q\,(>0)$에 작용하는 자기력은 $\boldsymbol{F} = q\boldsymbol{v} \times \boldsymbol{B}$로 주어진다.

(1) 힘을 성분으로 나타내어라.

(2) (1)의 운동 방정식의 해를 구하면 위치 벡터와 속도는 다음과 같다.

$$\boldsymbol{r}(t) = r\cos(\omega t)\hat{x} - r\sin(\omega t)\hat{y} + v_o t\hat{z}$$

$$\boldsymbol{v} = v_x\hat{x} + v_y\hat{y} + v_o\hat{z} = \frac{dx}{dt}\hat{x} + \frac{dy}{dt}\hat{y} + \frac{dz}{dt}\hat{z}$$

여기서 r은 나선 운동의 반지름으로 상수이며 ω는 각속도이며 $+z$ 방향의 속력 $\frac{dz}{dt} = v_o$는 일정하다. 입자의 궤적 $\boldsymbol{r}(t)$는 연습문제 2.16 그림(1)과 같은 나선 운동 (helical motion)을 한다.

해를 (1)의 힘 성분 (미분방정식)에 대입하여 각속도 ω를 구하라.

(3) 시간에 따른 위치를 아래 표에 작성하고 연습문제 2.16 그림(2)처럼 $x-y$ 평면에서 입자의 궤적을 그리고, 시계/반시계방향인지 구별하라. 같은 방법으로 $v_x - v_y$ 평면에서 속도의 궤적을 그리고 방향을 구별하라.

ωt	0	$\pi/2$	π	$3\pi/2$	2π
x/r					
y/r					

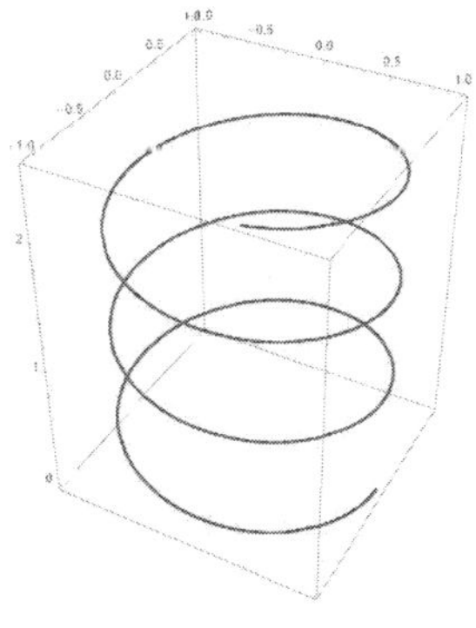

연습문제 2.16 그림(1).

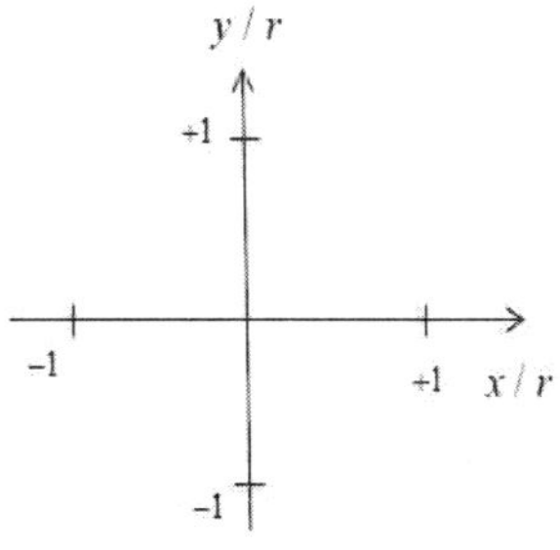

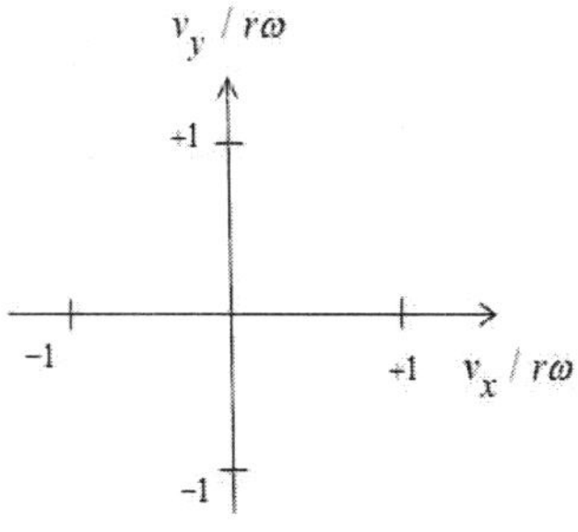

연습문제 2.16 그림(2).

[풀이]

(1) 양전하에 작용하는 자기력은 다음과 같이 주어진다.

$$F = qv \times B = q \begin{vmatrix} \hat{x} & \hat{y} & \hat{z} \\ v_x & v_y & v_z \\ 0 & 0 & B \end{vmatrix} = qB(v_y \hat{x} - v_x \hat{y})$$

$$\therefore\ m\frac{dv_x}{dt} = qBv_y,\ \ m\frac{dv_y}{dt} = -qBv_x,\ \ m\frac{dv_z}{dt} = 0$$

(2) (1)의 해는 다음과 같이 주어진다.

$$r(t) = r\cos(\omega t)\hat{x} - r\sin(\omega t)\hat{y} + v_o t\hat{z},$$
$$v(t) = \frac{dr}{dt} = -r\omega\sin(\omega t)\hat{x} - r\omega\cos(\omega t)\hat{y} + v_o\hat{z}$$
$$a(t) = \frac{dv}{dt} = -r\omega^2\cos(\omega t)\hat{x} + r\omega^2\sin(\omega t)\hat{y}$$

해의 성분들을 (1)의 힘 성분 (미분방정식)에 대입하여 각속도 ω를 구한다.

$$\therefore\ \omega = \frac{qB}{m}$$

(3) $\frac{x(t)}{r} = \cos(\omega t)$, $\frac{y(t)}{r} = -\sin(\omega t)$이므로 $x^2 + y^2 = r^2$은 원 운동한다.

ωt 변화에 대한 입자의 위치는 표와 연습문제 2.16 그림(3)(왼쪽)과 같다.

ωt	0	$\pi/2$	π	$3\pi/2$	2π
x/r	+1	0	−1	0	+1
y/r	0	−1	0	+1	0

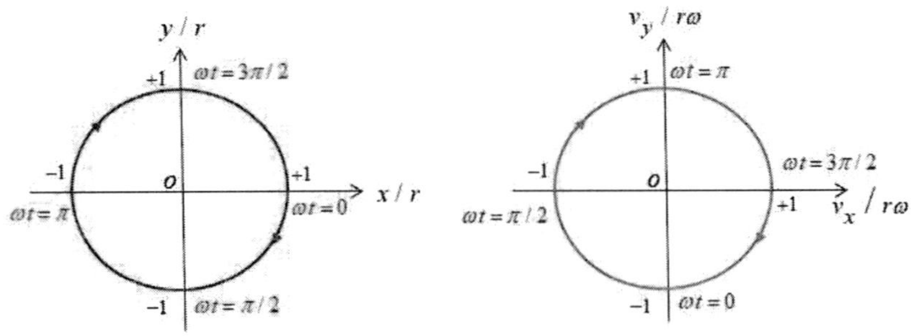

연습문제 2.16 그림(3).

xy 평면에서 입자의 위치의 궤적은 연습문제 2.16 그림(3)(왼쪽)과 같이 원형이며 시계 방향이다.

같은 방법으로 속도의 궤적은 연습문제 2.16(3)(오른쪽)처럼 원형이며 시계 방향이나 위치의 궤적 보다 $+\frac{\pi}{2}$ 앞서 있다.

2.17 [선택 문제]

연습문제 2.16과 같이 균일한 자기장 $\boldsymbol{B}=B\hat{z}$ (B=상수)에 질량 m인 양전하 $q(>0)$의 위치 벡터가 $\boldsymbol{r}(t)=r\cos(\omega t)\hat{x}-r\sin(\omega t)\hat{y}+v_o t\hat{z}$로 주어지며 나선 운동한다. 여기서 r, ω, v_o는 0이 아닌 상수이다.

부록 2.2 미분 기하학과 [예제 2.32, 33]의 프레네-세레 정리를 참고하여 다음의 물리량을 구하라.

(1) 단위접선 벡터 $\boldsymbol{T}=\frac{d\boldsymbol{r}(t)}{ds}$, (2) 단위 법선 주 벡터 $\boldsymbol{N}=\frac{d\boldsymbol{T}}{ds}/\left|\frac{d\boldsymbol{T}}{ds}\right|$,

(3) 단위 종법선 벡터 $\boldsymbol{B}=\boldsymbol{T}\times\boldsymbol{N}$, (4) 곡률 $\varkappa=\left|\frac{d\boldsymbol{T}}{ds}\right|$,

(5) 비틀림 $\tau=-\boldsymbol{N}\cdot\frac{d\boldsymbol{B}}{ds}=\boldsymbol{B}\cdot\frac{d\boldsymbol{N}}{ds}$, 여기서 ds는 미소 호의 길이이다.

[힌트]: $ds=\sqrt{(dx)^2+(dy)^2+(dz)^2}=\sqrt{\left(\frac{dx}{dt}\right)^2+\left(\frac{dy}{dt}\right)^2+\left(\frac{dz}{dt}\right)^2}\,dt$이다.

[풀이]

(1) 단위접선 벡터 $\boldsymbol{T}=\frac{d\boldsymbol{r}(t)}{ds}$:

$$\boldsymbol{T}=\frac{d\boldsymbol{r}(t)}{ds}=\frac{1}{\sqrt{(r\omega)^2+v_o^2}}\frac{d\boldsymbol{r}(t)}{dt}$$

$$=\frac{1}{\sqrt{(r\omega)^2+v_o^2}}\left[-r\omega\sin(\omega t)\hat{x}-r\omega\cos(\omega t)\hat{y}+v_o\hat{z}\right]$$

단위접선 벡터는 xy 평면의 원점에서 반지름 $r\omega/\sqrt{(r\omega)^2+v_o^2}$ 인 원의 접선으로 시계 방향과 z 방향 성분 $v_o/\sqrt{(r\omega)^2+v_o^2}$ 의 합성 벡터로 주어진다.

(2) 단위 법선 주 벡터 $\boldsymbol{N}$: $\boldsymbol{N}=\dfrac{d\boldsymbol{T}}{ds}\Big/\left|\dfrac{d\boldsymbol{T}}{ds}\right|=-\left[\cos(\omega t)\hat{x}-\sin(\omega t)\hat{y}\right]$

(3) 단위 종법선 벡터 $\boldsymbol{B}=\boldsymbol{T}\times\boldsymbol{N}$:

$$\begin{aligned}\boldsymbol{B}&=\boldsymbol{T}\times\boldsymbol{N}\\&=\frac{1}{\sqrt{(r\omega)^2+v_o^2}}\left[-r\omega\sin(\omega t)\hat{x}-r\omega\cos(\omega t)\hat{y}+v_o\hat{z}\right]\\&\qquad\times\left[-\cos(\omega t)\hat{x}+\sin(\omega t)\hat{y}\right]\\&=-\frac{1}{\sqrt{(r\omega)^2+v_o^2}}\left[v_o\sin(\omega t)\hat{x}+v_o\cos(\omega t)\hat{y}+r\omega\hat{z}\right]\end{aligned}$$

(4) 곡률 $\kappa=\left|\dfrac{d\boldsymbol{T}}{ds}\right|$: 나선형 궤적의 곡률은 (2)에서 구한 단위 주법선 벡터의 크기와 같다. 즉, $\kappa=\left|\dfrac{d\boldsymbol{T}}{ds}\right|=\dfrac{r\omega^2}{(r\omega)^2+v_o^2}$ 가 된다. $v_o=0$ 인 경우 곡률은 $\kappa=\dfrac{1}{r}$ 이며 곡률 반지름이 $r\left(=\dfrac{1}{\kappa}\right)$인 원형 궤적이 된다. 바꾸어 말하면, 위치 벡터는 $\boldsymbol{r}(t)=r\cos(\omega t)\hat{x}-r\sin(\omega t)\hat{y}$ 가 되어 반지름이 r 인 원운동과 같다.

(5) 비틀림 $\tau=-\boldsymbol{N}\cdot\dfrac{d\boldsymbol{B}}{ds}=\boldsymbol{B}\cdot\dfrac{d\boldsymbol{N}}{ds}$:

(2)와 (3)에서 구한 결과를 이용하여 계산하면 다음을 얻는다.

$$\tau=-\boldsymbol{N}\cdot\frac{d\boldsymbol{B}}{ds}=-\frac{1}{\sqrt{(r\omega)^2+v_o^2}}\boldsymbol{N}\cdot\frac{d\boldsymbol{B}}{dt}=-\frac{v_o\omega}{(r\omega)^2+v_o^2}$$

또는 $$\tau=\boldsymbol{B}\cdot\frac{d\boldsymbol{N}}{ds}=\frac{1}{\sqrt{(r\omega)^2+v_o^2}}\boldsymbol{B}\cdot\frac{d\boldsymbol{N}}{dt}=-\frac{v_o\omega}{(r\omega)^2+v_o^2}$$

이 되어 같은 결과를 얻는다. $v_o=0$ 인 경우 비틀림 $\tau=0$ 이 되며, 위치 벡터는 $\boldsymbol{r}(t)=r\cos(\omega t)\hat{x}-r\sin(\omega t)\hat{y}$ 가 되어 나선 궤적은 사라지고 접촉 평면인 $(\boldsymbol{T},\boldsymbol{N})$ 평면 또는 (x, y) 평면에서 원형 궤적이며 단위 종법선 벡터는 $\boldsymbol{B}=\hat{z}$ 가 된다.

2.18 xy 평면에서 진동하며 $+z$ 방향으로 진행하는 전기장 파동이

$$\boldsymbol{E}(z,t)=E_o\left[\hat{x}f(kz-\omega t)+\hat{y}g(kz-\omega t)\right]\equiv\boldsymbol{E}_x(z,t)+\boldsymbol{E}_y(z,t)$$

와 같이 주어진다. 여기서 E_o는 상수 진폭, $f(kz-\omega t)$, $g(kz-\omega t)$는 파동 함수, k는 파수, ω는 각 진동수이다.

다음과 같이 주어지는 파동함수들의 편광 상태를 아래의 표를 작성하여 구하라. 편광 상태를 조사하기 위해 $z=0$에서 파동 벡터의 시간 변화 값을 구하여 각각의 시간에서 전기장 벡터를 그려서 표를 완성하고 편광 상태를 판별한다.

ωt	0	$\frac{\pi}{2}$	π	$\frac{3\pi}{2}$	2π
$\frac{\boldsymbol{E}(0,t)}{E_o}$					

(1) $\boldsymbol{E}(z,t)=E_o\left[+\hat{x}\sin(kz-\omega t)-\hat{y}\cos(kz-\omega t)\right]$,

(2) $\boldsymbol{E}(z,t)=E_o\left[-\hat{x}\sin(kz-\omega t)-\hat{y}\cos(kz-\omega t)\right]$,

(3) $\boldsymbol{E}(z,t)=E_o\left[-\hat{x}\cos(kz-\omega t)-\hat{y}\sin(kz-\omega t)\right]$,

(4) $\boldsymbol{E}(z,t)=E_o\left[-\hat{x}\cos(kz-\omega t)+\hat{y}\sin(kz-\omega t)\right]$

[힌트]: (1)~(4)의 전기장 파동은 모두 $|\boldsymbol{E}(z,t)|^2=|\boldsymbol{E}_x(z,t)|^2+|\boldsymbol{E}_y(z,t)|^2=E_o^2$ =상수이며 원편광 파동이다.]

[풀이]

파동함수는 $+z$ 방향으로 진행하므로 임의의 관측점 $z=0$에서 전기장 벡터의 시간 변화 값을 구하여 주어진 표에 기록하고 전기장 벡터의 궤적을 그려서 판단한다.

(1) $\underline{\boldsymbol{E}(z,t)=E_o\left[+\hat{x}\sin(kz-\omega t)-\hat{y}\cos(kz-\omega t)\right]}$

$z=0$을 대입하면 파동함수는 $\boldsymbol{E}(z=0,t)=E_o\left[-\hat{x}\sin(\omega t)-\hat{y}\cos(\omega t)\right]$이므로 시간 (ωt)에 따른 전기장 벡터의 방향은 표와 같다.

ωt	0	$\frac{\pi}{2}$	π	$\frac{3\pi}{2}$	2π
$\frac{\boldsymbol{E}(0,t)}{E_o}$	$-\hat{y}$ (↓)	$-\hat{x}$ (←)	$\hat{y}$ (↑)	$\hat{x}$ (→)	$-\hat{y}$ (↓)

(2) $\underline{\boldsymbol{E}(z,t) = E_o\left[-\hat{x}\sin(kz-\omega t) - \hat{y}\cos(kz-\omega t)\right]}$

$z=0$을 대입하면 파동함수는 $\boldsymbol{E}(z=0,t) = E_o\left[\hat{x}\sin(\omega t) - \hat{y}\cos(\omega t)\right]$이므로 시간 ($\omega t$)에 따른 전기장 벡터의 방향은 표와 같다.

ωt	0	$\frac{\pi}{2}$	π	$\frac{3\pi}{2}$	2π
$\frac{\boldsymbol{E}(0,t)}{E_o}$	$-\hat{y}$ (↓)	$\hat{x}$ (→)	$\hat{y}$ (↑)	$-\hat{x}$ (←)	$-\hat{y}$ (↓)

(3) $\underline{\boldsymbol{E}(z,t) = E_o\left[-\hat{x}\cos(kz-\omega t) - \hat{y}\sin(kz-\omega t)\right]}$

$z=0$을 대입하면 파동함수는 $\boldsymbol{E}(z=0,t) = E_o\left[-\hat{x}\cos(\omega t) + \hat{y}\sin(\omega t)\right]$이므로 시간 ($\omega t$)에 따른 전기장 벡터의 방향은 표와 같다.

ωt	0	$\frac{\pi}{2}$	π	$\frac{3\pi}{2}$	2π
$\frac{\boldsymbol{E}(0,t)}{E_o}$	$-\hat{x}$ (←)	$\hat{y}$ (↑)	$\hat{x}$ (→)	$-\hat{y}$ (↓)	$-\hat{x}$ (←)

(4) $\underline{\boldsymbol{E}(z,t) = E_o\left[-\hat{x}\cos(kz-\omega t) + \hat{y}\sin(kz-\omega t)\right]}$

$z=0$을 대입하면 파동함수는 $\boldsymbol{E}(z=0,t) = E_o\left[-\hat{x}\cos(\omega t) - \hat{y}\sin(\omega t)\right]$이므로 시간 ($\omega t$)에 따른 전기장 벡터의 방향은 표와 같다.

ωt	0	$\frac{\pi}{2}$	π	$\frac{3\pi}{2}$	2π
$\frac{\boldsymbol{E}(0,t)}{E_o}$	$-\hat{x}$ (←)	$-\hat{y}$ (↓)	$\hat{x}$ (→)	$\hat{y}$ (↑)	$-\hat{x}$ (←)

연습문제 2.18 그림은 위의 4개의 전기장의 편광 상태를 시간에 따라 xy 평면에 그린 것이다.

(1)의 파동: 시간 $t=0$ 일 때 $-\hat{y}$ 에서 출발하여 시계 방향으로 전기장 벡터가 회전하므로 우향 원편광 (Right Circular Polarized Wave: RCP Wave)이다.

(2)의 파동: 시간 $t=0$ 일 때 $-\hat{y}$ 에서 출발하여 반시계방향으로 전기장 벡터가 회전하므로 좌향 원편광 (Left Circular Polarized Wave: LCP Wave)이다.

(3)의 파동: 시간 $t=0$ 일 때 $-\hat{x}$ 에서 출발하여 시계 방향으로 전기장 벡터가 회전하므로 우향 원편광 (RCP Wave)이다.

(4)의 파동: 시간 $t=0$ 일 때 $-\hat{x}$ 에서 출발하여 반시계방향으로 전기장 벡터가 회전하므로 좌향 원편광 (LCP Wave)이다.

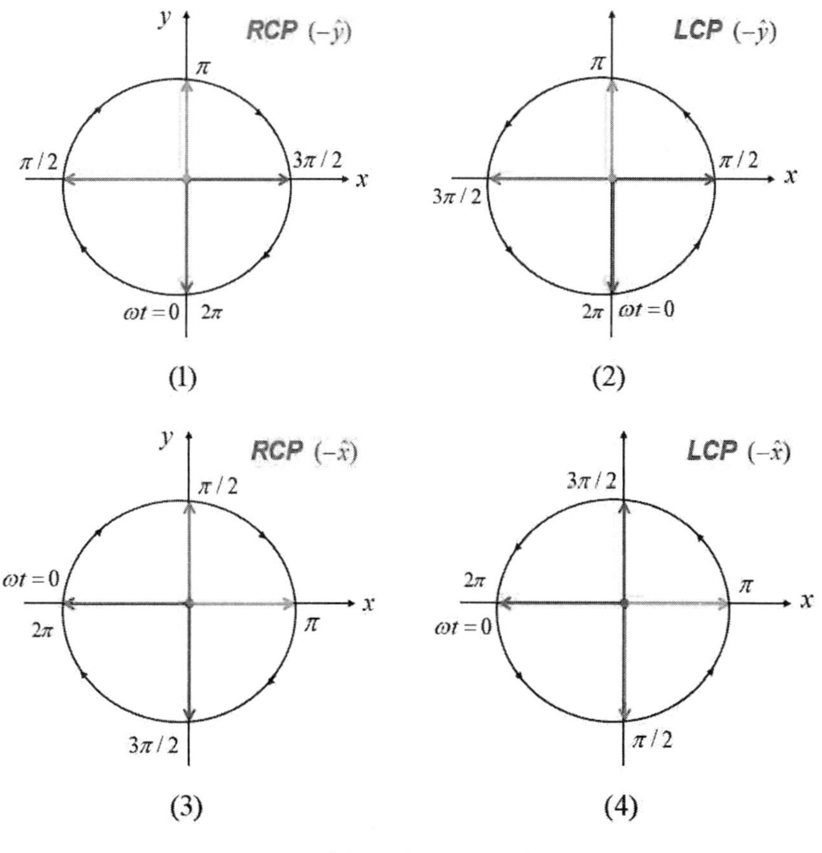

연습문제 2.18 그림.

2.3 그래디언트 (gradient; ∇) 연산자

2.4 다이버전스 (divergence: ∇ •) 연산자 2.5 컬 (curl: ∇ ×) 연산자

> 2.19 미분 가능한 두 스칼라 함수 $f(x,y,z)$, $g(x,y,z)$에 대하여
> $\nabla(fg) = g\nabla f + f\nabla g$임을 보여라.
> [힌트: ∇ 의 정의와 라이프니츠 규칙을 사용한다.]

[풀이]

그래디언트의 정의 $\nabla f = \frac{\partial f}{\partial x}\hat{x} + \frac{\partial f}{\partial y}\hat{y} + \frac{\partial f}{\partial z}\hat{z} \equiv \sum_{i=1,2,3}\frac{\partial f}{\partial x_i}\hat{x}_i$와 라이프니츠 규칙 $(fg)' = f'g + fg'$을 적용한다.

$$\nabla(fg) = \sum_{i=1,2,3}\frac{\partial(fg)}{\partial x_i}\hat{x}_i = \sum_i\left(\frac{\partial f}{\partial x_i}g + f\frac{\partial g}{\partial x_i}\right)\hat{x}_i \quad \Leftarrow \quad \leq ibniz\, rule$$

$$= \underbrace{\left(\sum_i\frac{\partial f}{\partial x_i}\hat{x}_i\right)}_{=\nabla f}g + f\underbrace{\left(\sum_i\frac{\partial g}{\partial x_i}\hat{x}_i\right)}_{=\nabla g} \equiv g\nabla f + f\nabla g$$

$$\therefore \ \nabla(fg) = g\nabla f + f\nabla g$$

> 2.20 어떤 스칼라 함수가 다음과 같이 주어진다. 각각의 ∇f를 구하라.
> (1) $f(x,y,z) = (x^2+y^2+z^2)^n = r^{2n} \ (n>0)$,
> (2) $f(x,y,z) = \frac{1}{(x^2+y^2+z^2)^n} = r^{-2n} \ (n>0)$

[풀이]

스칼라 함수 $f = f(x,y,z) = f(r)$인 경우 ∇f는 다음과 같이 주어진다.

$$\nabla f = \sum_{i=1,2,3}\frac{\partial f}{\partial x_i}\hat{x}_i = \sum_i\frac{\partial f(r)}{\partial r}\frac{\partial r}{\partial x_i}\hat{x}_i \quad \Leftarrow chain\, rule$$

$$= \frac{df(r)}{dr}\sum_i\frac{\partial r}{\partial x_i}\hat{x}_i = \frac{df(r)}{dr}\sum_i\frac{x_i}{r}\hat{x}_i = \frac{df(r)}{dr}\frac{\boldsymbol{r}}{r}$$

즉, $\nabla f = \frac{df(r)}{dr}\frac{\boldsymbol{r}}{r} \equiv \frac{df(r)}{dr}\hat{r}$이다. 여기서 $\frac{\partial r}{\partial x} = \frac{\partial\sqrt{x^2+y^2+z^2}}{\partial x} = \frac{x}{r}$ 등이다.

(1) $f(x,y,z) = (x^2+y^2+z^2)^n = r^{2n}\ \ (n>0)$

$$\nabla f(x,y,z) = \frac{df(r)}{dr}\hat{r} = 2nr^{2n-1}\hat{r}$$

여기서 $r = \sqrt{x^2+y^2+z^2}$, $\hat{r} = \frac{\boldsymbol{r}}{r}$이다.

(2) $f(x,y,z) = \frac{1}{(x^2+y^2+z^2)^n} = r^{-2n}\ \ (n>0)$

$$\nabla f(x,y,z) = \frac{df(r)}{dr}\hat{r} = -\frac{2n}{r^{2n+1}}\hat{r}$$

•

> 2.21 위치 벡터 $\boldsymbol{r} = x\hat{x} + y\hat{y} + z\hat{z}$과 임의의 벡터 $\boldsymbol{A}$에 대해 다음 관계식을 증명하라.
> (1) $\boldsymbol{A}$ = 상수 이면 $\nabla(\boldsymbol{A}\cdot\boldsymbol{r}) = \boldsymbol{A}$이다.
> (2) $(\boldsymbol{A}\cdot\nabla)\boldsymbol{r} = \boldsymbol{A}$

[풀이]

축약 기호로 $\boldsymbol{A} = A_x\hat{x} + A_y\hat{y} + A_z\hat{z} \equiv \sum_{i=1,2,3} A_i\hat{x}_i$, $\boldsymbol{r} = x\hat{x} + y\hat{y} + z\hat{z} \equiv \sum_{j=1,2,3} x_j\hat{x}_j$

라 쓰자.

(1) 스칼라 곱은 $\boldsymbol{A}\cdot\boldsymbol{r} = \left(\sum_i A_i\hat{x}_i\right)\cdot\left(\sum_j x_j\hat{x}_j\right) = \sum_{i,j} A_i x_j \underbrace{\hat{x}_i\cdot\hat{x}_j}_{=\delta_{ij}} = \sum_j A_j x_j$이다.

그래디언트 연산자는 $\nabla \equiv \sum_{i=1,2,3}\hat{x}_i\frac{\partial}{\partial x_i}$를 사용한다.

$$\nabla(\boldsymbol{A}\cdot\boldsymbol{r}) = \sum_i \hat{x}_i\frac{\partial}{\partial x_i}\left(\sum_j A_j x_j\right) = \sum_{i,j}\hat{x}_i\left(\frac{\partial A_j}{\partial x_i}x_j + A_j\frac{\partial x_j}{\partial x_i}\right)$$

$$= \sum_{i,j} A_j\frac{\partial x_j}{\partial x_i}\hat{x}_i = \sum_{i,j} A_j\delta_{ij}\hat{x}_i = \sum_i A_i\hat{x}_i \equiv \boldsymbol{A}$$

여기서 $\boldsymbol{A}=$상수이므로 $\dfrac{\partial A_j}{\partial x_i}=0$ 이며 $\dfrac{\partial x_j}{\partial x_i}=\delta_{ij}\,(i,j=1,2,3\,\text{or}\,x,y,z)$이다.

(2) $(\boldsymbol{A}\cdot\nabla)\boldsymbol{r}=\left(\sum_i A_i\hat{x}_i\cdot\sum_j\hat{x}_j\dfrac{\partial}{\partial x_j}\right)\boldsymbol{r}=\sum_i\sum_j\underbrace{\hat{x}_i\cdot\hat{x}_j}_{=\delta_{ij}}A_i\dfrac{\partial\boldsymbol{r}}{\partial x_j}$

$$=\sum_{i,j}A_i\delta_{ij}\frac{\partial\boldsymbol{r}}{\partial x_j}=\sum_i A_i\frac{\partial\boldsymbol{r}}{\partial x_i}=\sum_i A_i\hat{x}_i\equiv\boldsymbol{A}$$

여기서 $\dfrac{\partial\boldsymbol{r}}{\partial x_i}=\dfrac{\partial}{\partial x_i}\sum_j x_j\hat{x}_j\equiv\hat{x}_i$이다.

2.22 xy 평면상에서 일정한 반지름 $r(=a)$로 등속 원운동 하는 질량 m인 입자가 있다. 입자에 작용하는 힘은 $\boldsymbol{F}=-F_o\hat{r}$이며 입자의 위치 벡터는 $\boldsymbol{r}(t)=r\cos(\omega t)\hat{x}+r\sin(\omega t)\hat{y}$ 이다. 여기서 $F_o\,(=mr\omega^2)$는 상수이며 ω는 각속도이다.

(1) 한 주기 (one cycle) $T\left(=\dfrac{2\pi}{\omega}\right)$ 동안 입자에 한 일 $W=\oint_C\boldsymbol{F}\cdot d\boldsymbol{l}=0$임을 보여라.

[힌트: $W=\oint_C\boldsymbol{F}\cdot d\boldsymbol{l}=\oint_C(F_xdx+F_ydy)$를 시간에 대한 적분으로 치환]

(2) (1)의 결과를 이용하여 $\nabla\times\boldsymbol{F}=0$ 임을 보여라. [힌트: 스토크스 정리]

(3) $\nabla\cdot\boldsymbol{F}=-\dfrac{2F_o}{a}$ 임을 보여라.

(4) 퍼텐셜 에너지가 $U(x,y)=\dfrac{F_o}{2a}(x^2+y^2)$임을 보여라.

[풀이]

입자의 위치 벡터 $\boldsymbol{r}(t)=r\cos(\omega t)\hat{x}+r\sin(\omega t)\hat{y}$ 에 대해 속도와 가속도는 다음과 같이 주어진다.

$$\boldsymbol{v}(t)=-r\omega\sin(\omega t)\hat{x}+r\omega\cos(\omega t)\hat{y}$$
$$\boldsymbol{a}(t)=-r\omega^2\left(\cos(\omega t)\hat{x}+\sin(\omega t)\hat{y}\right)=-\omega^2\boldsymbol{r}=-r\omega^2\hat{r}$$

따라서 입자에 작용하는 힘은 $\boldsymbol{F}=m\boldsymbol{a}=-mr\omega^2\hat{r}\equiv-F_o\hat{r}$이며 중심력이다.

(1) $\boldsymbol{F}=-F_o\hat{r}=-F_o\left[\cos(\omega t)\hat{x}+\sin(\omega t)\hat{y}\right]=F_x\hat{x}+F_y\hat{y}$,

$dl=dx\hat{x}+dy\hat{y}=-r\omega\sin(\omega t)dt\hat{x}+r\omega\cos(\omega t)dt\hat{y}$ 이므로 원 궤도를 따라 한 주기 동안 한 일을 시간에 대한 적분으로 치환하면 다음과 같이 0이 된다.

$$W=\oint_C \boldsymbol{F}\cdot dl=\oint_C(F_x dx+F_y dy)$$
$$=F_o r\omega\int_0^{\frac{2\pi}{T}}(\cos\omega t\sin\omega t-\cos\omega t\sin\omega t)dt=0$$

(2) 스토크스 정리를 적용하면 한 주기 동안 한 일은 다음과 같이 주어진다.

$$W=\oint_C \boldsymbol{F}\cdot dl=\int_S \nabla\times\boldsymbol{F}\cdot d\boldsymbol{a}=0$$

$W=0$ 을 만족하기 위해 우변의 피적분 함수는 항등적으로 0이어야 한다.

$$\therefore\ \nabla\times\boldsymbol{F}=0$$

즉, 힘은 비 회전력 장이며 보존력이다.

(3) 힘은 $\boldsymbol{F}=-F_o\hat{r}=-\frac{F_o}{a}\boldsymbol{r}\equiv-\frac{F_o}{a}(x\hat{x}+y\hat{y})$이다. 여기서 a는 원 궤도의 반지름으로 상수이다.

$$\therefore\ \nabla\cdot\boldsymbol{F}=\frac{\partial F_x}{\partial x}+\frac{\partial F_y}{\partial y}=-\frac{2F_o}{a}$$

(4) (2)에서 힘은 보존력이므로 퍼텐셜 에너지가 존재한다.

$$\boldsymbol{F}=\begin{cases}-\nabla U=-\left(\frac{\partial U}{\partial x}\hat{x}+\frac{\partial U}{\partial y}\hat{y}\right)\\ -F_o\frac{\boldsymbol{r}}{a}=-\frac{F_o}{a}(x\hat{x}+y\hat{y})\end{cases}$$

편미분 방정식 $\frac{\partial U}{\partial x}=\frac{F_o}{a}x,\quad \frac{\partial U}{\partial y}=\frac{F_o}{a}y$을 변수 분리하여 적분하면 (연습문제 2.24(5) 풀이 참고) 퍼텐셜 에너지는 $U(x,y)=\frac{F_o}{2a}(x^2+y^2)$가 된다.

2.23 xy 평면상에서 일정한 반지름 $r(=a)$로 등속 원운동 하는 질량 m인 입자에 작용하는 힘이 $\boldsymbol{F}=F_t\hat{\theta}$인 경우를 가정하자.

입자의 위치 벡터는 $\boldsymbol{r}(t)=r\cos\omega t\,\hat{x}+r\sin\omega t\,\hat{y}$이다.

여기서 F_t는 접선 방향의 상수 힘이며 ω는 각속도이다.

(1) 한 주기 $T\left(=\dfrac{2\pi}{\omega}\right)$ 동안 입자에 한 일이 $W=\oint_C \boldsymbol{F}\cdot dl=2\pi aF_t\ (\neq 0)$임을 보여라. [힌트: $W=\oint_C \boldsymbol{F}\cdot dl=\oint_C (F_x dx+F_y dy)$를 시간에 대한 적분으로 치환하라.]

(2) $\nabla\times\boldsymbol{F}=\dfrac{2F_t}{a}\hat{z}$ 임을 보여라.

(3) (2)의 결과로부터 $\int_S \nabla\times\boldsymbol{F}\cdot ds=2\pi aF_t$ 임을 보여라.

[힌트: 미소 면적 벡터는 $ds=ds_x\hat{x}+ds_y\hat{y}+ds_z\hat{z}$ 또는 $ds=dydz\hat{x}+dzdx\hat{y}+dxdy\hat{z}$ 이다.]

(4) (2)와 (3)의 결과에 스토크스 정리를 적용하여 (1)을 증명하라.

(5) 토오크 $\boldsymbol{\tau}=\boldsymbol{r}\times\boldsymbol{F}=aF_t\hat{z}$ 임을 보여라.

[풀이]

(1) 입자에 가해지는 힘 $\boldsymbol{F}$와 원주를 따라 운동하는 입자의 미소 변위는 각각 다음과 같이 주어진다.

$$\boldsymbol{F}=F_t\hat{\theta}=F_t\left[-\sin\omega t\,\hat{x}+\cos\omega t\,\hat{y}\right]\equiv F_x\hat{x}+F_y\hat{y}$$

$$dl=dx\,\hat{x}+dy\,\hat{y}=-r\omega\sin\omega t\,dt\,\hat{x}+r\omega\cos\omega t\,dt\,\hat{y}$$

미소 일은 $dW=\boldsymbol{F}\cdot dl=F_t a\omega(\cos^2\omega t+\sin^2\omega t)dt=F_t a\omega dt$이므로 한 주기 동안 한 일은 다음과 같다.

$$W=\oint_C \boldsymbol{F}\cdot dl=\int_0^{\frac{2\pi}{\omega}} F_t a\omega dt=2\pi aF_t\ (\neq 0)$$

[별해] 힘이 $\boldsymbol{F} = F_t\hat{\theta}$로 원의 접선 방향이므로 극 좌표계를 사용하여 구할 수도 있다. 원주 위의 미소 변위는 $dl = ds\hat{\theta} = ad\theta\hat{\theta}$이므로 미소 일은 $dW = \boldsymbol{F} \cdot dl = F_t ds = F_t a d\theta$ 이다. 따라서 원주를 따라 한 주기 동안 한 일은

$W = \oint_C F_t ds = \int_0^{2\pi} F_t a d\theta = 2\pi a F_t$가 되어 같은 결과를 얻는다.

(2) $\nabla \times \boldsymbol{F}$를 구하기 위해 힘을 다음과 같이 변경하자.

$$\boldsymbol{F} = F_t\hat{\theta} = F_t\left[-\sin\omega t\,\hat{x} + \cos\omega t\,\hat{y}\right] \Leftarrow \left(\cos\omega t = \frac{x}{a},\ \sin\omega t \equiv \frac{y}{a}\right)$$

$$= \frac{F_t}{a}\left[-y\hat{x} + x\hat{y}\right] \equiv F_x\hat{x} + F_y\hat{y}$$

$$\therefore\ \nabla \times \boldsymbol{F} = \begin{vmatrix} \hat{x} & \hat{y} & \hat{z} \\ \dfrac{\partial}{\partial x} & \dfrac{\partial}{\partial y} & \dfrac{\partial}{\partial z} \\ F_x & F_y & 0 \end{vmatrix} = \hat{z}\left(\frac{\partial F_y}{\partial x} - \frac{\partial F_x}{\partial y}\right) = \frac{2}{a}F_t\hat{z}$$

(3) $\displaystyle\int_S \nabla \times \boldsymbol{F} \cdot ds = \int_S \frac{2F_t}{a}\hat{z} \cdot ds = \frac{2F_t}{a}\int_S dxdy = \frac{2F_t}{a}\pi a^2 = 2\pi a F_t$

여기서 미소 면적 벡터는 $ds = dydz\hat{x} + dzdx\hat{y} + dxdy\hat{z}$ 이며, $\nabla \times \boldsymbol{F}$는 (2)의 결과를 사용하였다.

(4) (3)의 결과에 스토크스 정리를 적용하면 다음과 같다.

$$\int_S \nabla \times \boldsymbol{F} \cdot ds = \begin{cases} 2\pi a F_t & : \text{(2)의 결과} \\ \oint_C \boldsymbol{F} \cdot dl & : \text{스토크스 정리} \end{cases}$$

$$\therefore\ W = \oint_C \boldsymbol{F} \cdot dl = 2\pi a F_t\ (\neq 0)\text{: (1)의 결과와 같다.}$$

2.24 xy 평면상에서 위치 벡터가 $\boldsymbol{r} = a\cos\omega t\,\hat{x} + b\sin\omega t\,\hat{y}$인 질량 m인 입자가 있다. 여기서 a, b, ω는 (양의) 상수이며 $a > b$이다.

입자는 연습문제 2.24 그림과 같이 타원 궤도 운동을 한다.

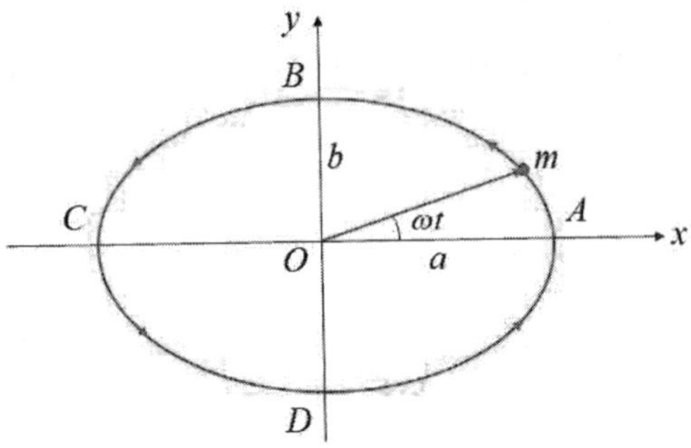

연습문제 2.24 그림.

(1) 연습문제 2.22를 참고하여 입자의 운동 에너지 $T = \dfrac{1}{2}mv^2$를 구하라.

(2) 점 A에서 B까지 입자에 한 일 $W_{AB} = \displaystyle\int_A^B \boldsymbol{F} \cdot d\boldsymbol{r}$을 구하라.

(3) 점 A에서 B의 운동 에너지 변화 $\Delta T = T_B - T_A$를 구하고 (2)의 결과와 비교하라. [힌트: 일-에너지 정리]

(4) 폐 경로 $A \to B \to C \to D \to A$에서 입자에 한 일 $W = \displaystyle\oint_A^B \boldsymbol{F} \cdot d\boldsymbol{r}$을 구하고 스토크스 정리를 사용하여 $\nabla \times \boldsymbol{F}$를 구하라.

(5) 보존력의 경우 퍼텐셜 에너지 V를 구하라.

[힌트: $\boldsymbol{F} = -\nabla V = -\left(\hat{x}\dfrac{\partial V}{\partial x} + \hat{y}\dfrac{\partial V}{\partial y} + \hat{z}\dfrac{\partial V}{\partial z}\right)$]

(6) 점 A에서 B의 위치 에너지 변화 $\Delta V = V_B - V_A$를 구하고 (2)의 결과와 비교하여 에너지 보존 관계를 유도하라.

(7) (1)과 (5)의 관계식으로부터 전체 역학적 에너지 $T + V = E$를 구하고 에너지 보존 법칙이 성립함을 보여라.

[풀이]

(1) $T=\frac{1}{2}mv^2=\frac{1}{2}m\omega^2\left[a^2\sin^2(\omega t)+b^2\cos^2(\omega t)\right]$

(2) $W_{AB}=\int_A^B \boldsymbol{F}\cdot d\boldsymbol{r}$

$$=-m\omega^2\int_A^B\left[a\cos(\omega t)\hat{x}+b\sin(\omega t)\hat{y}\right]\cdot\left[-a\omega\sin(\omega t)\hat{x}+b\omega\cos(\omega t)\hat{y}\right]dt$$

$$=-m\omega^3(b^2-a^2)\int_0^{\frac{T}{4}}\sin(\omega t)\cos(\omega t)dt=\frac{1}{2}m\omega^2(a^2-b^2)$$

(3) 점 A의 시간은 $t=0$, 점 B에서 시간은 $t=\frac{\pi}{2\omega}$ 이므로 (1)에서 $T_A=\frac{1}{2}m\omega^2b^2$,

$T_B=\frac{1}{2}m\omega^2a^2$이다.

$\therefore\ \Delta T=T_B-T_A=\frac{1}{2}m\omega^2\left(a^2-b^2\right)\equiv W_{AB}$ (일-에너지 정리)

(4) $W=\oint_C \boldsymbol{F}\cdot d\boldsymbol{r}$

$$=m\omega^3(a^2-b^2)\int_0^{T=\frac{2\pi}{\omega}}\sin(\omega t)\cos(\omega t)dt$$

$$=\frac{1}{2}m\omega^2(a^2-b^2)\sin^2(\omega t)\Big|_0^{\frac{2\pi}{\omega}}=0$$

스토크스 정리를 사용하면

$$\oint_C \boldsymbol{F}\cdot d\boldsymbol{r}=\int_S \nabla\times\boldsymbol{F}\cdot d\boldsymbol{s}=0$$

$\therefore\ \nabla\times\boldsymbol{F}=0$

(5) 보존력이므로

$$\boldsymbol{F}=-\nabla V=-\left(\hat{x}\frac{\partial V}{\partial x}+\hat{y}\frac{\partial V}{\partial y}+\hat{z}\frac{\partial V}{\partial z}\right)=-m\omega^2x\hat{x}-m\omega^2y\hat{y}$$

$$\frac{\partial V}{\partial x} = m\omega^2 x, \quad \frac{\partial V}{\partial y} = m\omega^2 y$$

$$\Rightarrow V(x,y) = m\omega^2 \int x\,dx = \frac{1}{2}m\omega^2 x^2 + h(y), \quad (h(y) : \text{적분상수})$$

$$\Rightarrow \frac{\partial V}{\partial y} = \frac{dh}{dy} = m\omega^2 y$$

$$\Rightarrow h(y) = m\omega^2 \int y\,dy = \frac{1}{2}m\omega^2 y$$

$$\therefore V(x,y) = \frac{1}{2}m\omega^2 (x^2 + y^2) \equiv \frac{1}{2}m\omega^2 r^2 = \frac{1}{2}m\omega^2 (a^2 \cos^2 \omega t + b^2 \sin^2 \omega t)$$

(6) 점 A의 좌표는 $(a, 0)$, 점 B의 좌표는 $(0, b)$이므로 (1)에서

$$\Delta V_{AB} = V_B - V_A = \frac{1}{2}m\omega^2 (b^2 - a^2) = -W_{AB} = -\Delta T_{AB}$$

$$\Rightarrow \Delta T_{AB} + \Delta V_{AB} = 0 \text{ or } T_A + V_A = T_B + V_B = \text{일정}.$$

(7) 전체 역학적 에너지는 $E = T + V$이므로

$$T = \frac{1}{2}m\omega^2 \left[a^2 \sin^2(\omega t) + b^2 \cos^2(\omega t)\right],$$

$$V(x,y) = \frac{1}{2}m\omega^2 \left[a^2 \cos^2(\omega t) + b^2 \cos^2(\omega t)\right]$$

$$\Rightarrow \therefore E = T + V = \frac{1}{2}m\omega^2 (a^2 + b^2) = \text{일정}.$$

2.25 사극 자 렌즈 (quadrupole lens) 장치는 $+V$와 $-V$의 전압이 걸린 전극이 연습문제 2.25 그림과 같이 배열되어 있다.

전압 분포가 $V(x,y)=-\dfrac{1}{2}K(x^2-y^2)$ 와 같이 주어진다. (K는 상수)

(1) 양전하 q가 받는 힘 $\boldsymbol{F}(x,y)=-q\nabla V$를 구하라.

(2) $\nabla\times\boldsymbol{F}$를 구하라.

(3) xy 평면에서의 힘이 양전하에 한 일 $W=\oint_C \boldsymbol{F}\cdot dl$을 구하라.

(4) 등 전위면 (equipotential surface)과 전기력선 (electric force lines)을 그려라.

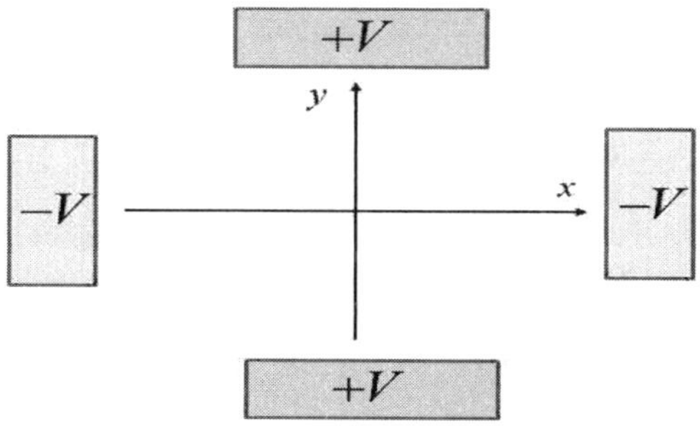

연습문제 2.25 그림.

[풀이]

(1) $\boldsymbol{F}(x,y)=-q\nabla V=-q\left(\hat{x}\dfrac{\partial V}{\partial x}+\hat{y}\dfrac{\partial V}{\partial y}\right)=qK(x\hat{x}-y\hat{y})$

(2) $\nabla\times\boldsymbol{F}=qK\begin{vmatrix}\hat{x} & \hat{y} & \hat{z}\\ \dfrac{\partial}{\partial x} & \dfrac{\partial}{\partial y} & \dfrac{\partial}{\partial z}\\ x & -y & 0\end{vmatrix}=0$

(3) $W=\oint_C \boldsymbol{F}\cdot dl$은 스토크스 정리를 적용하고 (2)의 결과를 사용하면 다음과 같다.

$$\therefore\ W=\oint_C \boldsymbol{F}\cdot dl=\int_S \nabla\times\boldsymbol{F}\cdot ds=0$$

(4) 연습문제 2.25-풀이 그림은 (a) 등 전위 면과 (b) 전기력 선을 나타낸다.

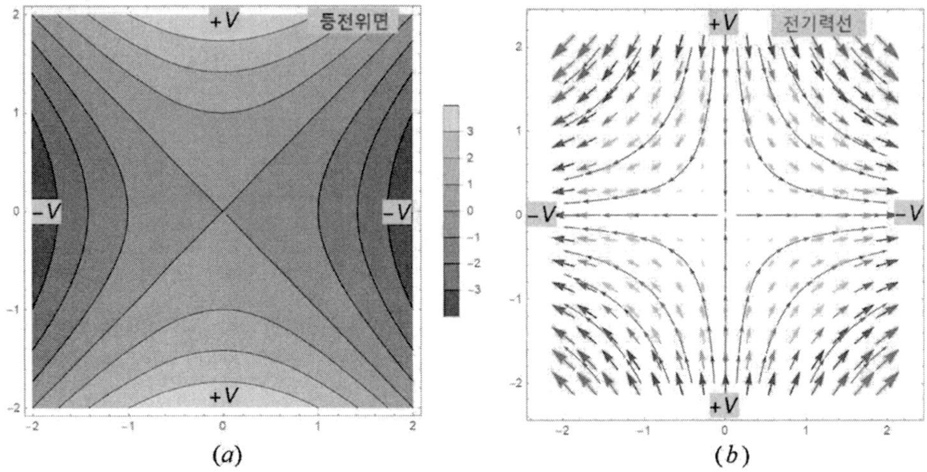

연습문제 2.25-풀이 (a) 등 전위 면, (b) 전기력 선.

(1)에서 구한 전기력 선 $\boldsymbol{F}(x,y) = -q\nabla V = qK(x\hat{x} - y\hat{y})$의 $\nabla \cdot \boldsymbol{F}$를 구하면

$\nabla \cdot \boldsymbol{F} = \dfrac{\partial F_x}{\partial x} + \dfrac{\partial F_y}{\partial y} = 0$ 이므로 발산하는 벡터장이 아니다.

또한 $\nabla \times \boldsymbol{F} = \left(\dfrac{\partial F_y}{\partial x} - \dfrac{\partial F_x}{\partial y}\right)\hat{z} = 0$ 이 되어 비 회전 장이다.

사극 자 렌즈 장치 내의 전기력선은 전체적으로 볼 때 발산 (또는 수렴)하는 장도 아니며, 회전하는 장도 아닌 불 안정한 (unstable) 안장 점 (saddle point)을[1] 갖는 벡터장이다.

---

1) 새들 포인트 (saddle point)는 두 개의 변수를 갖는 함수가 한 변수에 대해서는 극소점을 가지지만 다른 변수에 대해서는 극대점을 가지는 점이며, 이를 안장 점이라 한다. 예를 들면, 말 안장과 같이 기수 앞뒤로는 아래로 오목한 극소점, 기수 좌우로는 위로 볼록한 극대점을 뜻한다. 안장 점은 항상 불안정 (unstable)한 점이다.

2.26 중성 원자나 분자 사이의 퍼텐셜이 $V(r)=4\epsilon\left[\left(\frac{\sigma}{r}\right)^{12}-\left(\frac{\sigma}{r}\right)^{6}\right]$로 주어진다.

여기서 ϵ은 퍼텐셜 우물 (potential well)의 깊이, σ는 입자 사이의 퍼텐셜이 0이 되는 유한한 거리이며, r은 입자 간의 거리이다.

이러한 퍼텐셜을 레너드-존스 (Lennard-Jones) 퍼텐셜 또는 6-12 또는 12-6 퍼텐셜이라 한다.

(1) 힘 $\boldsymbol{F}$ 를 구하라.

(2) $\boldsymbol{F}=0$이 되는 평형점의 위치 r_m을 구하라.

(3) 평형 위치에서 퍼텐셜 $V(r_m)$을 구하라.

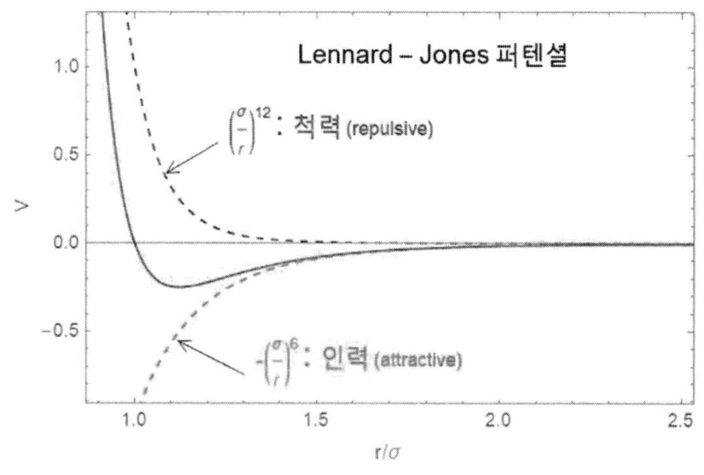

연습문제 2.26 그림.

[풀이]

(1) $\boldsymbol{F}(r)=-\nabla V=4\epsilon\left(\frac{12\sigma^{12}}{r^{13}}-\frac{6\sigma^{6}}{r^{7}}\right)\hat{r}=4\epsilon\left[12\left(\frac{\sigma}{r}\right)^{12}-6\left(\frac{\sigma}{r}\right)^{6}\right]\frac{\hat{r}}{r}$

(2) $\boldsymbol{F}=0 \Rightarrow r_m=2^{\frac{1}{6}}\sigma,$

(3) $V(r_m)=-\epsilon$

2.27 자유 공간에서 $+z$ 방향으로 진행하는 (평면 파) 전기장 벡터가

$$\boldsymbol{E}(z,t) = \hat{x} E_o \cos(kz - \omega t)$$

로 주어진다. 여기서 E_o는 상수 진폭, k는 파수, $\omega\,(=kc)$는 각 진동수, c는 광속이다.

(1) 패러데이 법칙 $\nabla \times \boldsymbol{E} = -\dfrac{\partial \boldsymbol{B}}{\partial t}$을 사용하여 자기장 벡터 $\boldsymbol{B}(z,t)$를 구하라.

(2) 암페어 법칙 $\nabla \times \boldsymbol{B} = \dfrac{1}{c^2}\dfrac{\partial \boldsymbol{E}}{\partial t}$을 사용하여 자기장 벡터 $\boldsymbol{B}(z,t)$를 구하라.

(3) 자기장 $\boldsymbol{B}(z,t)$와 전기장 $\boldsymbol{E}(z,t)$의 크기 비 $\left|\dfrac{\boldsymbol{E}(z,t)}{\boldsymbol{B}(z,t)}\right|$를 구하라.

(4) 전자기파의 포인팅 벡터 $\boldsymbol{S} = \dfrac{1}{\mu_o}\boldsymbol{E} \times \boldsymbol{B}$를 구하라.

여기서 μ_o는 자유 공간의 투자율이다.

(5) 포인팅 벡터 $\boldsymbol{S}(z,t)$의 시간 평균 $<\boldsymbol{S}(z,t)>_{time} = \dfrac{1}{T}\displaystyle\int_0^T \boldsymbol{S}(z,t)\,dt$을 구하라. 여기서 T는 전자기파의 주기이며 $T = \dfrac{2\pi}{\omega}$이며 광속은 $c = \dfrac{1}{\sqrt{\epsilon_o \mu_o}}$, 각 진동수는 $\omega = kc$이다.

[힌트: $\cos^2\theta = \dfrac{1+\cos(2\theta)}{2}$이며 $\cos(2\theta)$의 한 주기 적분은 0이 된다.]

[풀이]

(1) 전기장 벡터 $\boldsymbol{E}(z,t) = \hat{x} E_o \cos(kz - \omega t)$에 대해 패러데이 법칙 $\nabla \times \boldsymbol{E} = -\dfrac{\partial \boldsymbol{B}}{\partial t}$의 좌변은 다음과 같다.

$$좌변 = \nabla \times \boldsymbol{E} = \begin{vmatrix} \hat{x} & \hat{y} & \hat{z} \\ \dfrac{\partial}{\partial x} & \dfrac{\partial}{\partial y} & \dfrac{\partial}{\partial z} \\ E_x & 0 & 0 \end{vmatrix} = \hat{y}\,\frac{\partial E_x}{\partial z} = -\hat{y}\,k E_o \sin(kz - \omega t)$$

우변과 비교하면 $\frac{\partial B}{\partial t}=\hat{y}\,kE_o\sin(kz-\omega t)$이므로 시간에 대해 적분하면 자기장은 다음과 같이 주어진다.

$$\therefore\ \boldsymbol{B}(z,t)=\hat{y}\frac{k}{\omega}E_o\cos(kz-\omega t)\ \text{or}\ \hat{y}\frac{1}{c}E_o\cos(kz-\omega t)$$

(2) 전기장 벡터 $\boldsymbol{E}(z,t)=\hat{x}E_o\cos(kz-\omega t)$에 대해 암페어 법칙 $\nabla\times\boldsymbol{B}=\frac{1}{c^2}\frac{\partial \boldsymbol{E}}{\partial t}$을 적용한다.

$$\text{우변}=\frac{1}{c^2}\frac{\partial \boldsymbol{E}}{\partial t}=\hat{x}\frac{\omega}{c^2}E_o\sin(kz-\omega t)$$

우변 항은 $\hat{x}$이며 위상은 $kz-\omega t$ 성분만 가지므로 좌변 항은 다음과 같다.

$$\text{좌변}=\nabla\times\boldsymbol{B}\,|_x=\hat{x}\left(\frac{\partial B_z}{\partial y}-\frac{\partial B_y}{\partial z}\right)=-\hat{x}\frac{\partial B_y}{\partial z}$$

따라서 $\frac{\partial B_y}{\partial z}=-\frac{\omega}{c^2}E_o\sin(kz-\omega t)$이므로 z에 대해 적분하면 자기장은 (1)에서 사용한 패러데이 법칙과 같은 결과를 얻는다.

(3) 자기장 $\boldsymbol{B}(z,t)$와 전기장 $\boldsymbol{E}(z,t)$의 크기 비는 $\left|\frac{\boldsymbol{E}(z,t)}{\boldsymbol{B}(z,t)}\right|=c$ 이다. 즉, $E=Bc$이다.

(4) 포인팅 벡터: $\boldsymbol{S}=\frac{1}{\mu_o}\boldsymbol{E}\times\boldsymbol{B}=\frac{1}{\mu_o}E_oB_o\cos^2(kz-\omega t)\,\hat{z}$

(5) 포인팅 벡터 $\boldsymbol{S}(z,t)$의 시간 평균 계산에서 위상을 $\phi=kz-\omega t$로 치환하여 $\cos^2\phi=\frac{1+\cos(2\phi)}{2}$을 한 주기 $2\pi(=\omega T)$ 적분하면 $\frac{1}{2}$이 된다.

$$\therefore\ <\boldsymbol{S}(z,t)>_{time}=\frac{1}{T}\int_0^T\boldsymbol{S}(z,t)dt=\frac{E_oB_o}{2\mu_o}$$
$$=\frac{E_o^2}{2\mu_oc}=\frac{1}{2}\sqrt{\frac{\epsilon_o}{\mu_o}}E_o^2$$

포인팅 벡터 $\boldsymbol{S}(z,t)$의 시간 평균값을 전자기파의 세기 (intensity, irradiance : W/m^2)라 한다.

2.6 벡터 미분 연산자들의 계산 2.7 벡터 적분

2.28 (1) 미분 형 암페어 법칙 $\nabla \times \boldsymbol{H} = \boldsymbol{J} + \epsilon_o \frac{\partial \boldsymbol{E}}{\partial t}$ 와 가우스 법칙 $\nabla \cdot \boldsymbol{E} = \frac{\rho}{\epsilon_o}$ 을 사용하여 전류 밀도 $\boldsymbol{J}$와 전하 ρ의 연속 방정식 (continuity equation) $\nabla \cdot \boldsymbol{J} = -\frac{\partial \rho}{\partial t}$ 을 유도하라.

(2) 연속 방정식에 가우스 발산 정리를 적용하여 $\oint_S \boldsymbol{J} \cdot ds = -\frac{\partial Q}{\partial t} = -I$ 임을 보여라. 여기서 Q는 총 전하이며 I는 전류이다.

[풀이]

(1) 미분 형 암페어 법칙의 양변에 $\nabla \cdot$ 연산을 계산한다.

$$\underbrace{\nabla \cdot \nabla \times \boldsymbol{H}}_{\equiv 0} = \nabla \cdot \boldsymbol{J} + \epsilon_o \frac{\partial}{\partial t} \nabla \cdot \boldsymbol{E}$$

$$\Rightarrow \nabla \cdot \boldsymbol{J} = -\epsilon_o \frac{\partial}{\partial t} \nabla \cdot \boldsymbol{E} = -\epsilon_o \frac{\partial \rho}{\partial t} \quad \Leftarrow \left(\because \nabla \cdot \boldsymbol{E} = \frac{\rho}{\epsilon_o} \right)$$

$$\therefore \nabla \cdot \boldsymbol{J} = -\frac{\partial \rho}{\partial t}$$

(2) 연속 방정식에 가우스 발산 정리 $\int_V \nabla \cdot \boldsymbol{A}\, dv = \oint_S \boldsymbol{A} \cdot d\boldsymbol{s}$ 를 적용한다.

$$\text{좌변} = \int_V \nabla \cdot \boldsymbol{J} dv = \oint_S \boldsymbol{J} \cdot d\boldsymbol{s}$$

$$\text{우변} = -\frac{\partial}{\partial t} \int \rho dv = -\frac{\partial Q}{\partial t} = -I$$

$$\therefore \oint_S \boldsymbol{J} \cdot d\boldsymbol{s} = -I$$

여기서 Q는 총 전하이며 I는 전류이다.

2.29 임의의 상수 a, b와 임의의 단순 폐 경로 C에 대한 순환 적분이 $\oint_C (a\,dx + b\,dy) = 0$ 임을 보여라.

[풀이]

그린 정리 $\oint_C [P dx + Q dy] = \iint_S \left[\frac{\partial Q}{\partial x} - \frac{\partial P}{\partial y}\right] dxdy$ 를 사용한다.

$P = a,\ Q = b$ 이므로 $\frac{\partial Q}{\partial x} - \frac{\partial P}{\partial y} = 0$이다.

$$\therefore \oint_C [a\,dx + b\,dy] = \iint_S \left[\frac{\partial Q}{\partial x} - \frac{\partial P}{\partial y}\right] dxdy = 0$$

2.30 연습문제 2.30 그림과 같이 $x = a\cos^3\theta, y = a\sin^3\theta \ (a > 0,\ 0 \le \theta \le 2\pi)$로 둘러싸인 하이포사이크로이드 (hypocycloid)의 면적을 구하라.
[힌트: 그린의 정리 응용]

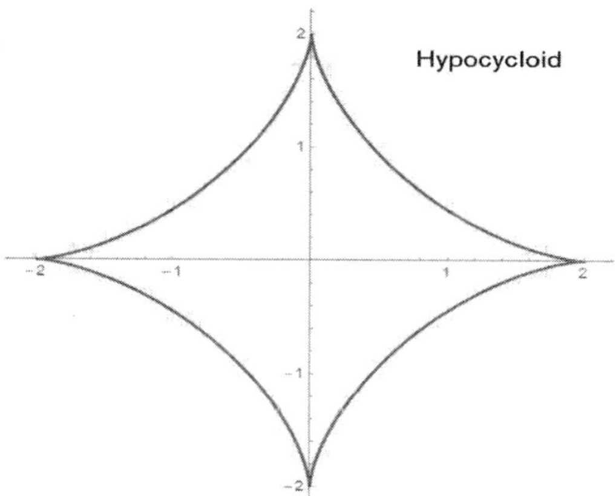

연습문제 2.30 그림. 하이포사이크로이드.

[풀이]

그린 정리로부터 면적은 $S = \frac{1}{2}\oint_C (-y\,dx + x\,dy)$ 로 주어진다.

$x = a\cos^3\theta, y = a\sin^3\theta$ 라 두면 $dx = -3a\cos^2\theta\sin\theta\,d\theta,\ dy = 3a\sin^2\theta\cos\theta\,d\theta$ 이므로 면적은 다음과 같이 주어진다.

$$S=\frac{1}{2}\oint_C(-ydx+xdy)=\frac{3a^2}{2}\int_0^{2\pi}(\sin^4\theta\cos^2\theta+\cos^4\theta\sin^2\theta)d\theta$$
$$=\frac{3a^2}{2}\int_0^{2\pi}\sin^2\theta\cos^2\theta d\theta=\frac{3\pi a^2}{8}$$

2.31 연습문제 2.31 그림과 같은 경로에 대해 힘이 한 일을 구하여 보존력 여부를 판별하고 보존력이 존재하는 경우 퍼텐셜 에너지 $U(x, y)$를 구하라.

(1) $\boldsymbol{F}=xy^2\hat{x}+x^2y\hat{y}$, (2) $\boldsymbol{F}=-xy^2\hat{x}+x^2y\hat{y}$

그린의 정리를 이용하여 힘이 한 일을 다음 순서로 구하고 결과를 비교하라.

(i) 폐 경로 C에 대한 순환 적분 $W=\oint_C \boldsymbol{F}\cdot d\boldsymbol{l}=\oint_C(F_xdx+F_ydy)$과

(ii) C로 둘러싸인 면적 적분 $W=\iint_S\left(\frac{\partial F_y}{\partial x}-\frac{\partial F_x}{\partial y}\right)dxdy$을 계산하라.

[힌트] 극좌표 $x=r\cos\theta$, $y=r\sin\theta$를 사용한다.

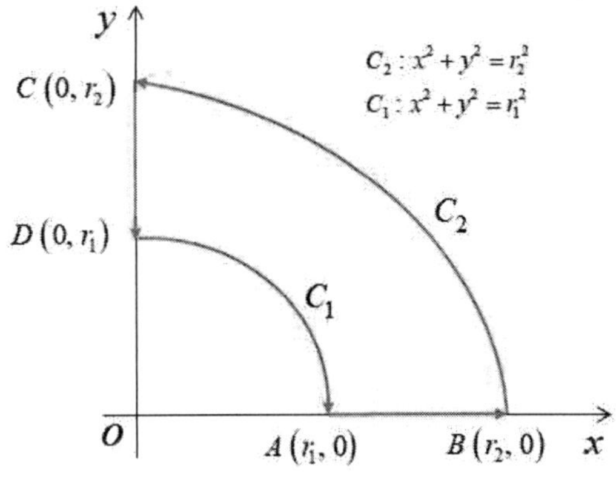

연습문제 2.31 그림.

[풀이]

[예제 2.27] 그린 정리 응용의 문제와 유사하므로 풀이 과정은 독자에게 맡기며 답은 다음과 같다.

(1) $W=0$, $U(x,y)=-\frac{1}{2}x^2y^2$, (2) $W=\frac{1}{2}(r_2^2-r_1^2)\neq 0$, $\boldsymbol{F}(x,y)=$ 비 보존력.

3장. 직교 곡선 좌표계 연습문제

3.1 직교 곡선 좌표계

3.1 (1) 데카르트 직교 좌표계의 미소 변위는 $d\boldsymbol{r} = d\boldsymbol{r}(q_1, q_2, q_3) = \sum_{i=1}^{3} \frac{\partial \boldsymbol{r}}{\partial q_i} dq_i$ 로 주어진다. $dr^2 = d\boldsymbol{r} \cdot d\boldsymbol{r}$ 을 사용하여 계량 계수 $g_{ij} = h_{ij}^2$ 을 유도하라.

(2) 곡선 좌표계의 미소 변위는 $d\boldsymbol{r} = \sum_{i=1}^{3} h_i dq_i \hat{q}_i$ 이다. $dr^2 = d\boldsymbol{r} \cdot d\boldsymbol{r}$ 을 구하라. 여기서 $h_i\,(i = 1, 2, 3)$ 는 길이 인자이며 $\hat{q}_i$ 는 단위 벡터이다.

(3) (1)과 (2)의 결과를 결합하여 h_{ij}^2 와 길이 인자 h_i 의 관계식을 구하라.

(4) 곡선 좌표계가 직교 좌표계일 때 길이 인자 $h_i\,(i = 1, 2, 3)$ 와 단위 벡터 $\hat{q}_i$ 를 구하라.

[풀이]

(1) $dr^2 = d\boldsymbol{r} \cdot d\boldsymbol{r} = \left(\sum_{i=1}^{3} \frac{\partial \boldsymbol{r}}{\partial q_i} dq_i\right) \cdot \left(\sum_{j=1}^{3} \frac{\partial \boldsymbol{r}}{\partial q_j} dq_j\right) = \sum_{i,j=1}^{3} \frac{\partial \boldsymbol{r}}{\partial q_i} \cdot \frac{\partial \boldsymbol{r}}{\partial q_j} dq_i dq_j$ 이다.

$\boldsymbol{r}(q_1, q_2, q_3) = x(q_1, q_2, q_3)\hat{x} + y(q_1, q_2, q_3)\hat{y} + z(q_1, q_2, q_3)\hat{z}$ 이므로

$$
\begin{aligned}
dr^2 &= \sum_{i,j=1}^{3} \frac{\partial \boldsymbol{r}}{\partial q_i} \cdot \frac{\partial \boldsymbol{r}}{\partial q_j} dq_i dq_j \\
&= \sum_{i,j=1}^{3} \left(\frac{\partial x}{\partial q_i}\frac{\partial x}{\partial q_j} + \frac{\partial y}{\partial q_i}\frac{\partial y}{\partial q_j} + \frac{\partial z}{\partial q_i}\frac{\partial z}{\partial q_j} \right) dq_i dq_j \equiv \sum_{i,j=1}^{3} h_{ij}^2 dq_i dq_j
\end{aligned}
$$

$$
\therefore\ g_{ij} = h_{ij}^2 = \frac{\partial x}{\partial q_i}\frac{\partial x}{\partial q_j} + \frac{\partial y}{\partial q_i}\frac{\partial y}{\partial q_j} + \frac{\partial z}{\partial q_i}\frac{\partial z}{\partial q_j}
$$

(2) $dr^2 = d\boldsymbol{r} \cdot d\boldsymbol{r} = \left(\sum_{i=1}^{3} h_i dq_i \hat{q}_i\right) \cdot \left(\sum_{j=1}^{3} h_j dq_j \hat{q}_j\right) = \sum_{i,j=1}^{3} h_i h_j dq_i dq_j \hat{q} \cdot \hat{q}_j$

(3) (1)과 (2)의 결과를 조합하면

$$h_{ij}^2 = h_i h_j \hat{q}_i \cdot \hat{q}_j = \frac{\partial x}{\partial q_i}\frac{\partial x}{\partial q_j} + \frac{\partial y}{\partial q_i}\frac{\partial y}{\partial q_j} + \frac{\partial z}{\partial q_i}\frac{\partial z}{\partial q_j}$$

(4) 직교 좌표계이므로 $\hat{q}_i \cdot \hat{q}_j = \delta_{ij}$가 된다. 따라서 길이 인자 h_i는 다음과 같다.

$$h_i = h_{ii} = \sqrt{\left(\frac{\partial x}{\partial q_i}\right)^2 + \left(\frac{\partial y}{\partial q_i}\right)^2 + \left(\frac{\partial z}{\partial q_i}\right)^2}$$

(1)과 (2)의 미소 변위 $d\boldsymbol{r} = \sum_{i=1}^{3} \frac{\partial \boldsymbol{r}}{\partial q_i} dq_i$와 $d\boldsymbol{r} = \sum_{i=1}^{3} h_i dq_i \hat{q}_i$를 비교하면 단위 벡터 $\hat{q}_i$는 $\hat{q}_i = \frac{1}{h_i}\frac{\partial \boldsymbol{r}}{\partial q_i} = \frac{1}{h_i}\left(\frac{\partial x}{\partial q_i}\hat{x} + \frac{\partial y}{\partial q_i}\hat{y} + \frac{\partial z}{\partial q_i}\hat{z}\right)$, $(i = 1, 2, 3)$ 이다.

대표적인 곡선 직교 좌표계

연습문제 3.2~3.5의 각각의 직교 좌표계에 대해 다음을 구하라.

(1) 길이 인자 (scale factor) h_u, h_v, h_z를 구하라.

(2) 위치 벡터 $\boldsymbol{r} = x\hat{x} + y\hat{y} + z\hat{z}$의 미분 $d\boldsymbol{r}$을 du, dv, dz로 나타내어라.

(3) 단위 벡터 $\hat{u}$, $\hat{v}$, $\hat{z}$를 구하라.

(4) 단위 벡터들의 내적과 외적을 구하여 직교 좌표계임을 보여라.

(5) (2)의 $d\boldsymbol{r}$로부터 $dr^2 = d\boldsymbol{r} \cdot d\boldsymbol{r}$을 길이 인자 h_u, h_v, h_z와 du, dv, dz로 나타내어라.

(6) 자코비안 행렬 $J(u, v, z) = \frac{\partial(x, y, z)}{\partial(u, v, z)}$를 구하고 미소 부피 $dv = dxdydz$는 $dv = |\det(J(u, v, z))|\, du\, dv\, dz = h_u h_v h_z\, du\, dv\, dz$임을 보여라.

3.2 포물선 원통형 좌표계 (parabolic cylindrical coordinate system) (u, v, z)의 변환 관계식은 $x = \frac{1}{2}(u^2 - v^2)$, $y = uv$, $z = z$이다.

[풀이]

포물선 원통형 좌표계 (u, v, z) :

(1) 길이 인자는 $h_i = \sqrt{\left(\frac{\partial x}{\partial q_i}\right)^2 + \left(\frac{\partial y}{\partial q_i}\right)^2 + \left(\frac{\partial z}{\partial q_i}\right)^2}$, $(i=1,2,3)$이며, 일반화 좌표는 $q_1 = u$, $q_2 = v$, $q_3 = z$이다.

$$h_u = \sqrt{\left(\frac{\partial x}{\partial u}\right)^2 + \left(\frac{\partial y}{\partial u}\right)^2 + \left(\frac{\partial z}{\partial u}\right)^2} = \sqrt{u^2+v^2},$$
$$h_v = \sqrt{\left(\frac{\partial x}{\partial v}\right)^2 + \left(\frac{\partial y}{\partial v}\right)^2 + \left(\frac{\partial z}{\partial v}\right)^2} = \sqrt{u^2+v^2},$$
$$h_z = \sqrt{\left(\frac{\partial x}{\partial z}\right)^2 + \left(\frac{\partial y}{\partial z}\right)^2 + \left(\frac{\partial z}{\partial z}\right)^2} = 1$$

(2) $d\boldsymbol{r} = dx\,\hat{x} + dy\,\hat{y} + dz\,\hat{z} = (udu - vdv)\,\hat{x} + (vdu + udv)\,\hat{y} + dz\,\hat{z}$

$$= (u\hat{x} + v\hat{y})du + (-v\hat{x} + u\hat{y})dv + dz\,\hat{z}$$

또는 $\boldsymbol{r} = \boldsymbol{r}(u,v,z)$의 전 미분은 다음과 같다.

$$d\boldsymbol{r} = \frac{\partial \boldsymbol{r}}{\partial u}du + \frac{\partial \boldsymbol{r}}{\partial v}dv + \frac{\partial \boldsymbol{r}}{\partial z}dz \equiv h_u du\,\hat{u} + h_v dv\,\hat{v} + h_z dz\,\hat{z}$$

(3) (2)의 결과에서 단위 벡터는 다음과 같이 주어진다.

$$\hat{u} = \frac{1}{h_u}\frac{\partial \boldsymbol{r}}{\partial u} = \frac{u\hat{x} + v\hat{y}}{\sqrt{u^2+v^2}}, \quad \hat{v} = \frac{1}{h_v}\frac{\partial \boldsymbol{r}}{\partial v} = \frac{-v\hat{x} + u\hat{y}}{\sqrt{u^2+v^2}}, \quad \hat{z} = \frac{1}{h_z}\frac{\partial \boldsymbol{r}}{\partial z} = \hat{z}$$

(4) 단위 벡터들의 내적과 외적:

$$\hat{u}\cdot\hat{u} = \hat{v}\cdot\hat{v} = \hat{z}\cdot\hat{z} = 1,$$
$$\hat{u}\cdot\hat{v} = \hat{u}\cdot\hat{z} = \hat{v}\cdot\hat{z} = 0,$$
$$\hat{u}\times\hat{v} = \hat{z}, \quad \hat{v}\times\hat{z} = \hat{u}, \quad \hat{z}\times\hat{u} = \hat{v}$$

(5) $dr^2 = d\boldsymbol{r}\cdot d\boldsymbol{r} = dx^2 + dy^2 + dz^2 = (udu - vdv)^2 + (vdu + udv)^2 + dz^2$

$$= (u^2+v^2)(du^2+dv^2) + dz^2 \equiv h_u^2 du^2 + h_v^2 dv^2 + h_z^2 dz^2$$

(6) 자코비안 행렬은 $J(u,v,z) = \frac{\partial(x,y,z)}{\partial(u,v,z)} = \begin{pmatrix} x_u & x_v & x_z \\ y_u & y_v & y_z \\ z_u & z_v & z_z \end{pmatrix} = \begin{pmatrix} u & -v & 0 \\ v & u & 0 \\ 0 & 0 & 1 \end{pmatrix}$이며

행렬식 (determinant)은 $\det(J(u,v,z)) = u^2 + v^2$이다. 행렬식은 일반적으로 음($<0$)의 값을 가질 수도 있으므로 절댓값은 세 개의 길이 인자 곱과 같다. 즉, $|\det(J(u,v,z))| = h_u h_v h_z = u^2 + v^2$이므로 미소 부피 $dv = dxdydz$는

$dv = |\det(J(u, v, z))| du\,dv\,dz = h_u h_v h_z du\,dv\,dz$ 이다.

3.3 타원형 원통 좌표계 (elliptic cylindrical coordinate system) (u, v, z)의 변환 관계식은 $x = a\cosh u \cos v$, $y = a\sinh u \sin v$, $z = z$이다. (a는 상수이며 $0 \le u < \infty$, $0 \le v \le 2\pi$, $-\infty < z < \infty$이다.) 변환 관계식으로부터 xy 평면에 u와 v에 대해 각각 다음을 얻는다. $\frac{x^2}{a^2\cosh^2 u} + \frac{y^2}{a^2\sinh^2 u} = 1$ (Ellipse, 타원), $\frac{x^2}{a^2\cos^2 v} - \frac{y^2}{a^2\sin^2 v} = 1$ (Hyperbola, 쌍곡선)

[풀이]

타원형 원통 좌표계 (elliptic cylindrical coordinate system) (u, v, z) :

(1) 길이 인자 h_u, h_v, h_z :

$$h_u = \sqrt{\left(\frac{\partial x}{\partial u}\right)^2 + \left(\frac{\partial y}{\partial u}\right)^2 + \left(\frac{\partial z}{\partial u}\right)^2} = a\sqrt{\sinh^2 u + \sin^2 v} \quad \text{or} \quad = a\sqrt{\cosh^2 u - \cos^2 v},$$

$$h_v = \sqrt{\left(\frac{\partial x}{\partial v}\right)^2 + \left(\frac{\partial y}{\partial v}\right)^2 + \left(\frac{\partial z}{\partial v}\right)^2} = a\sqrt{\sinh^2 u + \sin^2 v} \quad \text{or} \quad = a\sqrt{\cosh^2 u - \cos^2 v},$$

$$h_z = \sqrt{\left(\frac{\partial x}{\partial z}\right)^2 + \left(\frac{\partial y}{\partial z}\right)^2 + \left(\frac{\partial z}{\partial z}\right)^2} = 1$$

(2) $d\boldsymbol{r} = dx\,\hat{x} + dy\,\hat{y} + dz\,\hat{z}$

$$= (a\sinh u \cos v\,du - a\cosh u \sin v\,dv)\,\hat{x}$$
$$+ (a\cosh u \sin v\,du + a\sinh u \cos v\,dv)\,\hat{y} + dz\,\hat{z}$$

$$= a(\sinh u \cos v\,\hat{x} + \cosh u \sin v\,\hat{y})du$$
$$+ a(-\cosh u \sin v\,\hat{x} + \sinh u \cos v\,\hat{y})dv + dz\,\hat{z}$$

또는 $\boldsymbol{r} = \boldsymbol{r}(u, v, z)$의 전 미분은 다음과 같이 주어진다.

$$d\boldsymbol{r} = \frac{\partial \boldsymbol{r}}{\partial u}du + \frac{\partial \boldsymbol{r}}{\partial v}dv + \frac{\partial \boldsymbol{r}}{\partial z}dz \equiv h_u du\,\hat{u} + h_v dv\,\hat{v} + h_z dz\,\hat{z}$$

(3) (2)의 결과에서 단위 벡터는

$$\hat{u} = \frac{1}{h_u}\frac{\partial r}{\partial u} = \frac{\sinh u \cos v\,\hat{x} + \cosh u \sin v\,\hat{y}}{\sqrt{\sinh^2 u + \sin^2 v}},$$
$$\hat{v} = \frac{1}{h_v}\frac{\partial r}{\partial v} = \frac{-\cosh u \sin v\,\hat{x} + \sinh u \cos v\,\hat{y}}{\sqrt{\sinh^2 u + \sin^2 v}},$$
$$\hat{z} = \frac{1}{h_z}\frac{\partial r}{\partial z} = \hat{z}$$

(4) 단위 벡터들의 내적과 외적:

$$\hat{u} \cdot \hat{u} = \hat{v} \cdot \hat{v} = \hat{z} \cdot \hat{z} = 1,$$
$$\hat{u} \cdot \hat{v} = \hat{u} \cdot \hat{z} = \hat{v} \cdot \hat{z} = 0,$$
$$\hat{u} \times \hat{v} = \hat{z},\quad \hat{v} \times \hat{z} = \hat{u},\quad \hat{z} \times \hat{u} = \hat{v}$$

(5) $dr^2 = d\boldsymbol{r} \cdot d\boldsymbol{r} = dx^2 + dy^2 + dz^2$

$$= (a\sinh u \cos v\, du - a\cosh u \sin v\, dv)^2 + (a\cosh u \sin v\, du + a\sinh u \cos v\, dv)^2 + dz^2$$

$$= a^2(\sinh^2 u + \sin^2 v)(du^2 + dv^2) + dz^2 \equiv h_u^2\, du^2 + h_v^2\, dv^2 + h_z^2\, dz^2$$

(6) 자코비안 행렬은 정의에 따라 계산하면 다음과 같다.

$$J(u, v, z) = \frac{\partial(x, y, z)}{\partial(u, v, z)} = \begin{pmatrix} x_u & x_v & x_z \\ y_u & y_v & y_z \\ z_u & z_v & z_z \end{pmatrix} = \begin{pmatrix} a\sinh u \cos v & -a\cosh u \sin v & 0 \\ a\cosh u \sin v & a\sinh u \cos v & 0 \\ 0 & 0 & 1 \end{pmatrix}$$

행렬식은 $\det(J(u, v, z) = a^2(\sinh^2 u + \sin^2 v)$이다. 미소 부피 $dv = dx\,dy\,dz$는 $dv = |\det(J(u, v, z))|\, du\, dv\, dz = h_u h_v h_z\, du\, dv\, dz$이다.

3.4 포물선 좌표계 (paraboloidal coordinate system) (u, v, ϕ)의 변환 관계식은

$$x = uv\cos\phi,\quad y = uv\sin\phi,\quad z = \frac{1}{2}(u^2 - v^2)$$ 이다.

[풀이]

포물선 좌표계 (paraboloidal coordinate system) (u, v, ϕ):

(1) 길이 인자 h_u, h_v, h_ϕ

$$h_u = \sqrt{\left(\frac{\partial x}{\partial u}\right)^2 + \left(\frac{\partial y}{\partial u}\right)^2 + \left(\frac{\partial z}{\partial u}\right)^2} = \sqrt{u^2 + v^2},$$
$$h_v = \sqrt{\left(\frac{\partial x}{\partial v}\right)^2 + \left(\frac{\partial y}{\partial v}\right)^2 + \left(\frac{\partial z}{\partial v}\right)^2} = \sqrt{u^2 + v^2},$$
$$h_\phi = \sqrt{\left(\frac{\partial x}{\partial \phi}\right)^2 + \left(\frac{\partial y}{\partial \phi}\right)^2 + \left(\frac{\partial z}{\partial \phi}\right)^2} = uv$$

(2) $$\begin{aligned} d\boldsymbol{r} &= dx\hat{x} + dy\hat{y} + dz\hat{z} \\ &= (v\cos\phi\, du + u\cos\phi\, dv - uv\sin\phi\, d\phi)\hat{x} \\ &\quad + (v\sin\phi\, du + u\sin\phi\, dv + uv\cos\phi\, d\phi)\hat{y} + (u\,du - v\,dv)\hat{z} \\ &= (v\cos\phi\,\hat{x} + v\sin\phi\,\hat{y} + u\hat{z})du \\ &\quad + (u\cos\phi\,\hat{x} + u\sin\phi\,\hat{y} - v\hat{z})dv + (-uv\sin\phi\,\hat{x} + uv\cos\phi\,\hat{y})d\phi \end{aligned}$$

또는 $\boldsymbol{r} = \boldsymbol{r}(u, v, \phi)$의 전 미분은 같이도 표현된다.

$$d\boldsymbol{r} = \frac{\partial \boldsymbol{r}}{\partial u}du + \frac{\partial \boldsymbol{r}}{\partial v}dv + \frac{\partial \boldsymbol{r}}{\partial z}dz \equiv h_u du\,\hat{u} + h_v dv\,\hat{v} + h_\phi d\phi\,\hat{\phi}$$

(3) (2)의 결과에서 단위 벡터는 다음과 같다.

$$\hat{u} = \frac{1}{h_u}\frac{\partial \boldsymbol{r}}{\partial u} = \frac{v\cos\phi\,\hat{x} + v\sin\phi\,\hat{y} + u\hat{z}}{\sqrt{u^2 + v^2}},$$

$$\hat{v} = \frac{1}{h_v}\frac{\partial \boldsymbol{r}}{\partial v} = \frac{u\cos\phi\,\hat{x} + u\sin\phi\,\hat{y} - v\hat{z}}{\sqrt{u^2 + v^2}},$$

$$\hat{\phi} = \frac{1}{h_\phi}\frac{\partial \boldsymbol{r}}{\partial \phi} = -\sin\phi\,\hat{x} + \cos\phi\,\hat{y}$$

(4) 단위 벡터들의 내적과 외적:

$$\begin{aligned} &\hat{u}\cdot\hat{u} = \hat{v}\cdot\hat{v} = \hat{\phi}\cdot\hat{\phi} = 1, \\ &\hat{u}\cdot\hat{v} = \hat{u}\cdot\hat{\phi} = \hat{v}\cdot\hat{\phi} = 0, \\ &\hat{u}\times\hat{v} = \hat{\phi},\ \ \hat{v}\times\hat{\phi} = \hat{u},\ \ \hat{\phi}\times\hat{u} = \hat{v} \end{aligned}$$

(5) $$\begin{aligned} dr^2 &= d\boldsymbol{r}\cdot d\boldsymbol{r} = dx^2 + dy^2 + dz^2 \\ &= (v\cos\phi\, du + u\cos\phi\, dv - uv\sin\phi\, d\phi)^2 \\ &\quad + (v\sin\phi\, du + u\sin\phi\, dv + uv\cos\phi\, d\phi) + (u\,du - v\,dv)^2 \\ &= (u^2 + v^2)(du^2 + dv^2) + u^2v^2 d\phi^2 \equiv h_u^2 du^2 + h_v^2 dv^2 + h_z^2 dz^2 \end{aligned}$$

여기서 모든 교차 항의 곱은 0이다.

(6) 자코비안 행렬은 다음과 같이 주어진다.

$$J(u, v, \phi)= \frac{\partial(x, y, z)}{\partial(u, v, \phi)} = \begin{pmatrix} x_u & x_v & x_\phi \\ y_u & y_v & y_\phi \\ z_u & z_v & z_\phi \end{pmatrix} = \begin{pmatrix} v\cos\phi & u\cos\phi & -uv\sin\phi \\ v\sin\phi & u\sin\phi & uv\cos\phi \\ u & -v & 0 \end{pmatrix}$$

행렬식은 $\det(J(u, v, z)) = u^3v + uv^3 = uv(u^2 + v^2)$ 이다.

행렬식은 음의 값을 가질 수 있으므로 미소 부피 $dv = dxdydz$는 다음과 같다.

$$dv = |\det(J(u, v, \phi))|\, du\, dv\, d\phi = h_u h_v h_\phi\, du\, dv\, d\phi$$
$$= |uv|(u^2 + v^2)dudvd\phi$$

> 3.5 양극성 좌표계 (bipolar coordinate system) (u, v)의 변환 관계식은
>
> $x = \dfrac{a\sinh u}{\cosh u + \cos v}$, $y = \dfrac{a\sin v}{\cosh u + \cos v}$ 이다.
>
> a는 상수이며 $-\infty < u < \infty$, $0 \le v \le 2\pi$ 이다.
>
> 단, (6) 양극성 좌표계의 미소 면적 $ds = dxdy$를 du, dv를 구하라.

[풀이]

양극성 좌표계 (bipolar coordinate system) (u, v) :

(1) 길이 인자 h_u, h_v :

$$x_u = \frac{\partial x}{\partial u} = \frac{a(1 + \cosh u \cos v)}{(\cosh u + \cos v)^2}, \qquad x_v = \frac{\partial x}{\partial v} = \frac{a \sinh u \sin v}{(\cosh u + \cos v)^2},$$

$$y_u = \frac{\partial y}{\partial u} = -\frac{a \sinh u \sin v}{(\cosh u + \cos v)^2}, \qquad y_v = \frac{\partial y}{\partial v} = \frac{a(1 + \cosh u \cos v)}{(\cosh u + \cos v)^2}$$

이므로

$$h_u = \sqrt{\left(\frac{\partial x}{\partial u}\right)^2 + \left(\frac{\partial y}{\partial u}\right)^2} = \frac{a}{\cosh u + \cos v},$$
$$h_v = \sqrt{\left(\frac{\partial x}{\partial v}\right)^2 + \left(\frac{\partial y}{\partial v}\right)^2} = \frac{a}{\cosh u + \cos v}$$

$$\therefore\ h_u = h_v = \frac{a}{\cosh u + \cos v}$$

(2) $d\boldsymbol{r} = dx\hat{x} + dy\hat{y} = \left(\frac{\partial x}{\partial u}du + \frac{\partial x}{\partial v}dv\right)\hat{x} + \left(\frac{\partial y}{\partial u}du + \frac{\partial y}{\partial v}dv\right)\hat{y}$

$$= \left(\frac{\partial x}{\partial u}\hat{x} + \frac{\partial y}{\partial u}\hat{y}\right)du + \left(\frac{\partial x}{\partial v}\hat{x} + \frac{\partial y}{\partial v}\hat{y}\right)dv$$

$$\equiv h_u du\hat{u} + h_v dv\hat{v}$$

(3) (1)과 (2)의 결과에서 단위 벡터는 다음과 같이 주어진다.

$$\hat{u} = \frac{1}{h_u}\frac{\partial \boldsymbol{r}}{\partial u} = \frac{(1+\cosh u\cos v)\hat{x} - \sinh u\sin v\,\hat{y}}{\cosh u + \cos v},$$

$$\hat{v} = \frac{1}{h_v}\frac{\partial \boldsymbol{r}}{\partial v} = \frac{\sinh u\sin v\,\hat{x} + (1+\cosh u\cos v)\hat{y}}{\cosh u + \cos v}$$

(4) 단위 벡터들의 내적과 외적:

$$\hat{u}\cdot\hat{u} = \hat{v}\cdot\hat{v} = 1,$$
$$\hat{u}\cdot\hat{v} = \hat{v}\cdot\hat{u} = \hat{u}\cdot\hat{z} = \hat{v}\cdot\hat{z} = 0,$$
$$\hat{u}\times\hat{v} = \hat{z},\quad \hat{v}\times\hat{u} = -\hat{z},\quad \hat{v}\times\hat{z} = \hat{u},\quad \hat{z}\times\hat{u} = \hat{v}$$

(5) $dr^2 = d\boldsymbol{r}\cdot d\boldsymbol{r} = dx^2 + dy^2$

$$= (h_u^2 du^2 + h_v^2 dv^2) = \frac{a^2(du^2 + dv^2)}{(\cosh u + \cos v)^2}$$

여기서 모든 교차 항의 곱은 0이다.

(6) 자코비안 행렬은 $J(u,v) = \frac{\partial(x,y)}{\partial(u,v)} = \begin{pmatrix} x_u & x_v \\ y_u & y_v \end{pmatrix}$ 이며 (1)의 결과를 사용하면 행렬식은 다음과 같다.

$$\det(J(u,v)) = x_u y_v - x_v y_u = \frac{a^2}{(\cosh u + \cos v)^2}$$

미소 면적 $ds = dxdy$는 다음과 같이 얻어진다.

$$ds = |\det(J(u,v))|\,du\,dv = h_u h_v du\,dv = \frac{a^2}{(\cosh u + \cos v)^2}dudv$$

3.6 데카르트 직교 좌표계의 위치 벡터 $\boldsymbol{r}=(x, y, z)\equiv(x_1, x_2, x_3)$와 곡선 좌표계의 위치 벡터 $\boldsymbol{q}=(u, v, w)\equiv(q_1, q_2, q_3)$ 사이의 미분 변환을 생각하자. 곡선 좌표계는 직교 좌표계가 아닐 수도 있다.

(1) 벡터 $\boldsymbol{r}=(x_1, x_2, x_3)$에서 벡터 $\boldsymbol{q}=(q_1, q_2, q_3)$로 미분 변환 관계식을 $d\boldsymbol{r}=J(q_1, q_2, q_3)d\boldsymbol{q}$라 할 때 자코비안 행렬 $J(q_1, q_2, q_3)=\dfrac{\partial(x, y, z)}{\partial(q_1, q_2, q_3)}$을 구하라.

(2) 벡터 $\boldsymbol{q}=(q_1, q_2, q_3)$에서 벡터 $\boldsymbol{r}=(x_1, x_2, x_3)$로 미분 변환 관계식을 $d\boldsymbol{q}=J(x, y, z)d\boldsymbol{r}$라 할 때 자코비안 행렬 $J(x, y, z)=\dfrac{\partial(q_1, q_2, q_3)}{\partial(x, y, z)}$을 구하라. 여기서 $d\boldsymbol{q}=\begin{pmatrix} dq_1 \\ dq_2 \\ dq_3 \end{pmatrix}$와 $d\boldsymbol{r}=\begin{pmatrix} dx \\ dy \\ dz \end{pmatrix}$는 각각의 좌표계의 미분 열벡터이다. [힌트: $x_i=x_i(q_1, q_2, q_3)$와 $q_i=q_i(x_1, x_2, x_3)$의 전 미분을 구하여 행렬 형태로 나타낸다.]

(3) 미분 변환 $(x, y, z)\Leftrightarrow(q_1, q_2, q_3)$의 두 자코비안 행렬은 다음과 같다.

$$J(x, y, z)=\frac{\partial(q_1, q_2, q_3)}{\partial(x, y, z)}, \quad J(q_1, q_2, q_3)=\frac{\partial(x, y, z)}{\partial(q_1, q_2, q_3)}$$

두 행렬의 곱은 3×3 단위행렬이 되며, 두 자코비안 행렬의 곱은 교환적임을 보여라. [힌트: $d\boldsymbol{r}=J(q_1, q_2, q_3)d\boldsymbol{q}$와 $d\boldsymbol{q}=J(x, y, z)d\boldsymbol{r}$ 관계식을 이용]

[풀이]

(1) $x_i\equiv x_i(q_1, q_2, q_3)$, $(i=1, 2, 3)$의 전 미분을 구하자.

$$dx_i=\frac{\partial x_i}{\partial q_1}dq_1+\frac{\partial x_i}{\partial q_2}dq_2+\frac{\partial x_i}{\partial q_3}dq_3=\sum_{j=1}^{3}\frac{\partial x_i}{\partial q_j}dq_j \ (i=1, 2, 3)$$

전 미분을 행렬로 나타내면 다음과 같이 쓸 수 있다.

$$d\boldsymbol{r}=J(q_1, q_2, q_3)d\boldsymbol{q}$$

또는

$$\begin{pmatrix} dx \\ dy \\ dz \end{pmatrix} = \begin{pmatrix} \dfrac{\partial x}{\partial q_1} & \dfrac{\partial x}{\partial q_2} & \dfrac{\partial x}{\partial q_3} \\ \dfrac{\partial y}{\partial q_1} & \dfrac{\partial y}{\partial q_2} & \dfrac{\partial y}{\partial q_3} \\ \dfrac{\partial z}{\partial q_1} & \dfrac{\partial z}{\partial q_2} & \dfrac{\partial z}{\partial q_3} \end{pmatrix} \begin{pmatrix} dq_1 \\ dq_2 \\ dq_3 \end{pmatrix} \equiv J(q_1, q_2, q_3) \begin{pmatrix} dq_1 \\ dq_2 \\ dq_3 \end{pmatrix}$$

여기서 자코비안 행렬은 다음과 같이 주어진다.

$$J(q_1, q_2, q_3) = \frac{\partial(x, y, z)}{\partial(q_1, q_2, q_3)} = \begin{pmatrix} \dfrac{\partial x}{\partial q_1} & \dfrac{\partial x}{\partial q_2} & \dfrac{\partial x}{\partial q_3} \\ \dfrac{\partial y}{\partial q_1} & \dfrac{\partial y}{\partial q_2} & \dfrac{\partial y}{\partial q_3} \\ \dfrac{\partial z}{\partial q_1} & \dfrac{\partial z}{\partial q_2} & \dfrac{\partial z}{\partial q_3} \end{pmatrix}$$

(2) 같은 방법으로 $q_i = q_i(x, y, z)$ $(i = 1, 2, 3)$의 전 미분을 구하여 행렬로 나타내면 $d\boldsymbol{q} = J(x, y, z)d\boldsymbol{r}$와 같으며 다음과 같이 주어진다.

$$\begin{pmatrix} dq_1 \\ dq_2 \\ dq_3 \end{pmatrix} = \begin{pmatrix} \dfrac{\partial q_1}{\partial x} & \dfrac{\partial q_1}{\partial y} & \dfrac{\partial q_1}{\partial z} \\ \dfrac{\partial q_2}{\partial x} & \dfrac{\partial q_2}{\partial y} & \dfrac{\partial q_2}{\partial z} \\ \dfrac{\partial q_3}{\partial x} & \dfrac{\partial q_3}{\partial y} & \dfrac{\partial q_3}{\partial z} \end{pmatrix} \begin{pmatrix} dx \\ dy \\ dz \end{pmatrix} \equiv J(x, y, z) \begin{pmatrix} dx \\ dy \\ dz \end{pmatrix}$$

여기서 자코비안 행렬은

$$J(x, y, z) = \frac{\partial(q_1, q_2, q_3)}{\partial(x, y, z)} = \begin{pmatrix} \dfrac{\partial q_1}{\partial x} & \dfrac{\partial q_1}{\partial y} & \dfrac{\partial q_1}{\partial z} \\ \dfrac{\partial q_2}{\partial x} & \dfrac{\partial q_2}{\partial y} & \dfrac{\partial q_2}{\partial z} \\ \dfrac{\partial q_3}{\partial x} & \dfrac{\partial q_3}{\partial y} & \dfrac{\partial q_3}{\partial z} \end{pmatrix}$$

이다.

(3) 변환 관계식 $d\boldsymbol{r} = J(q_1, q_2, q_3)d\boldsymbol{q}$ 에 $d\boldsymbol{q} = J(x, y, z)d\boldsymbol{r}$ 관계식을 대입하면

$d\boldsymbol{r} = J(q_1, q_2, q_3)d\boldsymbol{q} = J(q_1, q_2, q_3)J(x, y, z)d\boldsymbol{r} \equiv d\boldsymbol{r}$가 된다.

$$\therefore\ J(q_1, q_2, q_3)J(x, y, z) = I = \begin{pmatrix} 1 & 0 & 0 \\ 0 & 1 & 0 \\ 0 & 0 & 1 \end{pmatrix}$$

같은 방법으로 $d\boldsymbol{q} = J(x, y, z)d\boldsymbol{r}$ 에 $d\boldsymbol{r} = J(q_1, q_2, q_3)d\boldsymbol{q}$ 을 대입하면

$d\boldsymbol{q} = J(x, y, z)d\boldsymbol{r} = J(x, y, z)J(q_1, q_2, q_3)d\boldsymbol{q} \equiv d\boldsymbol{q}$이다.

$$\therefore\ J(x, y, z)J(q_1, q_2, q_3) = I = \begin{pmatrix} 1 & 0 & 0 \\ 0 & 1 & 0 \\ 0 & 0 & 1 \end{pmatrix}$$

따라서 두 변환에 대한 자코비안 행렬의 곱은 교환적이다.

3.7 데카르트 직교 좌표계 $(x, y, z) \equiv (x_1, x_2, x_3)$는 새 변수 $(u, v, w) \equiv (q_1, q_2, q_3)$의 함수로 주어진다. 즉, $x_i = x_i(u, v, w) = x_i(q_1, q_2, q_3)$ $(i = 1, 2, 3)$이다.

전 미분은 $dx_i = \sum_{j=1}^{3} \frac{\partial x_i}{\partial q_j} dq_j$ $(i = 1, 2, 3)$이며 두 인접한 점 사이의 미소 거리

제곱은 $dr^2 = \sum_{i=1}^{3} (dx_i)^2 = \sum_{i=1}^{3} \left(\sum_{j=1}^{3} \frac{\partial x_i}{\partial q_j} dq_j \right)^2 = \sum_{i,j=1}^{3} h_{ij}^2 dq_i dq_j$로 주어진다.

계량 텐서 (h_{ij}^2) $(i, j = 1, 2, 3)$는 자코비안 행렬 $J(q_1, q_2, q_3)$와 전치 행렬 $[J(q_1, q_2, q_3)]^T$의 행렬 곱 $[J(q_1, q_2, q_3)]^T J(q_1, q_2, q_3)$로 주어짐을 보여라.

[풀이]

미소 변위 벡터를 $d\boldsymbol{r} = \begin{pmatrix} dx \\ dy \\ dz \end{pmatrix} \equiv \begin{pmatrix} dx_1 \\ dx_2 \\ dx_3 \end{pmatrix}$로 두면 각 변수의 전 미분을 구하면

$dx_i = \sum_{j=1}^{3} \frac{\partial x_i}{\partial q_j} dq_j$ $(i = 1, 2, 3)$이므로 행렬 형태로 나타내면 다음과 같다.

$$d\boldsymbol{r} = \begin{pmatrix} dx \\ dy \\ dz \end{pmatrix} = \begin{pmatrix} x_u & x_v & x_w \\ y_u & y_v & y_w \\ z_u & z_v & z_w \end{pmatrix} \begin{pmatrix} du \\ dv \\ dw \end{pmatrix} \equiv J(u, v, w) \begin{pmatrix} du \\ dv \\ dw \end{pmatrix}$$

여기서 $J(u, v, w)$는 자코비안 행렬이며 행렬의 성분은 $x_u = \frac{\partial x}{\partial u} \equiv \frac{\partial x_1}{\partial q_1}$, $y_v = \frac{\partial y}{\partial v} \equiv \frac{\partial x_2}{\partial q_2}$, ⋯ 등을 나타낸다. 한편 $d\boldsymbol{r}$의 전치 행렬은 $(d\boldsymbol{r})^T = (dx\ \ dy\ \ dz)$이며, 윗 첨자 T는 전치 행렬 (transpose matrix)을 나타낸다.

$dr^2 = (d\boldsymbol{r})^T d\boldsymbol{r}$는 다음과 같이 주어진다.

$$dr^2 = (d\boldsymbol{r})^T d\boldsymbol{r} = (dx\ \ dy\ \ dz)\begin{pmatrix} dx \\ dy \\ dz \end{pmatrix} = dx^2 + dy^2 + dz^2$$

두 행렬 곱 AB의 전치 행렬은 $(AB)^T = B^T A^T$이므로 $d\boldsymbol{r} = \begin{pmatrix} dx \\ dy \\ dz \end{pmatrix} = J(u, v, w)\begin{pmatrix} du \\ dv \\ dw \end{pmatrix}$의 전치 행렬은 $(d\boldsymbol{r})^T = (du\ \ dv\ \ dw)\,J(u, v, w)^T$이다.

$$\therefore\ dr^2 = (d\boldsymbol{r})^T d\boldsymbol{r} = (dx\ \ dy\ \ dz)\begin{pmatrix} dx \\ dy \\ dz \end{pmatrix}$$

$$= (du\ \ dv\ \ dw)\,J(u, v, w)^T J(u, v, w)\begin{pmatrix} du \\ dv \\ dw \end{pmatrix}$$

두 자코비안 행렬의 곱 $J(u, v, w)^T J(u, v, w)$을 계산하면 다음과 같다.

$$J(u, v, w)^T J(u, v, w) = \begin{pmatrix} x_u & y_u & z_u \\ x_v & y_v & z_v \\ x_w & y_w & z_w \end{pmatrix}\begin{pmatrix} x_u & x_v & x_w \\ y_u & y_v & y_w \\ z_u & z_v & z_w \end{pmatrix} = \begin{pmatrix} h_{uu}^2 & h_{uv}^2 & h_{uw}^2 \\ h_{uv}^2 & h_{vv}^2 & h_{vw}^2 \\ h_{uw}^2 & h_{vw}^2 & h_{ww}^2 \end{pmatrix}$$

여기서 $h_{ij}^2 = \frac{\partial x}{\partial q_i}\frac{\partial x}{\partial q_j} + \frac{\partial y}{\partial q_i}\frac{\partial y}{\partial q_j} + \frac{\partial z}{\partial q_i}\frac{\partial z}{\partial q_j}$는 계량 텐서이며 $(q_1, q_2, q_3) \equiv (u, v, w)$이다. 즉, 행렬 곱 $[J(u, v, w)]^T J(u, v, w)$로부터 계량 텐서 (행렬)를 구할 수 있으며, 계량 텐서로 구성된 행렬은 대칭 행렬 ($h_{ij}^2 = h_{ji}^2$)이다.

> 3.8 곡선 직교 좌표계 (즉, $\hat{q}_i \bullet \hat{q}_j = \delta_{ij}$)에서 자코비안 행렬 $J(q_1, q_2, q_3)$와 전치 행렬 $[J(q_1, q_2, q_3)]^T$의 행렬 곱 $[J(q_1, q_2, q_3)]^T J(q_1, q_2, q_3)$을 구하라.

[풀이]

곡선 직교 좌표계에서 계량 텐서 (h_{ij}^2) $(i, j = 1, 2, 3)$와 길이 인자 h_i의 관계는 $h_{ij}^2 \delta_{ij} = h_{ii}^2 \equiv h_i^2$ $(i = 1, 2, 3)$이다. $(q_1, q_2, q_3) \equiv (u, v, w)$라 두면 $h_{uv} = h_{uw} = h_{vw} = 0$이므로 연습문제 3.7의 결과를 이용하면 $[J(q_1, q_2, q_3)]^T J(q_1, q_2, q_3)$는 다음과 같다.

$$J(u, v, w)^T J(u, v, w) = \begin{pmatrix} h_{uu}^2 & h_{uv}^2 & h_{uw}^2 \\ h_{uv}^2 & h_{vv}^2 & h_{vw}^2 \\ h_{uw}^2 & h_{vw}^2 & h_{ww}^2 \end{pmatrix} = \begin{pmatrix} h_{uu}^2 & 0 & 0 \\ 0 & h_{vv}^2 & 0 \\ 0 & 0 & h_{ww}^2 \end{pmatrix} \equiv \begin{pmatrix} h_1^2 & 0 & 0 \\ 0 & h_2^2 & 0 \\ 0 & 0 & h_3^2 \end{pmatrix}$$

또는

$$J(q_1, q_2, q_3)^T J(q_1, q_2, q_3) = \begin{pmatrix} h_{11}^2 & h_{12}^2 & h_{13}^2 \\ h_{12}^2 & h_{22}^2 & h_{23}^2 \\ h_{13}^2 & h_{23}^2 & h_{33}^2 \end{pmatrix} = \begin{pmatrix} h_{11}^2 & 0 & 0 \\ 0 & h_{22}^2 & 0 \\ 0 & 0 & h_{33}^2 \end{pmatrix} \equiv \begin{pmatrix} h_1^2 & 0 & 0 \\ 0 & h_2^2 & 0 \\ 0 & 0 & h_3^2 \end{pmatrix}$$

여기서 길이 인자는 $h_i = \sqrt{\left(\frac{\partial x}{\partial q_i}\right)^2 + \left(\frac{\partial y}{\partial q_i}\right)^2 + \left(\frac{\partial z}{\partial q_i}\right)^2}$, $(i = 1, 2, 3)$이다.

3.2 직교 곡선 좌표계의 벡터 미분 연산자

3.9 곡선 직교 좌표계 (q_1, q_2, q_3)의 벡터 함수는 $\boldsymbol{A}(q_1, q_2, q_3) = \sum_{i=1}^{3} A_i \hat{q}_i$ 로 주어질 때 $\nabla \cdot \boldsymbol{A} = \frac{1}{h_1 h_2 h_3} \sum_{i=1}^{3} \frac{\lvert \epsilon_{ijk} \rvert}{2} \frac{\partial}{\partial q_i}(A_i h_j h_k)$, $(j, k = 1, 2, 3)$ 이다. 여기서 ϵ_{ijk}는 레비치비타 기호이다. $\nabla \cdot \boldsymbol{A}$를 축약 기호를 풀어서 표현하라.

[풀이]

$\nabla \cdot \boldsymbol{A} = \frac{1}{h_1 h_2 h_3} \sum_{i=1}^{3} \frac{\lvert \epsilon_{ijk} \rvert}{2} \frac{\partial}{\partial q_i}(A_i h_j h_k)$, $(j, k = 1, 2, 3)$ 에서 $\frac{\lvert \epsilon_{ijk} \rvert}{2} \frac{\partial}{\partial q_i}(A_i h_j h_k)$ 항을 레비치비타 기호의 특성 $\lvert \epsilon_{ijk} \rvert = \lvert \epsilon_{ikj} \rvert, (j \neq k)$을 이용하여 계산한다.

$\boxed{\lvert \epsilon_{123} \rvert = \lvert \epsilon_{132} \rvert = 1}$: $(i = 1,\ j,k = 2, 3)$

$$\frac{\lvert \epsilon_{123} \rvert}{2} \frac{\partial}{\partial q_1}(A_1 h_2 h_3) + \frac{\lvert \epsilon_{132} \rvert}{2} \frac{\partial}{\partial q_1}(A_1 h_3 h_2) = \frac{\partial}{\partial q_1}(A_1 h_2 h_3)$$

$\boxed{\lvert \epsilon_{231} \rvert = \lvert \epsilon_{213} \rvert = 1}$: $(i = 2,\ j,k = 1, 3)$

$$\frac{\lvert \epsilon_{231} \rvert}{2} \frac{\partial}{\partial q_2}(A_2 h_3 h_1) + \frac{\lvert \epsilon_{213} \rvert}{2} \frac{\partial}{\partial q_2}(A_2 h_1 h_3) = \frac{\partial}{\partial q_2}(A_2 h_3 h_1)$$

$\boxed{\lvert \epsilon_{312} \rvert = \lvert \epsilon_{321} \rvert = 1}$: $(i = 3,\ j,k = 1, 2)$

$$\frac{\lvert \epsilon_{312} \rvert}{2} \frac{\partial}{\partial q_3}(A_3 h_1 h_2) + \frac{\lvert \epsilon_{321} \rvert}{2} \frac{\partial}{\partial q_3}(A_3 h_2 h_1) = \frac{\partial}{\partial q_3}(A_3 h_1 h_2)$$

따라서 세 항을 모두 더하면 다음과 같이 쓸 수 있다.

$$\nabla \cdot \boldsymbol{A} = \frac{1}{h_1 h_2 h_3} \sum_{i=1}^{3} \frac{\lvert \epsilon_{ijk} \rvert}{2} \frac{\partial}{\partial q_i}(A_i h_j h_k)$$

$$= \frac{1}{h_1 h_2 h_3} \left[\frac{\partial}{\partial q_1}(h_2 h_3 A_1) + \frac{\partial}{\partial q_2}(h_1 h_3 A_2) + \frac{\partial}{\partial q_3}(h_1 h_2 A_3) \right]$$

3.10 곡선 직교 좌표계 (q_1, q_2, q_3)의 벡터 함수가 $\boldsymbol{A}(q_1, q_2, q_3) = \sum_{i=1}^{3} A_i \hat{q}_i$ 로 주어질 때 $\nabla \times \boldsymbol{A} = \sum_{i=1}^{3} \epsilon_{ijk} \frac{\hat{q}_i}{h_j h_k} \frac{\partial}{\partial q_j}(h_k A_k)$, $(j, k = 1, 2, 3)$이다.

여기서 ϵ_{ijk}는 레비치비타 기호이다.

(1) $\nabla \times \boldsymbol{A}$를 단위 벡터의 성분별로 분해하여 표현하라.

(2) (1)의 결과를 행렬로 표현하라.

[풀이]

(1) $\epsilon_{ijk} = -\epsilon_{ikj}$을 $\nabla \times \boldsymbol{A} = \sum_{i=1}^{3} \epsilon_{ijk} \frac{\hat{q}_i}{h_j h_k} \frac{\partial}{\partial q_j}(h_k A_k)$에 대입하여 계산한다.

$$\boxed{\epsilon_{123} = -\epsilon_{132} = 1} : \ \frac{\hat{q}_1}{h_2 h_3}\left[\frac{\partial(h_3 A_3)}{\partial q_2} - \frac{\partial(h_2 A_2)}{\partial q_3}\right]$$

$$\boxed{\epsilon_{231} = -\epsilon_{213} = 1} : \ \frac{\hat{q}_2}{h_3 h_1}\left[\frac{\partial(h_1 A_1)}{\partial q_3} - \frac{\partial(h_3 A_3)}{\partial q_1}\right]$$

$$\boxed{\epsilon_{312} = -\epsilon_{321} = 1} : \ \frac{\hat{q}_3}{h_1 h_2}\left[\frac{\partial(h_2 A_2)}{\partial q_1} - \frac{\partial(h_1 A_1)}{\partial q_2}\right]$$

(2) (1)의 세 항을 모두 더하면 다음과 같다.

$$\begin{aligned}\nabla \times \boldsymbol{A}(q_1, q_2, q_3) &= \frac{\hat{q}_1}{h_2 h_3}\left[\frac{\partial(h_3 A_3)}{\partial q_2} - \frac{\partial(h_2 A_2)}{\partial q_3}\right] \\ &+ \frac{\hat{q}_2}{h_3 h_1}\left[\frac{\partial(h_1 A_1)}{\partial q_3} - \frac{\partial(h_3 A_3)}{\partial q_1}\right] \\ &+ \frac{\hat{q}_3}{h_1 h_2}\left[\frac{\partial(h_2 A_2)}{\partial q_1} - \frac{\partial(h_1 A_1)}{\partial q_2}\right]\end{aligned}$$

또는 행렬식으로 표현하면 다음과 같다.

$$\nabla \times \boldsymbol{A} = \frac{1}{h_1 h_2 h_3}\begin{vmatrix} h_1 \hat{q}_1 & h_2 \hat{q}_2 & h_3 \hat{q}_3 \\ \frac{\partial}{\partial q_1} & \frac{\partial}{\partial q_2} & \frac{\partial}{\partial q_3} \\ h_1 A_1 & h_2 A_2 & h_3 A_3 \end{vmatrix}$$

※ **연습문제 3.11~3.14**: 곡선 직교 좌표계의 스칼라 함수 $\boldsymbol{\Psi}(q_1, q_2, q_3)$와 벡터 함수 $\boldsymbol{A}(q_1, q_2, q_3) = A_1 \hat{q}_1 + A_2 \hat{q}_2 + A_3 \hat{q}_3$에 대하여 다음의 벡터 미분 연산자를 구하라. [힌트: 연습문제 3.2~3.5의 문제를 참고]

(1) $\nabla \boldsymbol{\Psi}$, (2) $\nabla \cdot \boldsymbol{A}$, (3) $\nabla \times \boldsymbol{A}$, (4) $\nabla^2 \boldsymbol{\Psi}$

3.11 포물선 원통형 좌표계 (u, v, z): $x = \frac{1}{2}(u^2 - v^2)$, $y = uv$, $z = z$

[풀이]

포물선 원통형 좌표계 (u, v, z)의 일반화 좌표는 $q_1 = u$, $q_2 = v$, $q_3 = z$이며 연습문제 3.2의 길이 인자는 $h_u = \sqrt{u^2 + v^2}$, $h_v = \sqrt{u^2 + v^2}$, $h_z = 1$이다.

$$
\begin{aligned}
(1)\ \nabla \Psi &= \frac{1}{h_1}\frac{\partial \Psi}{\partial q_1}\hat{q}_1 + \frac{1}{h_2}\frac{\partial \Psi}{\partial q_2}\hat{q}_2 + \frac{1}{h_3}\frac{\partial \Psi}{\partial q_3}\hat{q}_3 \\
&= \frac{1}{h_u}\frac{\partial \Psi}{\partial u}\hat{u} + \frac{1}{h_v}\frac{\partial \Psi}{\partial v}\hat{v} + \frac{1}{h_z}\frac{\partial \Psi}{\partial z}\hat{z} \\
&= \frac{1}{\sqrt{u^2+v^2}}\left[\frac{\partial \Psi}{\partial u}\hat{u} + \frac{\partial \Psi}{\partial v}\hat{v}\right] + \frac{\partial \Psi}{\partial z}\hat{z}
\end{aligned}
$$

$$
\begin{aligned}
(2)\ \nabla \cdot \boldsymbol{A} &= \frac{1}{h_1 h_2 h_3}\left[\frac{\partial}{\partial q_1}(h_2 h_3 A_1) + \frac{\partial}{\partial q_2}(h_1 h_3 A_2) + \frac{\partial}{\partial q_3}(h_1 h_2 A_3)\right] \\
&= \frac{1}{u^2+v^2}\left[\begin{aligned}&\frac{\partial}{\partial u}\left(\sqrt{u^2+v^2}\,A_u\right) + \frac{\partial}{\partial v}\left(\sqrt{u^2+v^2}\,A_v\right) \\ &+ (u^2+v^2)\frac{\partial}{\partial z}A_z\end{aligned}\right] \\
&= \frac{1}{u^2+v^2}\left[\frac{\partial}{\partial u}\left(\sqrt{u^2+v^2}\,A_u\right) + \frac{\partial}{\partial v}\left(\sqrt{u^2+v^2}\,A_v\right)\right] + \frac{\partial A_z}{\partial z}
\end{aligned}
$$

$$
(3)\ \nabla \times \boldsymbol{A} = \frac{1}{h_1 h_2 h_3}\begin{vmatrix} h_1\hat{q}_1 & h_2\hat{q}_2 & h_3\hat{q}_3 \\ \dfrac{\partial}{\partial q_1} & \dfrac{\partial}{\partial q_2} & \dfrac{\partial}{\partial q_3} \\ h_1 A_1 & h_2 A_2 & h_3 A_3 \end{vmatrix}
$$

또는 포물선 원통형 좌표계 (u, v, z)로 나타내면 다음과 같다.

$$\nabla\times\boldsymbol{A}=\frac{1}{u^2+v^2}\begin{vmatrix}\sqrt{u^2+v^2}\,\hat{u} & \sqrt{u^2+v^2}\,\hat{v} & \hat{z}\\ \dfrac{\partial}{\partial u} & \dfrac{\partial}{\partial v} & \dfrac{\partial}{\partial z}\\ \sqrt{u^2+v^2}\,A_u & \sqrt{u^2+v^2}\,A_v & A_z\end{vmatrix}$$

(4) $$\nabla^2\Psi=\frac{1}{h_1h_2h_3}\left[\frac{\partial}{\partial q_1}\left(\frac{h_2h_3}{h_1}\frac{\partial\Psi}{\partial q_1}\right)+\frac{\partial}{\partial q_2}\left(\frac{h_1h_3}{h_2}\frac{\partial\Psi}{\partial q_2}\right)+\frac{\partial}{\partial q_3}\left(\frac{h_1h_2}{h_3}\frac{\partial\Psi}{\partial q_3}\right)\right]$$

$$=\frac{1}{u^2+v^2}\left[\frac{\partial^2\Psi}{\partial u^2}+\frac{\partial^2\Psi}{\partial v^2}\right]+\frac{\partial^2\Psi}{\partial z^2}$$

3.12 타원형 원통 좌표계 (u, v, z) : $x=a\cosh u\cos v$, $y=a\sinh u\sin v$, $z=z$
(a는 상수이며 $0\le u<\infty$, $0\le v\le 2\pi$, $-\infty<z<\infty$ 이다.)

[풀이]

포물선 원통형 좌표계 (u, v, z)의 일반화 좌표는 $q_1=u$, $q_2=v$, $q_3=z$이며 연습문제 3.3의 길이 인자는 $h_u=h_v=a\sqrt{\sinh^2u+\sin^2v}$, $h_z=1$ 이다.

(1) $$\nabla\Psi=\frac{1}{h_1}\frac{\partial\Psi}{\partial q_1}\hat{q}_1+\frac{1}{h_2}\frac{\partial\Psi}{\partial q_2}\hat{q}_2+\frac{1}{h_3}\frac{\partial\Psi}{\partial q_3}\hat{q}_3$$
$$=\frac{1}{h_u}\frac{\partial\Psi}{\partial u}\hat{u}+\frac{1}{h_v}\frac{\partial\Psi}{\partial v}\hat{v}+\frac{1}{h_z}\frac{\partial\Psi}{\partial z}\hat{z}$$
$$=\frac{1}{a\sqrt{\sinh^2u+\sin^2v}}\left[\frac{\partial\Psi}{\partial u}\hat{u}+\frac{\partial\Psi}{\partial v}\hat{v}\right]+\frac{\partial\Psi}{\partial z}\hat{z}$$

(2) $$\nabla\cdot\boldsymbol{A}=\frac{1}{h_1h_2h_3}\left[\frac{\partial}{\partial q_1}(h_2h_3A_1)+\frac{\partial}{\partial q_2}(h_1h_3A_2)+\frac{\partial}{\partial q_3}(h_1h_2A_3)\right]$$

$$=\frac{1}{a^2(\sinh^2u+\sin^2v)}\left[\begin{array}{l}\dfrac{\partial}{\partial u}\left(a\sqrt{\sinh^2u+\sin^2v}\,A_u\right)\\ +\dfrac{\partial A_v}{\partial v}\left(a\sqrt{\sinh^2u+\sin^2v}\right)\\ +a^2(\sinh^2u+\sin^2v)\dfrac{\partial A_z}{\partial z}\end{array}\right]$$

$$\therefore \nabla \cdot \boldsymbol{A} = \frac{1}{a(\sinh^2 u + \sin^2 v)} \left[\begin{array}{l} \dfrac{\partial}{\partial u}\left(\sqrt{\sinh^2 u + \sin^2 v}\, A_u\right) \\ + \dfrac{\partial}{\partial v}\left(\sqrt{\sinh^2 u + \sin^2 v}\, A_v\right) \end{array} \right] + \frac{\partial A_z}{\partial z}$$

$$(3)\ \ \nabla \times \boldsymbol{A} = \frac{1}{h_1 h_2 h_3} \begin{vmatrix} h_1 \hat{q}_1 & h_2 \hat{q}_2 & h_3 \hat{q}_3 \\ \dfrac{\partial}{\partial q_1} & \dfrac{\partial}{\partial q_2} & \dfrac{\partial}{\partial q_3} \\ h_1 A_1 & h_2 A_2 & h_3 A_3 \end{vmatrix}$$

$$= \frac{1}{a^2(\sinh^2 u + \sin^2 v)} \times \begin{vmatrix} a\sqrt{\sinh^2 u + \sin^2 v}\,\hat{u} & a\sqrt{\sinh^2 u + \sin^2 v}\,\hat{v} & \hat{z} \\ \dfrac{\partial}{\partial u} & \dfrac{\partial}{\partial v} & \dfrac{\partial}{\partial z} \\ a\sqrt{\sinh^2 u + \sin^2 v}\,A_u & a\sqrt{\sinh^2 u + \sin^2 v}\,A_v & A_z \end{vmatrix}$$

$$(4)\ \ \nabla^2 \Psi = \frac{1}{h_1 h_2 h_3} \left[\frac{\partial}{\partial q_1}\left(\frac{h_2 h_3}{h_1}\frac{\partial \Psi}{\partial q_1}\right) + \frac{\partial}{\partial q_2}\left(\frac{h_1 h_3}{h_2}\frac{\partial \Psi}{\partial q_2}\right) + \frac{\partial}{\partial q_3}\left(\frac{h_1 h_2}{h_3}\frac{\partial \Psi}{\partial q_3}\right) \right]$$

$$= \frac{1}{a^2(\sinh^2 u + \sin^2 v)} \left[\frac{\partial^2 \Psi}{\partial u^2} + \frac{\partial^2 \Psi}{\partial v^2} \right] + \frac{\partial^2 \Psi}{\partial z^2}$$

> 3.13 포물선 좌표계 (u, v, ϕ) : $x = uv\cos\phi$, $y = uv\sin\phi$, $z = \frac{1}{2}(u^2 - v^2)$

[풀이]

포물선 좌표계 (u, v, ϕ)의 일반화 좌표는 $q_1 = u$, $q_2 = v$, $q_3 = \phi$이며 연습문제 3.4의 길이 인자 h_u, h_v, h_ϕ는 $h_u = h_v = \sqrt{u^2 + v^2}$, $h_\phi = uv$이다.

(1)
$$\begin{aligned}\nabla\Psi &= \frac{1}{h_1}\frac{\partial\Psi}{\partial q_1}\hat{q}_1 + \frac{1}{h_2}\frac{\partial\Psi}{\partial q_2}\hat{q}_2 + \frac{1}{h_3}\frac{\partial\Psi}{\partial q_3}\hat{q}_3 \\ &= \frac{1}{h_u}\frac{\partial\Psi}{\partial u}\hat{u} + \frac{1}{h_v}\frac{\partial\Psi}{\partial v}\hat{v} + \frac{1}{h_\phi}\frac{\partial\Psi}{\partial\phi}\hat{\phi} \\ &= \frac{1}{\sqrt{u^2+v^2}}\left[\frac{\partial\Psi}{\partial u}\hat{u} + \frac{\partial\Psi}{\partial v}\hat{v}\right] + \frac{1}{uv}\frac{\partial\Psi}{\partial\phi}\hat{\phi}\end{aligned}$$

(2)
$$\begin{aligned}\nabla \cdot \boldsymbol{A} &= \frac{1}{h_1h_2h_3}\left[\frac{\partial}{\partial q_1}(h_2h_3A_1) + \frac{\partial}{\partial q_2}(h_1h_3A_2) + \frac{\partial}{\partial q_3}(h_1h_2A_3)\right] \\ &= \frac{1}{uv(u^2+v^2)}\left[\frac{\partial}{\partial u}\left(uv\sqrt{u^2+v^2}\,A_u\right) + \frac{\partial}{\partial v}\left(uv\sqrt{u^2+v^2}\,A_v\right) + (u^2+v^2)\frac{\partial A_\phi}{\partial\phi}\right] \\ &= \frac{1}{uv(u^2+v^2)}\left[\frac{\partial}{\partial u}\left(uv\sqrt{u^2+v^2}\,A_u\right) + \frac{\partial}{\partial v}\left(uv\sqrt{u^2+v^2}\,A_v\right)\right] \\ &\quad + \frac{1}{uv}\frac{\partial A_\phi}{\partial\phi}\end{aligned}$$

(3)
$$\begin{aligned}\nabla \times \boldsymbol{A} &= \frac{1}{h_1h_2h_3}\begin{vmatrix} h_1\hat{q}_1 & h_2\hat{q}_2 & h_3\hat{q}_3 \\ \frac{\partial}{\partial q_1} & \frac{\partial}{\partial q_2} & \frac{\partial}{\partial q_3} \\ h_1A_1 & h_2A_2 & h_3A_3 \end{vmatrix} \\ &= \frac{1}{uv(u^2+v^2)}\begin{vmatrix} \sqrt{u^2+v^2}\,\hat{u} & \sqrt{u^2+v^2}\,\hat{v} & uv\hat{\phi} \\ \frac{\partial}{\partial u} & \frac{\partial}{\partial v} & \frac{\partial}{\partial\phi} \\ \sqrt{u^2+v^2}\,A_u & \sqrt{u^2+v^2}\,A_v & uvA_\phi \end{vmatrix}\end{aligned}$$

(4) $\nabla^2\Psi = \frac{1}{h_1h_2h_3}\left[\frac{\partial}{\partial q_1}\left(\frac{h_2h_3}{h_1}\frac{\partial\Psi}{\partial q_1}\right)+\frac{\partial}{\partial q_2}\left(\frac{h_1h_3}{h_2}\frac{\partial\Psi}{\partial q_2}\right)+\frac{\partial}{\partial q_3}\left(\frac{h_1h_2}{h_3}\frac{\partial\Psi}{\partial q_3}\right)\right]$

$$= \frac{1}{uv(u^2+v^2)}\left[\frac{\partial}{\partial u}\left(uv\frac{\partial\Psi}{\partial u}\right)+\frac{\partial}{\partial v}\left(uv\frac{\partial\Psi}{\partial v}\right)\right]+\frac{1}{u^2v^2}\frac{\partial^2\Psi}{\partial\phi^2}$$

$$= \frac{1}{(u^2+v^2)}\left[\frac{1}{u}\frac{\partial}{\partial u}\left(u\frac{\partial\Psi}{\partial u}\right)+\frac{1}{v}\frac{\partial}{\partial v}\left(v\frac{\partial\Psi}{\partial v}\right)\right]+\frac{1}{u^2v^2}\frac{\partial^2\Psi}{\partial\phi^2}$$

3.14 양극성 좌표계 (u, v) : $x = \frac{a\sinh u}{\cosh u + \cos v}$, $y = \frac{a\sin v}{\cosh u + \cos v}$

(a는 상수이며 $-\infty < u < \infty$, $0 \le v \le 2\pi$이다.

[풀이]

양극성 좌표계 (u, v)의 일반화 좌표는 $q_1 = u$, $q_2 = v$ 이며 연습문제 3.5의 길이 인자 h_u, h_v 는 $h_u = h_v = \frac{a}{\cosh u + \cos v}$ 이다. 2차원 직교 좌표계이지만 편의상 3차원 좌표의 길이 인자를 $h_3 = 1$로 두자. 스칼라 함수는 $\Psi = \Psi(q_1, q_2)$, 벡터장은 $A_3 = 0$ 이므로 벡터장을 성분으로 나타내면 $\boldsymbol{A}(q_1, q_2) = A_1(q_1, q_2)\hat{q}_1 + A_2(q_1, q_2)\hat{q}_2$ 가 된다.

(1) $\nabla\Psi = \frac{1}{h_1}\frac{\partial\Psi}{\partial q_1}\hat{q}_1 + \frac{1}{h_2}\frac{\partial\Psi}{\partial q_2}\hat{q}_2$

$$= \frac{1}{h_u}\frac{\partial\Psi}{\partial u}\hat{u} + \frac{1}{h_v}\frac{\partial\Psi}{\partial v}\hat{v}$$

$$= \frac{\cosh u + \cos v}{a}\left[\frac{\partial\Psi}{\partial u}\hat{u} + \frac{\partial\Psi}{\partial v}\hat{v}\right]$$

(2) $\nabla \cdot \boldsymbol{A} = \dfrac{1}{h_1h_2h_3}\left[\dfrac{\partial}{\partial q_1}(h_2h_3A_1)+\dfrac{\partial}{\partial q_2}(h_1h_3A_2)+\dfrac{\partial}{\partial q_3}(h_1h_2A_3)\right]$

$$= \frac{(\cosh u+\cos v)^2}{a^2}\left[\begin{array}{l}\dfrac{\partial}{\partial u}\left(\dfrac{a}{\cosh u+\cos v}A_u\right)\\ +\dfrac{\partial}{\partial v}\left(\dfrac{a}{\cosh u+\cos v}A_v\right)\end{array}\right]$$

$$= \frac{(\cosh u+\cos v)^2}{a}\left[\frac{\partial}{\partial u}\left(\frac{A_u}{\cosh u+\cos v}\right)+\frac{\partial}{\partial v}\left(\frac{A_v}{\cosh u+\cos v}\right)\right]$$

(3) $\nabla \times \boldsymbol{A} = \dfrac{1}{h_1h_2h_3}\begin{vmatrix} h_1\hat{q}_1 & h_2\hat{q}_2 & h_3\hat{q}_3 \\ \dfrac{\partial}{\partial q_1} & \dfrac{\partial}{\partial q_2} & \dfrac{\partial}{\partial q_3} \\ h_1A_1 & h_2A_2 & h_3A_3 \end{vmatrix}$

$$= \frac{(\cosh u+\cos v)^2}{a^2}\begin{vmatrix} \dfrac{a\hat{u}}{\cosh u+\cos v} & \dfrac{a\hat{v}}{\cosh u+\cos v} & \hat{\phi} \\ \dfrac{\partial}{\partial u} & \dfrac{\partial}{\partial v} & \dfrac{\partial}{\partial \phi} \\ \dfrac{a}{\cosh u+\cos v}A_u & \dfrac{a}{\cosh u+\cos v}A_v & 0 \end{vmatrix}$$

$$= \frac{(\cosh u+\cos v)^2}{a}\left[\frac{\partial}{\partial u}\left(\frac{A_v}{\cosh u+\cos v}\right)-\frac{\partial}{\partial v}\left(\frac{A_u}{\cosh u+\cos v}\right)\right]\hat{\phi}$$

(4) $\nabla^2\Psi = \dfrac{1}{h_1h_2h_3}\left[\dfrac{\partial}{\partial q_1}\left(\dfrac{h_2h_3}{h_1}\dfrac{\partial \Psi}{\partial q_1}\right)+\dfrac{\partial}{\partial q_2}\left(\dfrac{h_1h_3}{h_2}\dfrac{\partial \Psi}{\partial q_2}\right)+\dfrac{\partial}{\partial q_3}\left(\dfrac{h_1h_2}{h_3}\dfrac{\partial \Psi}{\partial q_3}\right)\right]$

$$= \frac{(\cosh u+\cos v)^2}{a^2}\left[\frac{\partial^2\Psi}{\partial u^2}+\frac{\partial^2\Psi}{\partial v^2}\right]$$

3.3 특수 좌표계(Special Coordinate System)

3.3.1 직각 데카르트 좌표계 (Cartesian Coordinate System)

> 3.15 데카르트 직교 좌표계 $(q_1, q_2, q_3) \equiv (\rho, \phi, z)$의 미소 직육면체의 미소 면적 벡터 ds는 $ds_{ij} = ds_{ij}\hat{q}_k = (h_i dq_i \hat{q}_i) \times (h_j dq_j \hat{q}_j)$, $(i,j,k = 1,2,3)$ 또는 $ds_{ij} = ds_{ij}\hat{q}_k = \epsilon_{ijk} h_i h_j dq_i dq_j \hat{q}_k$, $(i,j,k = 1,2,3)$로 주어진다.
> $ds_{23} = ds_{23}\hat{x}$, $ds_{31} = ds_{31}\hat{y}$, $ds_{12} = ds_{12}\hat{z}$의 세 면적을 구하라.
> 단, $ds_{ij} = -ds_{ji}$ $(i \neq j)$이다.

[풀이]

데카르트 직교 좌표계의 미소 직육면체의 미소 면적 벡터는 $ds_{ij}\hat{q}_k = (h_i dq_i \hat{q}_i) \times (h_j dq_j \hat{q}_j)$ 또는 $ds_{ij}\hat{q}_k = \epsilon_{ijk} h_i h_j dq_i dq_j \hat{q}_k$, $(i,j,k = 1,2,3)$이다. $q_1 = x$, $q_2 = y$, $q_3 = z$와 길이 인자 $h_1 = h_x = 1$, $h_2 = h_y = 1$, $h_3 = h_z = 1$을 대입하면 미소 면적은 다음과 같다.

$$ds_{23} = ds_{23}\hat{q}_1 = ds_{yz}\hat{x}$$

$$= h_y h_z dydz\hat{x} = dydz\hat{x}$$

$$ds_{31} = ds_{31}\hat{y} = ds_{zx}\hat{y}$$

$$= h_z h_x dzdx\hat{y} = dzdx\hat{y}$$

$$ds_{12} = ds_{12}\widehat{zy} = ds_{xy}\hat{z}$$

$$= h_x h_y dxdy\hat{z} = dxdy\hat{z}$$

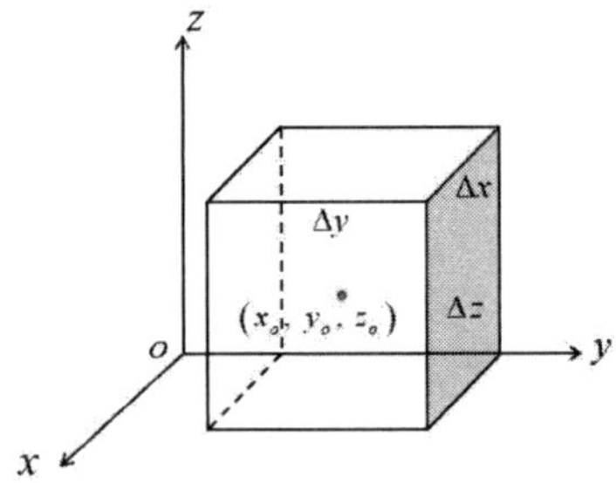

연습문제 3.15 그림

3.3.2 원통 좌표계 (Cylindrical Coordinate System)

3.16 원통 좌표계에서 각 단위 벡터의 미분이 다음과 같음을 보여라.

(1) $\frac{d\hat{\rho}}{d\phi}=\hat{\phi},\ \frac{d\hat{\phi}}{d\phi}=-\hat{\rho},\ \frac{d\hat{z}}{d\phi}=0$ (2) $\frac{d\hat{\rho}}{d\rho}=\frac{d\hat{\phi}}{d\rho}=\frac{d\hat{z}}{d\rho}=0,$

(3) $\frac{d\hat{\rho}}{dz}=\frac{d\hat{\phi}}{dz}=\frac{d\hat{z}}{dz}=0$

[풀이]

원통 좌표계에서 위치 벡터는 $\boldsymbol{r}=\rho\cos\phi\hat{x}+\rho\sin\phi\hat{y}+z\hat{z}$ 이므로 단위 벡터는 다음과 같이 주어진다.

$$\hat{\rho}=\frac{\partial\boldsymbol{r}}{\partial\rho}=\cos\phi\hat{x}+\sin\phi\hat{y},$$
$$\hat{\phi}=\frac{1}{\rho}\frac{\partial\boldsymbol{r}}{\partial\phi}=-\sin\phi\hat{x}+\cos\phi\hat{y},\ \ \hat{z}=\frac{\partial\boldsymbol{r}}{\partial z}=\hat{z}$$

(1) $\frac{d\hat{\rho}}{d\phi}=-\sin\phi\hat{x}+\cos\phi\hat{y}\equiv\hat{\phi},\ \ \frac{d\hat{\phi}}{d\phi}=-(\cos\phi\hat{x}+\sin\phi\hat{y})\equiv-\hat{\rho},\ \ \frac{d\hat{z}}{d\phi}=0$

(2) 단위 벡터 $\hat{\rho}$, $\hat{\phi}$는 ϕ만의 함수이며 $\hat{z}=\hat{z}$ 이므로 ρ에 대한 미분은 모두 0이 된다.

즉, $\frac{d\hat{\rho}}{d\rho}=\frac{d\hat{\phi}}{d\rho}=\frac{d\hat{z}}{d\rho}=0$ 이다.

(3) 단위 벡터는 z를 포함하지 않으므로 z에 대한 미분은 모두 0이 된다.

즉, $\frac{d\hat{\rho}}{dz}=\frac{d\hat{\phi}}{dz}=\frac{d\hat{z}}{dz}=0$ 이다.

3.17 원통 좌표계에서 어떤 입자의 위치 벡터는 $\boldsymbol{r}(t)=\rho\hat{\rho}+z\hat{z}$로 주어진다.
(1) 속도와 (2) 가속도 벡터를 원통 좌표계의 단위 벡터로 나타내어라.

[풀이]

(1) 원통 좌표계의 위치 벡터는 $\boldsymbol{r}(t)=\rho\hat{\rho}+z\hat{z}$이므로 속도는 $\boldsymbol{v}=\frac{d\boldsymbol{r}}{dt}$ 이다. 즉,

$$\boldsymbol{v}=\frac{d\boldsymbol{r}}{dt}=\frac{d\rho}{dt}\hat{\rho}+\rho\frac{d\hat{\rho}}{dt}+\frac{dz}{dt}\hat{z}$$

원통 좌표계의 단위 벡터를 데카르트 직교 단위 벡터의 함수로 나타내면

$$\hat{\rho} = \cos\phi\hat{x} + \sin\phi\hat{y}$$

$$\hat{\phi} = -\sin\phi\hat{x} + \cos\phi\hat{y}$$

이므로 단위 벡터의 시간 미분은 다음과 같다.

$$\frac{d\hat{\rho}}{dt} = \frac{d}{dt}(\cos\phi\hat{x} + \sin\phi\hat{y}) = (-\sin\phi\hat{x} + \cos\phi\hat{y})\frac{d\phi}{dt} = \frac{d\phi}{dt}\hat{\phi}$$

$$\frac{d\hat{\phi}}{dt} = \frac{d}{dt}(-\sin\phi\hat{x} + \cos\phi\hat{y}) = -(\cos\phi\hat{x} + \sin\phi\hat{y})\frac{d\phi}{dt} = -\frac{d\phi}{dt}\hat{\rho}$$

$$\therefore\ \boldsymbol{v} = \frac{d\rho}{dt}\hat{\rho} + \rho\frac{d\hat{\rho}}{dt} + \frac{dz}{dt}\hat{z}$$

$$= \frac{d\rho}{dt}\hat{\rho} + \rho\frac{d\phi}{dt}\hat{\phi} + \frac{dz}{dt}\hat{z}$$

(2) 속도를 시간에 대해 미분하고 (1)에서 구한 단위 벡터의 시간 미분 관계식 $\frac{d\hat{\rho}}{dt} = \frac{d\phi}{dt}\hat{\phi}$, $\frac{d\hat{\phi}}{dt} = -\frac{d\phi}{dt}\hat{\rho}$, $\frac{d\hat{z}}{dt} = 0$을 대입하여 정리한다.

가속도는 $\boldsymbol{a} = \frac{d\boldsymbol{v}}{dt} = \frac{d^2\boldsymbol{r}}{dt^2}$이므로 다음과 같이 주어진다.

$$\boldsymbol{a} = \frac{d\boldsymbol{v}}{dt} = \frac{d^2\rho}{dt^2}\hat{\rho} + \frac{d\rho}{dt}\frac{d\phi}{dt}\hat{\phi} + \frac{d\rho}{dt}\frac{d\phi}{dt}\hat{\phi} + \rho\frac{d^2\phi}{dt^2}\hat{\phi} - \rho\left(\frac{d\phi}{dt}\right)^2\hat{\rho} + \frac{d^2z}{dt^2}\hat{z}$$

같은 단위 벡터로 정리하면 가속도는 다음과 같다.

$$\therefore\ \boldsymbol{a} \equiv \left[\frac{d^2\rho}{dt^2} - \rho\left(\frac{d\phi}{dt}\right)^2\right]\hat{\rho} + \left[\rho\frac{d^2\phi}{dt^2} + 2\frac{d\rho}{dt}\frac{d\phi}{dt}\right]\hat{\phi} + \frac{d^2z}{dt^2}\hat{z}$$

> 3.18 데카르트 직교 좌표계의 위치 벡터는 $\boldsymbol{r} = x\hat{x} + y\hat{y} + z\hat{z}$ 이며 원통 좌표계에서는 $\boldsymbol{r} = \rho\hat{\rho} + z\hat{z}$ 이다. 다음의 벡터 연산 (1) $\nabla \cdot \boldsymbol{r}$ 과 (2) $\nabla \times \boldsymbol{r}$ 을 두 좌표계에서 구하고 서로 같음을 보여라.

[풀이]

(1) ● 데카르트 직교 좌표계:

위치 벡터는 $\boldsymbol{r} = x\hat{x} + y\hat{y} + z\hat{z}$ 이므로 $\nabla \cdot \boldsymbol{r}$ 은 다음과 같이 주어진다.

$$\nabla \cdot \boldsymbol{r} = \left(\hat{x}\frac{\partial}{\partial x} + \hat{y}\frac{\partial}{\partial y} + \hat{z}\frac{\partial}{\partial z}\right) \cdot (x\hat{x} + y\hat{y} + z\hat{z}) = 3$$

● 원통 좌표계:

위치 벡터는 $\boldsymbol{r} = \rho\hat{\rho} + z\hat{z} \equiv r_\rho\hat{\rho} + r_z\hat{z}$ 이므로 $r_\rho = \rho$, $r_\phi = 0$, $r_z = z$ 라 두면 $\nabla \cdot \boldsymbol{r}$ 은 다음과 같다.

$$\begin{aligned}\nabla \cdot \boldsymbol{r} &= \frac{1}{\rho}\frac{\partial}{\partial \rho}(\rho r_\rho) + \frac{1}{\rho}\frac{\partial r_\phi}{\partial \phi} + \frac{\partial r_z}{\partial z} \\ &= \frac{1}{\rho}\frac{\partial}{\partial \rho}(\rho^2) + \frac{\partial z}{\partial z} = 2 + 1 = 3\end{aligned}$$

따라서 $\nabla \cdot \boldsymbol{r} = 3$ 은 두 좌표계에서 같다.

(2) ● 데카르트 직교 좌표계:

$$\nabla \times \boldsymbol{r} = \begin{vmatrix} \hat{x} & \hat{y} & \hat{z} \\ \dfrac{\partial}{\partial x} & \dfrac{\partial}{\partial y} & \dfrac{\partial}{\partial z} \\ x & y & z \end{vmatrix} = 0$$

● 원통 좌표계:

$$\nabla \times \boldsymbol{r} = \frac{1}{\rho}\begin{vmatrix} \hat{\rho} & \rho\hat{\phi} & \hat{z} \\ \dfrac{\partial}{\partial \rho} & \dfrac{\partial}{\partial \phi} & \dfrac{\partial}{\partial z} \\ r_\rho & \rho r_\phi & r_z \end{vmatrix} = \frac{1}{\rho}\begin{vmatrix} \hat{\rho} & \rho\hat{\phi} & \hat{z} \\ \dfrac{\partial}{\partial \rho} & \dfrac{\partial}{\partial \phi} & \dfrac{\partial}{\partial z} \\ \rho & 0 & z \end{vmatrix} = 0$$

따라서 $\nabla \times \boldsymbol{r} = 0$ 은 두 좌표계에서 같다.

3.19 질량 m인 강체가 일정한 각속도 $\boldsymbol{\omega} = \omega\hat{z}$ 로 고정된 z축 주위를 회전하고 있다. 다음의 벡터 연산 (1) 속도 $\boldsymbol{v} = \boldsymbol{\omega} \times \boldsymbol{r}$와 (2) $\nabla \times \boldsymbol{v}$를 데카르트 직교 좌표계와 원통 좌표계에서 구하고 서로 같음을 보여라.

[풀이]

(1) • 데카르트 직교 좌표계:

위치 벡터는 $\boldsymbol{r} = x\hat{x} + y\hat{y} + z\hat{z}$ 이므로 속도 $\boldsymbol{v} = \boldsymbol{\omega} \times \boldsymbol{r}$은 다음과 같이 주어진다.

$$\boldsymbol{v} = \boldsymbol{\omega} \times \boldsymbol{r} = \omega\hat{z} \times (x\hat{x} + y\hat{y} + z\hat{z}) = \omega(-y\hat{x} + x\hat{y})$$

• 원통 좌표계:

위치 벡터는 $\boldsymbol{r} = \rho\hat{\rho} + z\hat{z}$ $(\because \hat{\rho} = \cos\phi\,\hat{x} + \sin\phi\,\hat{y})$ 이므로 $\boldsymbol{v} = \boldsymbol{\omega} \times \boldsymbol{r}$은 $\boldsymbol{v} = \omega\hat{z} \times (\rho\hat{\rho} + z\hat{z}) = \rho\omega\hat{\phi}$ 이 된다. 또는 행렬식 계산으로도 얻을 수 있다.

$$\boldsymbol{v} = \omega \times \boldsymbol{r} = \begin{vmatrix} \hat{\rho} & \hat{\phi} & \hat{z} \\ 0 & 0 & \omega \\ \rho & 0 & z \end{vmatrix} = \rho\omega\hat{\phi}$$

데카르트 좌표계의 속도는 $\boldsymbol{v} = \omega(-y\hat{x} + x\hat{y})$ 이므로 원통 좌표계로 변환하면 $\boldsymbol{v} = \omega(-y\hat{x} + x\hat{y}) = \rho\omega(\cos\phi\,\hat{x} - \sin\phi\,\hat{y}) = \rho\omega\hat{\phi}$ 이므로 같은 결과가 된다.

(2) • 데카르트 직교 좌표계:

속도의 성분은 $v_x = -\omega y$, $v_y = \omega x$, $v_z = 0$ 이므로 $\nabla \times \boldsymbol{v}$는 다음과 같다.

$$\nabla \times \boldsymbol{v} = \begin{vmatrix} \hat{x} & \hat{y} & \hat{z} \\ \dfrac{\partial}{\partial x} & \dfrac{\partial}{\partial y} & \dfrac{\partial}{\partial z} \\ v_x & v_y & v_z \end{vmatrix} = \begin{vmatrix} \hat{x} & \hat{y} & \hat{z} \\ \dfrac{\partial}{\partial x} & \dfrac{\partial}{\partial y} & \dfrac{\partial}{\partial z} \\ -\omega y & \omega x & 0 \end{vmatrix} = 2\omega\hat{z} \equiv 2\boldsymbol{\omega}$$

• 원통 좌표계:

속도의 성분은 $v_\rho = v_z = 0$, $v_\phi = \rho\omega$ 이므로 $\nabla \times \boldsymbol{v}$는 다음과 같이 주어진다.

$$\nabla \times v = \frac{1}{\rho}\begin{vmatrix} \hat{\rho} & \rho\hat{\phi} & \hat{z} \\ \frac{\partial}{\partial \rho} & \frac{\partial}{\partial \phi} & \frac{\partial}{\partial z} \\ v_\rho & \rho v_\phi & v_z \end{vmatrix} = \frac{1}{\rho}\begin{vmatrix} \hat{\rho} & \rho\hat{\phi} & \hat{z} \\ \frac{\partial}{\partial \rho} & \frac{\partial}{\partial \phi} & \frac{\partial}{\partial z} \\ 0 & \rho^2\omega & 0 \end{vmatrix}$$

$$= \frac{1}{\rho}\frac{\partial(\rho^2\omega)}{\partial \rho}\hat{z} = 2\omega\hat{z} \equiv 2\boldsymbol{\omega}$$

두 좌표계에서 $\nabla \times v = 2\boldsymbol{\omega} = 2\omega\hat{z}$ 또는 $\boldsymbol{\omega} = \frac{1}{2}\nabla \times v$ 로 서로 같음을 알 수 있다.

3.20 원통 좌표계 $(q_1, q_2, q_3) \equiv (\rho, \phi, z)$의 미소 직육면체의 미소 면적 벡터 ds는

$$ds_{ij} = ds_{ij}\hat{q}_k = (h_i dq_i \hat{q}_i) \times (h_j dq_j \hat{q}_j) = \epsilon_{ijk} h_i h_j dq_i dq_j \hat{q}_k, \quad (i, j, k = 1, 2, 3)$$

로 주어진다. $ds_{23} = ds_{23}\hat{\rho}$, $ds_{31} = ds_{31}\hat{\phi}$, $ds_{12} = ds_{12}\hat{z}$의 세 면적을 구하라. 단, $ds_{ij} = -ds_{ji}$ $(i \neq j)$이다.

[풀이]

원통 좌표계의 미소 직육면체의 미소 면적 벡터는 $ds_{ij}\hat{q}_k = (h_i dq_i \hat{q}_i) \times (h_j dq_j \hat{q}_j)$ 또는 $ds_{ij}\hat{q}_k = \epsilon_{ijk} h_i h_j dq_i dq_j \hat{q}_k$, $(i, j, k = 1, 2, 3)$로 주어지므로 $q_1 = \rho$, $q_2 = \phi$, $q_3 = z$와 길이 인자 $h_1 = h_\rho = 1$, $h_2 = h_\phi = \rho$, $g_3 = h_z = 1$를 대입하여 구한다.

$$ds_{23} = ds_{23}\hat{q}_1 = ds_{\phi z}\hat{\rho}$$

$$= h_\phi h_z d\phi dz \hat{\rho} = \rho d\phi dz \hat{\rho}$$

$$ds_{31} = ds_{31}\hat{q}_2 = ds_{z\rho}\hat{\phi}$$

$$= h_z h_\rho dz d\rho \hat{\phi} = d\rho dz \hat{\phi}$$

$$ds_{12} = ds_{12}\hat{q}_3 = ds_{\rho\phi}\hat{z}$$

$$= h_\rho h_\phi d\rho d\phi \hat{z} = \rho d\rho d\phi \hat{z}$$

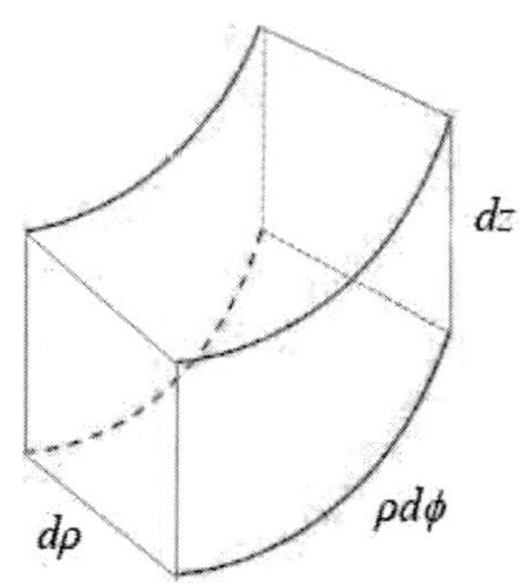

연습문제 3.20 그림

3.3.3 구 좌표계(Spherical Coordinate System)

3.21 구 좌표계에서 각 단위 벡터의 미분이 $\dfrac{d\hat{r}}{d\theta}=\hat{\theta}$, $\dfrac{d\hat{r}}{d\phi}=\sin\theta\hat{\phi}$,

$$\frac{d\hat{\theta}}{d\theta}=-\hat{r},\quad \frac{d\hat{\theta}}{d\phi}=\cos\theta\hat{\phi},\quad \frac{d\hat{\phi}}{d\theta}=0,\quad \frac{d\hat{\phi}}{d\phi}=-(\hat{r}\sin\theta+\hat{\theta}\cos\theta)$$

와 같이 주어진다.

이 관계식을 이용하여 각 단위 벡터의 시간 미분이 다음과 같음을 보여라.

(1) $\dfrac{d\hat{r}}{dt}=\dfrac{d\theta}{dt}\hat{\theta}+\sin\theta\dfrac{d\phi}{dt}\hat{\phi}$, (2) $\dfrac{d\hat{\theta}}{dt}=-\dfrac{d\theta}{dt}\hat{r}+\cos\theta\dfrac{d\phi}{dt}\hat{\phi}$,

(3) $\dfrac{d\hat{\phi}}{dt}=-(\sin\theta\hat{r}+\cos\theta\hat{\theta})\dfrac{d\phi}{dt}$

[힌트: 단위 벡터들은 θ와 ϕ의 함수이므로 전 미분을 구한 다음 시간 미분을 계산한다.]

[풀이]

구 좌표계에서 단위 벡터들은 θ와 ϕ의 함수이므로 전 미분을 구한 다음 시간 미분을 계산한다. 즉, $\hat{r}(\theta,\phi)$, $\hat{\theta}(\theta,\phi)$, $\hat{\phi}(\theta,\phi)$이다.

(1) $\hat{r}(\theta,\phi)$의 전 미분은 $d\hat{r}(\theta,\phi)=\dfrac{\partial\hat{r}}{\partial\theta}d\theta+\dfrac{\partial\hat{r}}{\partial\phi}d\phi=d\theta\hat{\theta}+\sin\theta\, d\phi\hat{\phi}$ 이다.

여기서 $\dfrac{d\hat{r}}{d\theta}=\hat{\theta}$, $\dfrac{d\hat{r}}{d\phi}=\sin\theta\hat{\phi}$을 사용하였다. 양변을 시간에 대해 미분한다.

$$\therefore \frac{d\hat{r}}{dt}=\frac{d\theta}{dt}\hat{\theta}+\sin\theta\frac{d\phi}{dt}\hat{\phi}$$

(2) $\hat{\theta}(\theta,\phi)$의 전 미분 $d\hat{\theta}(\theta,\phi)=\dfrac{\partial\hat{\theta}}{\partial\theta}d\theta+\dfrac{\partial\hat{\theta}}{\partial\phi}d\phi$에 $\dfrac{d\hat{\theta}}{d\theta}=-\hat{r}$, $\dfrac{d\hat{\theta}}{d\phi}=\cos\theta\hat{\phi}$을 대입하면 $d\hat{\theta}(\theta,\phi)=-d\theta\hat{r}+\cos\theta\, d\phi\hat{\phi}$ 이다. 양변을 시간에 대해 미분한다.

$$\therefore \frac{d\hat{\theta}}{dt}=-\frac{d\theta}{dt}\hat{r}+\cos\theta\frac{d\phi}{dt}\hat{\phi}$$

(3) $\hat{\phi}(\theta,\phi)$ 의 전 미분은 $d\hat{\phi}(\theta,\phi) = \dfrac{\partial\hat{\phi}}{\partial\theta}d\theta + \dfrac{\partial\hat{\phi}}{\partial\phi}d\phi = -(\hat{r}\sin\theta + \hat{\theta}\cos\theta)d\phi$이다.

여기서 $\dfrac{d\hat{\phi}}{d\theta} = 0$, $\dfrac{d\hat{\phi}}{d\phi} = -(\hat{r}\sin\theta + \hat{\theta}\cos\theta)$을 사용하였다.

양변을 시간에 대해 미분한다.

$$\therefore \frac{d\hat{\phi}}{dt} = -(\sin\theta\hat{r} + \cos\theta\hat{\theta})\frac{d\phi}{dt}$$

> 3.22 (1) 입자의 위치 벡터가 $\boldsymbol{r} = r\sin\theta\cos\phi\,\hat{x} + r\sin\theta\sin\phi\,\hat{y} + r\cos\theta\,\hat{z}$ 로 주어질 때 속도 $\boldsymbol{v}$를 구 좌표 (r,θ,ϕ)와 단위 벡터 $\hat{r}$, $\hat{\theta}$, $\hat{\phi}$로 구하라.
>
> (2) 입자의 위치 벡터가 $\boldsymbol{r} = r\hat{r}$ 로 주어질 때 속도 $\boldsymbol{v}$를 구 좌표와 단위 벡터로 구하고 (1)과 같음을 보여라. [힌트: 연습문제 3.21 참고]
>
> (3) 가속도 $\boldsymbol{a}$를 구 좌표와 구 좌표계의 단위 벡터로 나타내어라.

[풀이]

(1) $\boldsymbol{r} = r\sin\theta\cos\phi\,\hat{x} + r\sin\theta\sin\phi\,\hat{y} + r\cos\theta\,\hat{z}$ 이므로 속도 $\boldsymbol{v}$는 다음과 같다.

$$\begin{aligned}\boldsymbol{v} = \frac{d\boldsymbol{r}}{dt} &= (\dot{r}\sin\theta\cos\phi + r\cos\theta\cos\phi\dot{\theta} - r\sin\theta\sin\phi\dot{\phi})\,\hat{x} \\ &+ (\dot{r}\sin\theta\sin\phi + r\cos\theta\sin\phi\dot{\theta} + r\sin\theta\cos\phi\dot{\phi})\,\hat{y} \\ &+ (\dot{r}\cos\theta - r\sin\theta\dot{\theta})\,\hat{z} \\ &= \dot{r}\underbrace{(\sin\theta\cos\phi\hat{x} + \sin\theta\sin\phi\hat{y} + \cos\theta\hat{z})}_{=\hat{r}} \\ &+ r\dot{\theta}\underbrace{(\cos\theta\cos\phi\,\hat{x} + \cos\theta\sin\phi\hat{y} - \sin\theta\hat{z})}_{=\hat{\theta}} \\ &+ r\sin\theta\dot{\phi}\underbrace{(-\sin\phi\hat{x} + \cos\phi\hat{y})}_{=\hat{\phi}}\end{aligned}$$

$$\therefore \boldsymbol{v} = \frac{d\boldsymbol{r}}{dt} = \dot{r}\hat{r} + r\dot{\theta}\hat{\theta} + r\sin\theta\dot{\phi}\hat{\phi}$$

또는 $$\therefore \boldsymbol{v} = \frac{d\boldsymbol{r}}{dt} = \frac{dr}{dt}\hat{r} + r\frac{d\theta}{dt}\hat{\theta} + r\sin\theta\frac{d\phi}{dt}\hat{\phi}$$

여기서 $\dot{r} = \dfrac{dr}{dt}$, $\dot{\theta} = \dfrac{d\theta}{dt}$, $\dot{\phi} = \dfrac{d\phi}{dt}$ 이다.

(2) 위치 벡터가 $\boldsymbol{r} = r\hat{r}$ 로 주어지므로 속도 $\boldsymbol{v}$ 는 $\boldsymbol{v} = \dfrac{d\boldsymbol{r}}{dt} = \dot{r}\hat{r} + r\dfrac{d\hat{r}}{dt}$ 이다.

$\hat{r}$ 의 시간 미분 (연습문제 3.21 참고) $\dfrac{d\hat{r}}{dt} = \dfrac{d\theta}{dt}\hat{\theta} + \sin\theta\dfrac{d\phi}{dt}\hat{\phi}$ 을 대입하면

$\boldsymbol{v} = \dfrac{d\boldsymbol{r}}{dt} = \dot{r}\hat{r} + r\dot{\theta}\hat{\theta} + r\sin\theta\dot{\phi}\hat{\phi}$ 이 되어 (1)의 결과와 같다.

(3) 연습문제 3.21에서 단위 벡터의 시간 미분은 다음과 같다.

$$\frac{d\hat{r}}{dt} = \frac{d\theta}{dt}\hat{\theta} + \sin\theta\frac{d\phi}{dt}\hat{\phi},\quad \frac{d\hat{\theta}}{dt} = -\frac{d\theta}{dt}\hat{r} + \cos\theta\frac{d\phi}{dt}\hat{\phi},$$
$$\frac{d\hat{\phi}}{dt} = -\left(\sin\theta\hat{r} + \cos\theta\hat{\theta}\right)\frac{d\phi}{dt}$$

가속도 $\boldsymbol{a} = \dfrac{d\boldsymbol{v}}{dt}$ 이므로 (1) 또는 (2)의 속도를 단위 벡터의 시간 미분 관계식 등을 고려해서 계산하면 다음을 얻는다.

$$\begin{aligned}\therefore\ \boldsymbol{a} &= \left(\ddot{r} - r\dot{\theta}^2 - r\sin^2\theta\dot{\phi}^2\right)\hat{r}\\ &+ \left(r\ddot{\theta} + 2\dot{r}\dot{\theta} - r\sin\theta\cos\theta\dot{\phi}^2\right)\hat{\theta}\\ &+ \left(r\sin\theta\ddot{\phi} + 2\sin\theta\dot{r}\dot{\phi} + 2r\cos\theta\dot{\theta}\dot{\phi}\right)\hat{\phi}\end{aligned}$$

또는

$$\begin{aligned}\therefore\ \boldsymbol{a} &= \left[\frac{d^2r}{dt^2} - r\left(\frac{d\theta}{dt}\right)^2 - r\sin\theta\left(\frac{d\phi}{dt}\right)^2\right]\hat{r}\\ &+ \left[r\frac{d^2\theta}{dt^2} + 2\frac{dr}{dt}\frac{d\theta}{dt} - r\sin\theta\cos\theta\left(\frac{d\phi}{dt}\right)^2\right]\hat{\theta}\\ &+ \left[r\sin\theta\frac{d^2\phi}{dt^2} + 2\sin\theta\frac{dr}{dt}\frac{d\phi}{dt} + 2r\cos\theta\frac{d\theta}{dt}\frac{d\phi}{dt}\right]\hat{\phi}\end{aligned}$$

3.23 데카르트 직교 좌표계의 위치 벡터는 $\boldsymbol{r} = x\hat{x} + y\hat{y} + z\hat{z}$ 이며 구 좌표계에서는 $\boldsymbol{r} = r\hat{r}$ 이다. 다음의 벡터 연산 (1) $\nabla \cdot \boldsymbol{r}$ 과 (2) $\nabla \times \boldsymbol{r}$ 을 두 좌표계에서 구하고 서로 같음을 보여라.

[풀이]

(1) • 데카르트 직교 좌표계:

위치 벡터는 $\boldsymbol{r} = x\hat{x} + y\hat{y} + z\hat{z}$ 이므로 $\nabla \cdot \boldsymbol{r}$ 은 다음과 같다.

$$\nabla \cdot \boldsymbol{r} = \left(\hat{x}\frac{\partial}{\partial x} + \hat{y}\frac{\partial}{\partial y} + \hat{z}\frac{\partial}{\partial z}\right) \cdot (x\hat{x} + y\hat{y} + z\hat{z}) = 3$$

• 구 좌표계:

위치 벡터는 $\boldsymbol{r} = r\hat{r}$ 이므로 성분을 $r_r = r,\ r_\theta = 0,\ r_\phi = 0$ 라 두면 구 좌표계의 $\nabla \cdot \boldsymbol{r}$ 은 다음과 같이 주어진다.

$$\begin{aligned}\nabla \cdot \boldsymbol{r} &= \frac{1}{r^2 \sin\theta}\left[\sin\theta \frac{\partial}{\partial r}\left(r^2 r_r\right) + r\frac{\partial}{\partial \theta}\left(\sin\theta\, r_\theta\right) + r\frac{\partial r_\phi}{\partial \phi}\right] \\ &= \frac{1}{r^2}\frac{\partial r^3}{\partial r} = 3\end{aligned}$$

(2) • 데카르트 직교 좌표계:

$$\nabla \times \boldsymbol{r} = \begin{vmatrix} \hat{x} & \hat{y} & \hat{z} \\ \dfrac{\partial}{\partial x} & \dfrac{\partial}{\partial y} & \dfrac{\partial}{\partial z} \\ x & y & z \end{vmatrix} = 0$$

• 구 좌표계:

$$\begin{aligned}\nabla \times \boldsymbol{r} &= \frac{1}{r^2 \sin\theta}\begin{vmatrix} \hat{r} & r\hat{\theta} & r\sin\theta\,\hat{\phi} \\ \dfrac{\partial}{\partial r} & \dfrac{\partial}{\partial \theta} & \dfrac{\partial}{\partial \phi} \\ r_r & r r_\theta & r\sin\theta\, r_\phi \end{vmatrix} \\ &= \frac{1}{r^2 \sin\theta}\begin{vmatrix} \hat{r} & r\hat{\theta} & r\sin\theta\,\hat{\phi} \\ \dfrac{\partial}{\partial r} & \dfrac{\partial}{\partial \theta} & \dfrac{\partial}{\partial \phi} \\ r & 0 & 0 \end{vmatrix} = 0\end{aligned}$$

$\therefore\ \nabla \times \boldsymbol{r} = 0$

3.24 질량 m인 강체가 일정한 각속도 $\boldsymbol{\omega} = \omega\hat{z}$로 고정된 z축 주위를 회전하고 있다. 다음의 벡터 연산 (1) 속도 $\boldsymbol{v} = \boldsymbol{\omega} \times \boldsymbol{r}$과 (2) $\nabla \times \boldsymbol{v}$를 데카르트 직교 좌표계와 구 좌표계에서 구하고 서로 같음을 보여라.

[풀이]

(1) • 데카르트 직교 좌표계:

위치 벡터는 $\boldsymbol{r} = x\hat{x} + y\hat{y} + z\hat{z}$이므로 속도 $\boldsymbol{v} = \boldsymbol{\omega} \times \boldsymbol{r}$은 다음과 같다.

$$\boldsymbol{v} = \boldsymbol{\omega} \times \boldsymbol{r} = \omega\hat{z} \times (x\hat{x} + y\hat{y} + z\hat{z}) = \omega(-y\hat{x} + x\hat{y})$$

• 구 좌표계:

위치 벡터는 $\boldsymbol{r} = r\hat{r}$이며 $\hat{z} = \cos\theta\,\hat{r} - \sin\theta\hat{\theta}$이므로 속도 $\boldsymbol{v} = \boldsymbol{\omega} \times \boldsymbol{r}$은

$\boldsymbol{v} = \omega(\cos\theta\,\hat{r} - \sin\theta\hat{\theta}) \times r\hat{r} = r\omega\sin\theta\hat{\phi}$가 된다.

데카르트 좌표계의 속도 $\boldsymbol{v} = \omega(-y\hat{x} + x\hat{y})$이므로 구 좌표계로 변환하고 $\hat{\phi} = -\sin\phi\,\hat{x} + \cos\phi\,\hat{y}$을 사용하면 서로 같음을 알 수 있다.

$$\begin{aligned} \therefore\ \boldsymbol{v} &= \omega(-y\hat{x} + x\hat{y}) \\ &= r\omega(-\sin\theta\sin\phi\,\hat{x} + \sin\theta\cos\phi\,\hat{y}) \equiv r\omega\sin\theta\,\hat{\phi} \end{aligned}$$

(2) • 데카르트 직교 좌표계:

속도의 성분은 $v_x = -\omega y$, $v_y = \omega x$, $v_z = 0$이므로

$$\nabla \times \boldsymbol{v} = \begin{vmatrix} \hat{x} & \hat{y} & \hat{z} \\ \dfrac{\partial}{\partial x} & \dfrac{\partial}{\partial y} & \dfrac{\partial}{\partial z} \\ v_x & v_y & v_z \end{vmatrix} = \begin{vmatrix} \hat{x} & \hat{y} & \hat{z} \\ \dfrac{\partial}{\partial x} & \dfrac{\partial}{\partial y} & \dfrac{\partial}{\partial z} \\ -\omega y & \omega x & 0 \end{vmatrix} = 2\omega\hat{z} \equiv 2\boldsymbol{\omega}$$

• 구 좌표계:

속도의 성분은 $v_r = v_\theta = 0$, $v_\phi = r\omega\sin\theta$이므로

$$\nabla\times\boldsymbol{v} = \frac{1}{r^2\sin\theta}\begin{vmatrix} \hat{r} & r\hat{\theta} & r\sin\theta\hat{\phi} \\ \frac{\partial}{\partial r} & \frac{\partial}{\partial\theta} & \frac{\partial}{\partial\phi} \\ v_r & rv_\theta & r\sin\theta v_\phi \end{vmatrix} = \frac{1}{r^2\sin\theta}\begin{vmatrix} \hat{r} & r\hat{\theta} & r\sin\theta\hat{\phi} \\ \frac{\partial}{\partial r} & \frac{\partial}{\partial\theta} & \frac{\partial}{\partial\phi} \\ 0 & 0 & r^2\omega\sin^2\theta \end{vmatrix}$$

$$= \frac{1}{r^2\sin\theta}\left(\hat{r}\, r^2\omega\frac{\partial\sin^2\theta}{\partial\theta} - \hat{\theta}\, r\omega\sin^2\theta\frac{\partial r^2}{\partial r}\right) = 2\omega\underbrace{(\cos\theta\,\hat{r} - \sin\theta\,\hat{\theta})}_{=\hat{z}}$$

$$= 2\omega$$

$\therefore\ \nabla\times\boldsymbol{v} = 2\omega\hat{z}$ 또는 $\boldsymbol{\omega} = \frac{1}{2}\nabla\times\boldsymbol{v}$ 이며 두 좌표계에서 서로 같다.

3.25 구 좌표계 $(q_1, q_2, q_3)\equiv(r, \theta, \phi)$의 미소 직육면체의 미소 면적 벡터 $d\boldsymbol{s}$는

$$d\boldsymbol{s}_{ij} = ds_{ij}\hat{q}_k = (h_i dq_i\hat{q}_i)\times(h_j dq_j\hat{q}_j) = \epsilon_{ijk}h_ih_jdq_idq_j\hat{q}_k,\quad (i,j,k=1,2,3)$$

로 주어진다. 세 면적 $d\boldsymbol{s}_{23} = ds_{23}\hat{r}$, $d\boldsymbol{s}_{31} = ds_{31}\hat{\theta}$, $d\boldsymbol{s}_{12} = ds_{12}\hat{\phi}$을 구하라. 단, $d\boldsymbol{s}_{ij} = -d\boldsymbol{s}_{ji}\ (i\neq j)$이다.

[풀이]

구 좌표계에서 $q_1 = r$, $q_2 = \theta$, $q_3 = \phi$와 길이 인자 $h_1 = h_r = 1$, $h_2 = h_\theta = r$, $h_3 = h_\phi = r\sin\theta$를 미소 직육면체의 미소 면적 벡터 $d\boldsymbol{s}_{ij} = \epsilon_{ijk}h_ih_jdq_idq_j\hat{q}_k$에 대입하여 계산하면 다음과 같이 주어진다.

$$d\boldsymbol{s}_{23} = ds_{23}\hat{q}_1 = ds_{\theta\phi}\hat{r}$$
$$= h_\theta h_\phi d\theta d\phi\,\hat{r} = r^2\sin\theta d\theta d\phi\,\hat{r}$$

$$d\boldsymbol{s}_{31} = ds_{31}\hat{q}_2 = ds_{\phi r}\hat{\theta}$$
$$= h_\phi h_r dr d\phi\,\hat{\theta} = r\sin\theta dr d\phi\,\hat{\theta}$$

$$d\boldsymbol{s}_{12} = ds_{12}\hat{q}_3 = ds_{r\theta}\hat{\phi}$$
$$= h_r h_\theta dr d\theta\hat{\phi} = r dr d\theta\hat{\phi}$$

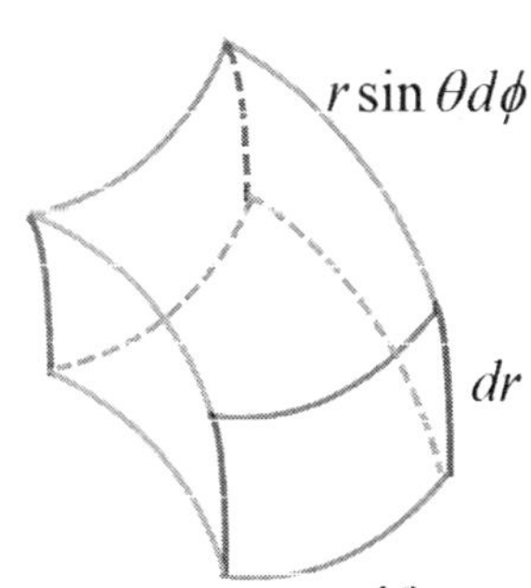

연습문제 3.25 그림

3.4 직교 좌표계의 벡터 미분 연산자 응용

3.4.1 원통 좌표계의 응용

> 3.26 데카르트 직교 좌표계의 편미분을 원통 좌표의 편미분으로 나타내면 다음과 같음을 보여라.
>
> $$\frac{\partial}{\partial x}=\cos\phi\frac{\partial}{\partial\rho}-\frac{\sin\phi}{\rho}\frac{\partial}{\partial\phi},\quad \frac{\partial}{\partial y}=\sin\phi\frac{\partial}{\partial\rho}+\frac{\cos\phi}{\rho}\frac{\partial}{\partial\phi},\quad \frac{\partial}{\partial z}=\frac{\partial}{\partial z}$$

[풀이]

원통 좌표계에서 $\nabla=\nabla_{\rho\phi z}$ 연산자는 $\nabla_{\rho\phi z}=\hat{\rho}\frac{\partial}{\partial\rho}+\hat{\phi}\frac{1}{\rho}\frac{\partial}{\partial\phi}+\hat{z}\frac{\partial}{\partial z}$ 이다.

원통 좌표계의 단위 벡터를 $\nabla_{\rho\phi z}$ 연산자에 대입하고 데카르트 좌표계의 단위 벡터로 재배열하면 다음을 얻는다.

$$\begin{aligned}\nabla_{\rho\phi z}&=\hat{\rho}\frac{\partial}{\partial\rho}+\hat{\phi}\frac{1}{\rho}\frac{\partial}{\partial\phi}+\hat{z}\frac{\partial}{\partial z}\\&=\underbrace{(\cos\phi\,\hat{x}+\sin\phi\,\hat{y})}_{=\hat{\rho}}\frac{\partial}{\partial\rho}+\underbrace{(-\sin\phi\,\hat{x}+\cos\phi\,\hat{y})}_{=\hat{\phi}}\frac{1}{\rho}\frac{\partial}{\partial\phi}+\hat{z}\frac{\partial}{\partial z}\\&=\hat{x}\left(\cos\phi\frac{\partial}{\partial\rho}-\frac{\sin\phi}{\rho}\frac{\partial}{\partial\phi}\right)+\hat{y}\left(\sin\phi\frac{\partial}{\partial\rho}+\frac{\cos\phi}{\rho}\frac{\partial}{\partial\phi}\right)+\hat{z}\frac{\partial}{\partial z}\end{aligned}$$

한편, 데카르트 직교 좌표계의 그래디언트 연산자 $\nabla\equiv\nabla_{xyz}$ 는

$\nabla_{xyz}=\hat{x}\frac{\partial}{\partial x}+\hat{y}\frac{\partial}{\partial y}+\hat{z}\frac{\partial}{\partial z}$ 이므로 두 좌표계의 단위 벡터 성분을 비교하면 다음 결과를 얻는다.

$$\therefore\begin{cases}\frac{\partial}{\partial x}=\cos\phi\frac{\partial}{\partial\rho}-\frac{\sin\phi}{\rho}\frac{\partial}{\partial\phi}\\\frac{\partial}{\partial y}=\sin\phi\frac{\partial}{\partial\rho}+\frac{\cos\phi}{\rho}\frac{\partial}{\partial\phi}\\\frac{\partial}{\partial z}=\frac{\partial}{\partial z}\end{cases}$$

3.27 원통 좌표계의 편미분을 데카르트 직교 좌표의 편미분으로 나타내면 다음과 같음을 보여라.

$$\begin{cases} \dfrac{\partial}{\partial\rho} = \cos\phi\dfrac{\partial}{\partial x} + \sin\phi\dfrac{\partial}{\partial y} = \dfrac{x}{\sqrt{x^2+y^2}}\dfrac{\partial}{\partial x} + \dfrac{y}{\sqrt{x^2+y^2}}\dfrac{\partial}{\partial y} \\ \dfrac{\partial}{\partial\phi} = \rho\left(-\sin\phi\dfrac{\partial}{\partial x} + \cos\phi\dfrac{\partial}{\partial y}\right) = -y\dfrac{\partial}{\partial x} + x\dfrac{\partial}{\partial y} \\ \dfrac{\partial}{\partial z} = \dfrac{\partial}{\partial z} \end{cases}$$

[풀이]

데카르트 직교 좌표계와 원통 좌표계의 그래디언트 연산자는 다음과 같이 주어진다.

$$\nabla_{xyz} = \hat{x}\frac{\partial}{\partial x} + \hat{y}\frac{\partial}{\partial y} + \hat{z}\frac{\partial}{\partial z}$$

$$\nabla_{\rho\phi z} = \hat{\rho}\frac{\partial}{\partial\rho} + \hat{\phi}\frac{1}{\rho}\frac{\partial}{\partial\phi} + \hat{z}\frac{\partial}{\partial z}$$

예제 3.7을 참고하면 데카르트 직교 좌표계의 단위 벡터들을 원통 좌표로 나타내면 다음과 같다.

$$\begin{aligned} \hat{x} &= \cos\phi\,\hat{\rho} - \sin\phi\,\hat{\phi} \\ \hat{y} &= \sin\phi\,\hat{\rho} + \cos\phi\,\hat{\phi} \\ \hat{z} &= \hat{z} \end{aligned}$$

$\nabla \equiv \nabla_{xyz}$ 연산자에 대입하고 원통 좌표계의 단위 벡터로 재배열하면 다음을 얻는다.

$$\begin{aligned} \nabla_{xyz} &= \hat{x}\frac{\partial}{\partial x} + \hat{y}\frac{\partial}{\partial y} + \hat{z}\frac{\partial}{\partial z} \\ &= (\cos\phi\,\hat{\rho} - \sin\phi\,\hat{\phi})\frac{\partial}{\partial x} + (\sin\phi\,\hat{\rho} + \cos\phi\,\hat{\phi})\frac{\partial}{\partial y} + \hat{z}\frac{\partial}{\partial z} \\ &= \hat{\rho}\left(\cos\phi\frac{\partial}{\partial x} + \sin\phi\frac{\partial}{\partial y}\right) + \hat{\phi}\left(-\sin\phi\frac{\partial}{\partial x} + \cos\phi\frac{\partial}{\partial y}\right) + \hat{z}\frac{\partial}{\partial z} \end{aligned}$$

$$\Rightarrow \begin{cases} \nabla_{xyz} = \hat{\rho}\left(\cos\phi\dfrac{\partial}{\partial x} + \sin\phi\dfrac{\partial}{\partial y}\right) + \hat{\phi}\left(-\sin\phi\dfrac{\partial}{\partial x} + \cos\phi\dfrac{\partial}{\partial y}\right) + \hat{z}\dfrac{\partial}{\partial z} \\ \nabla_{\rho\phi z} = \hat{\rho}\dfrac{\partial}{\partial\rho} + \hat{\phi}\dfrac{1}{\rho}\dfrac{\partial}{\partial\phi} + \hat{z}\dfrac{\partial}{\partial z} \end{cases}$$

한편 $\nabla_{xyz} = \nabla_{r\theta\phi}$ 이므로 단위 벡터 항을 비교하면 다음 관계식을 얻는다.

$$\frac{\partial}{\partial\rho}=\cos\phi\frac{\partial}{\partial x}+\sin\phi\frac{\partial}{\partial y},\quad \frac{\partial}{\partial\phi}=\rho\left(-\sin\phi\frac{\partial}{\partial x}+\cos\phi\frac{\partial}{\partial y}\right),\quad \frac{\partial}{\partial z}=\frac{\partial}{\partial z}$$

원통 좌표계와 데카르트 직교 좌표계의 변환 관계식 $\rho=\sqrt{x^2+y^2}$, $\cos\phi=\frac{x}{\rho}$, $\sin\phi=\frac{y}{\rho}$을 사용하면 다음 관계식을 유도할 수 있다.

$$\therefore \begin{cases} \frac{\partial}{\partial\rho}=\cos\phi\frac{\partial}{\partial x}+\sin\phi\frac{\partial}{\partial y}=\frac{x}{\sqrt{x^2+y^2}}\frac{\partial}{\partial x}+\frac{y}{\sqrt{x^2+y^2}}\frac{\partial}{\partial y} \\ \frac{\partial}{\partial\phi}=\rho\left(-\sin\phi\frac{\partial}{\partial x}+\cos\phi\frac{\partial}{\partial y}\right)=-y\frac{\partial}{\partial x}+x\frac{\partial}{\partial y} \\ \frac{\partial}{\partial z}=\frac{\partial}{\partial z} \end{cases}$$

3.28 데카르트 직교 좌표계의 각운동량 성분은 $L_x=-i\hbar\left(y\frac{\partial}{\partial z}-z\frac{\partial}{\partial y}\right)$, $L_y=-i\hbar\left(z\frac{\partial}{\partial x}-x\frac{\partial}{\partial z}\right)$, $L_z=-i\hbar\left(x\frac{\partial}{\partial y}-y\frac{\partial}{\partial x}\right)$로 주어진다.
원통 좌표계의 각운동량 성분 L_i $(i=x,y,z)$가 다음과 같음을 보여라.

$$L_x=i\hbar\left[\cos\phi\frac{z}{\rho}\frac{\partial}{\partial\phi}+\sin\phi\left(z\frac{\partial}{\partial\rho}-\rho\frac{\partial}{\partial z}\right)\right],$$
$$L_y=i\hbar\left[\sin\phi\frac{z}{\rho}\frac{\partial}{\partial\phi}-\cos\phi\left(z\frac{\partial}{\partial\rho}-\rho\frac{\partial}{\partial z}\right)\right],$$
$$L_z=-i\hbar\frac{\partial}{\partial\phi}$$

[풀이]

연습문제 3.27의 결과에서 데카르트 직교 좌표 x, y, z의 편미분은 다음과 같이 주어진다.

$$\frac{\partial}{\partial x}=\cos\phi\frac{\partial}{\partial\rho}-\frac{\sin\phi}{\rho}\frac{\partial}{\partial\phi},\quad \frac{\partial}{\partial y}=\sin\phi\frac{\partial}{\partial\rho}+\frac{\cos\phi}{\rho}\frac{\partial}{\partial\phi},\quad \frac{\partial}{\partial z}=\frac{\partial}{\partial z}$$

$x=\rho\cos\phi$, $y=\rho\sin\phi$, $z=z$, $\rho=\sqrt{x^2+y^2}$ 이므로 데카르트 직교 좌표계의 각운동량 성분 L_i $(i=x,y,z)$에 대입하여 정리하면 다음과 같이 쓸 수 있다.

$$L_x = -i\hbar\left(y\frac{\partial}{\partial z} - z\frac{\partial}{\partial y}\right) = -i\hbar\left[\rho\sin\phi\frac{\partial}{\partial z} - z\left(\sin\phi\frac{\partial}{\partial \rho} + \frac{\cos\phi}{\rho}\frac{\partial}{\partial \phi}\right)\right],$$

$$L_y = -i\hbar\left(z\frac{\partial}{\partial x} - x\frac{\partial}{\partial z}\right) = -i\hbar\left[z\left(\cos\phi\frac{\partial}{\partial \rho} - \frac{\sin\phi}{\rho}\frac{\partial}{\partial \phi}\right) - \rho\cos\phi\frac{\partial}{\partial z}\right],$$

$$L_z = -i\hbar\left(x\frac{\partial}{\partial y} - y\frac{\partial}{\partial x}\right) = -i\hbar\left[\begin{array}{l} \rho\cos\phi\left(\sin\phi\frac{\partial}{\partial \rho} + \frac{\cos\phi}{\rho}\frac{\partial}{\partial \phi}\right) \\ -\rho\sin\phi\left(\cos\phi\frac{\partial}{\partial \rho} - \frac{\sin\phi}{\rho}\frac{\partial}{\partial \phi}\right)\end{array}\right]$$

이들을 정리하면 다음과 같이 표현할 수 있다.

$$L_x = i\hbar\left[\cos\phi\frac{z}{\rho}\frac{\partial}{\partial \phi} + \sin\phi\left(z\frac{\partial}{\partial \rho} - \rho\frac{\partial}{\partial z}\right)\right],$$
$$L_y = i\hbar\left[\sin\phi\frac{z}{\rho}\frac{\partial}{\partial \phi} - \cos\phi\left(z\frac{\partial}{\partial \rho} - \rho\frac{\partial}{\partial z}\right)\right],$$
$$L_z = -i\hbar\frac{\partial}{\partial \phi}$$

3.29 원통 좌표계의 각운동량 벡터는 $\boldsymbol{L}_{\rho\phi z} = -i\hbar\boldsymbol{r}\times\nabla_{\rho\phi z}$로 주어진다.

여기서 위치 벡터는 $\boldsymbol{r} = \rho\hat{\rho} + z\hat{z}$이다.

(1) $\boldsymbol{L}_{\rho\phi z} = L_\rho\hat{\rho} + L_\phi\hat{\phi} + L_z\hat{z}$로 두면 각운동량은 다음과 같음을 보여라.

$$L_\rho = i\hbar\frac{z}{\rho}\frac{\partial}{\partial \phi},\quad L_\phi = -i\hbar\left(z\frac{\partial}{\partial \rho} - \rho\frac{\partial}{\partial z}\right),\quad L_z = -i\hbar\frac{\partial}{\partial \phi}$$

(2) 연습문제 3.28의 각운동량의 데카르트 성분 L_x, L_y를 L_ρ, L_ϕ로 표현하라.

(3) $L_+ = L_x + iL_y$, $L_- = L_x - iL_y$를 L_ρ, L_ϕ로 나타내어라.

[풀이]

(1) 원통 좌표계에서 $\boldsymbol{r} = \rho\hat{\rho} + z\hat{z}$이며 $\nabla_{\rho\phi z} = \hat{\rho}\frac{\partial}{\partial \rho} + \hat{\phi}\frac{1}{\rho}\frac{\partial}{\partial \phi} + \hat{z}\frac{\partial}{\partial z}$이다.

예제 3.6의 단위 벡터의 벡터 곱 $\hat{\rho}\times\hat{\phi} = \hat{z}$, $\hat{\phi}\times\hat{z} = \hat{\rho}$, $\hat{z}\times\hat{\rho} = \hat{\phi}$을 사용하면 각운동량 벡터 $\boldsymbol{L}_{\rho\phi z} = -i\hbar\boldsymbol{r}\times\nabla_{\rho\phi z}$는 다음과 같이 구한다.

$$\boldsymbol{L}_{\rho\phi z} = -i\hbar \boldsymbol{r} \times \nabla_{\rho\phi z} = -i\hbar(\rho\hat{\rho} + z\hat{z}) \times \left(\hat{\rho}\frac{\partial}{\partial\rho} + \hat{\phi}\frac{1}{\rho}\frac{\partial}{\partial\phi} + \hat{z}\frac{\partial}{\partial z}\right)$$
$$= i\hbar\left[\hat{\rho}\frac{z}{\rho}\frac{\partial}{\partial\phi} - \hat{\phi}\left(z\frac{\partial}{\partial\rho} - \rho\frac{\partial}{\partial z}\right) + \hat{z}\frac{\partial}{\partial\phi}\right]$$

$\boldsymbol{L}_{\rho\phi z} = L_\rho\hat{\rho} + L_\phi\hat{\phi} + L_z\hat{z}$ 라 두면 각운동량의 원통 좌표계 성분은 다음과 같다.

$$L_\rho = i\hbar\frac{z}{\rho}\frac{\partial}{\partial\phi},$$
$$L_\phi = -i\hbar\left(z\frac{\partial}{\partial\rho} - \rho\frac{\partial}{\partial z}\right),$$
$$L_z = -i\hbar\frac{\partial}{\partial\phi}$$

(2) 연습문제 3.28에서 구한 각운동량의 데카르트 성분은 다음과 같다.

$$L_x = i\hbar\left[\cos\phi\frac{z}{\rho}\frac{\partial}{\partial\phi} + \sin\phi\left(z\frac{\partial}{\partial\rho} - \rho\frac{\partial}{\partial z}\right)\right],$$
$$L_y = i\hbar\left[\sin\phi\frac{z}{\rho}\frac{\partial}{\partial\phi} - \cos\phi\left(z\frac{\partial}{\partial\rho} - \rho\frac{\partial}{\partial z}\right)\right],$$
$$L_z = -i\hbar\frac{\partial}{\partial\phi}$$

(1)에서 구한 원통 좌표계의 성분 L_ρ, L_ϕ, L_z으로 나타내면 다음과 같이 주어진다.

$$\therefore \begin{cases} L_x = \cos\phi\, L_\rho - \sin\phi\, L_\phi \\ L_y = \sin\phi\, L_\rho + \cos\phi\, L_\phi \\ L_z = L_z \end{cases}$$

(3) (2)의 결과와 오일러 공식 $\cos\phi \pm \sin\phi = e^{\pm i\phi}$ 을 사용하면 다음 표현을 얻는다.

$$\therefore \begin{cases} L_+ = L_x + iL_y = e^{+i\phi}\,(L_\rho + iL_\phi) \\ L_- = L_x - iL_y = e^{-i\phi}\,(L_\rho - iL_\phi) \end{cases}$$

3.30 자기장이 $B(x,y,z)=\frac{\mu_o I}{2\pi}\frac{-y\hat{x}+x\hat{y}}{x^2+y^2}$ 로 주어진다.

여기서 μ_o 는 진공에서의 투자율, I 는 전류이다.

원통 좌표계 (ρ, ϕ, z) 에서 다음을 구하라.

(1) $\boldsymbol{B}(\rho, \phi, z)$,

(2) $\nabla \cdot \boldsymbol{B}(\rho, \phi, z)$,

(3) $\boldsymbol{B}=\nabla\times\boldsymbol{A}$ 를 만족하는 벡터 퍼텐셜 $\boldsymbol{A}(\rho)$,

(4) $\nabla\times B$ [힌트: 스토크스 정리 $\int_S \nabla\times\boldsymbol{B}\cdot ds=\oint_C \boldsymbol{B}\cdot dl$ 을 사용]

[풀이]

(1) 데카르트 직교 좌표를 원통 좌표계로 나타내면 $x=\rho\cos\phi$, $y=\rho\sin\phi$, $\rho=\sqrt{x^2+y^2}$ 이므로 원통 좌표계의 벡터장은 다음과 같이 표현된다.

$$\begin{aligned}\boldsymbol{B}&=\frac{\mu_o I}{2\pi}\frac{-y\hat{x}+x\hat{y}}{x^2+y^2}=\frac{\mu_o I}{2\pi}\frac{-\rho\sin\phi\hat{x}+\rho\cos\phi\hat{y}}{\rho^2}\\&=\frac{\mu_o I}{2\pi}\frac{-\sin\phi\hat{x}+\cos\phi\hat{y}}{\rho}\end{aligned}$$

한편 $\hat{\phi}=-\sin\phi\hat{x}+\cos\phi\hat{y}$ 이므로 원통 좌표계의 벡터장은 다음과 같다.

$$\therefore\ \boldsymbol{B}(\rho,\phi,z)=\frac{\mu_o I}{2\pi}\frac{-\sin\phi\hat{x}+\cos\phi\hat{y}}{\rho}=\frac{\mu_o I}{2\pi\rho}\hat{\phi}\equiv B_\phi(\rho)\hat{\phi}$$

(2) 자기장은 $\boldsymbol{B}(\rho)\equiv B_\phi(\rho)\hat{\phi}$ 으로 $\hat{\phi}$ 방향 성분만 존재하며 반지름 ρ 만의 함수이다.

$\nabla\cdot\boldsymbol{B}=\frac{1}{\rho}\frac{\partial}{\partial\rho}(\rho B_\rho)+\frac{1}{\rho}\frac{\partial B_\phi}{\partial\phi}+\frac{\partial B_z}{\partial z}$ 이므로 다음을 얻는다.

$$\therefore\ \nabla\cdot\boldsymbol{B}=\frac{1}{\rho}\frac{\partial B_\phi(\rho)}{\partial\phi}=0$$

(3) 자기장 $\boldsymbol{B}$와 벡터 퍼텐셜 $\boldsymbol{A}$의 관계식은 $\boldsymbol{B} = \nabla \times \boldsymbol{A}$ 이므로 원통 좌표계에서 다음과 같이 주어진다.

$$\boldsymbol{B}(\rho, \phi, z) = \nabla \times \boldsymbol{A} = \frac{1}{\rho}\begin{vmatrix} \hat{\rho} & \rho\hat{\phi} & \hat{z} \\ \frac{\partial}{\partial\rho} & \frac{\partial}{\partial\phi} & \frac{\partial}{\partial z} \\ A_\rho & \rho A_\phi & A_z \end{vmatrix} \equiv \frac{\mu_o I}{2\pi}\frac{1}{\rho}\hat{\phi}$$

$\boldsymbol{B}(\rho) \equiv B_\phi(\rho)\hat{\phi}$임을 고려하면 $\nabla \times \boldsymbol{A}\,|_\phi = \hat{\phi}\left(\frac{\partial A_\rho}{\partial z} - \frac{\partial A_z}{\partial\rho}\right) \equiv \frac{\mu_o I}{2\pi}\frac{1}{\rho}\hat{\phi}$ 이다.

자기장 $\boldsymbol{B}(\rho)$가 반지름 ρ만의 함수이므로 벡터 퍼텐셜도 $\boldsymbol{A}(\rho)$라 가정하면 $-\frac{dA_z}{d\rho} = \frac{\mu_o I}{2\pi}\frac{1}{\rho}$가 성립한다. $A_z(\rho)$의 미분 방정식은 반지름 ρ만의 함수이므로 변수 분리형 상 미분방정식이 된다. 해는 다음과 같이 주어진다.

$$A_z(\rho) = -\frac{\mu_o I}{2\pi}\ln\rho = \frac{\mu_o I}{2\pi}\ln\left(\frac{1}{\rho}\right)$$

$A_z(\rho)$는 z 성분 만 가지므로 벡터장 $\boldsymbol{A}(\rho)$는 다음과 같이 쓸 수 있다.

$$\therefore\ \boldsymbol{A} = A_z(\rho)\,\hat{z} = \frac{\mu_o I}{2\pi}\ln\left(\frac{1}{\rho}\right)\hat{z}$$

[참고]: 역으로 $\nabla \times \boldsymbol{A}$를 계산하면 $\boldsymbol{B}$를 구할 수 있다.

(4) 스토크스 정리 $\int_S \nabla \times \boldsymbol{B} \cdot ds = \oint_C \boldsymbol{B} \cdot dl$ 을 사용하자. 여기서 폐 경로 C는 전류가 흐르는 원점을 포함하여 xy 평면에 반지름 ρ의 원둘레를 택하면 미소 선분 (호) 벡터는 $dl = \rho d\phi\,\hat{\phi}$ 이다. $\boldsymbol{B} \cdot dl = \frac{\mu_o I}{2\pi}d\phi$ 이므로 스토크스 정리의 우변은 $\oint_C \boldsymbol{B} \cdot dl = \frac{\mu_o I}{2\pi}\oint_C d\phi = \mu_o I$가 된다. 한편 전류 I와 전류 밀도 $\boldsymbol{J}$의 관계는 $I = \int_S \boldsymbol{J} \cdot ds$ 이므로 $\int_S \nabla \times \boldsymbol{B} \cdot ds = \mu_o I = \mu_o \int_S \boldsymbol{J} \cdot ds$ 이다. 양변을 비교하면 암페어 법칙 $\nabla \times \boldsymbol{B} = \mu_o \boldsymbol{J}$를 얻는다.

3.31 벡터장이 원통 좌표계에서 $\boldsymbol{A}(\rho, \phi) = A_\rho(\rho, \phi)\hat{\rho} + A_\phi(\rho, \phi)\hat{\phi}$로 주어진다. $\nabla \times \boldsymbol{A}$는 z 성분만을 가짐을 보여라.

[풀이]

주어진 벡터장이 $\boldsymbol{A}(\rho, \phi) = A_\rho(\rho, \phi)\hat{\rho} + A_\phi(\rho, \phi)\hat{\phi}$이므로 $\nabla \times \boldsymbol{A}$는 다음과 같다.

$$\nabla \times \boldsymbol{A} = \frac{1}{\rho}\begin{vmatrix} \hat{\rho} & \rho\hat{\phi} & \hat{z} \\ \dfrac{\partial}{\partial \rho} & \dfrac{\partial}{\partial \phi} & \dfrac{\partial}{\partial z} \\ A_\rho(\rho, \phi) & \rho A_\phi(\rho, \phi) & 0 \end{vmatrix} = \frac{\hat{z}}{\rho}\left(\frac{\partial A_\phi}{\partial \rho} - \frac{\partial A_\rho}{\partial \phi}\right)$$

따라서 $\nabla \times \boldsymbol{A}$는 z 성분만을 가진다.

3.32 원통 좌표계 (ρ, ϕ, z)의 스칼라 함수가 $\Psi(\rho) = \dfrac{K}{\rho}$로 주어진다. 여기서, K는 상수이다. 다음 벡터 연산을 구하라.

(1) $\nabla\Psi$, (2) $\nabla^2\Psi$, (3) $\nabla \times \nabla\Psi$ (원통 좌표계로 직접 계산)

[풀이]

(1) 원통 좌표계에서 $\nabla\Psi$는 $\nabla\Psi = \hat{\rho}\dfrac{\partial\Psi}{\partial\rho} + \hat{\phi}\dfrac{1}{\rho}\dfrac{\partial\Psi}{\partial\phi} + \hat{z}\dfrac{\partial\Psi}{\partial z}$이다.

$\Psi(\rho)$는 ρ만의 함수이므로 $\nabla\Psi = \dfrac{\partial\Psi}{\partial\rho}\hat{\rho} = \dfrac{\partial}{\partial\rho}\left(\dfrac{K}{\rho}\right)\hat{\rho} = -\dfrac{K}{\rho^2}\hat{\rho}$이다.

(2) 원통 좌표계에서 $\nabla^2\Psi$은 $\nabla^2\Psi = \dfrac{1}{\rho}\dfrac{\partial}{\partial\rho}\left(\rho\dfrac{\partial\Psi}{\partial\rho}\right) + \dfrac{1}{\rho^2}\dfrac{\partial^2\Psi}{\partial\phi^2} + \dfrac{\partial^2\Psi}{\partial z^2}$이며 스칼라 함수 $\Psi(\rho)$는 ρ만의 함수이므로 다음과 같이 주어진다.

$$\nabla^2\Psi = \frac{1}{\rho}\frac{\partial}{\partial\rho}\left(\rho\frac{\partial\Psi}{\partial\rho}\right) = \frac{1}{\rho}\frac{\partial}{\partial\rho}\left(\rho\frac{\partial}{\partial\rho}\left(\frac{K}{\rho}\right)\right) = \frac{K}{\rho^3}$$

(3) (1)에서 $\nabla\Psi = -\dfrac{K}{\rho^2}\hat{\rho} \equiv A_\rho(\rho)\hat{\rho} = \boldsymbol{A}(\rho)$라 두면 $\nabla \times \nabla\Psi \equiv \nabla \times \boldsymbol{A}$이 된다.

여기서 벡터장은 $\boldsymbol{A}(\rho) = A_\rho(\rho)\hat{\rho} = -\dfrac{K}{\rho^2}\hat{\rho}$이다. 원통 좌표계에서 $\nabla \times \boldsymbol{A}$는 다음과 같이 주어진다.

$$\nabla\times\nabla\Psi \equiv \nabla\times\boldsymbol{A} = \frac{1}{\rho}\begin{vmatrix} \hat{\rho} & \rho\hat{\phi} & \hat{z} \\ \dfrac{\partial}{\partial\rho} & \dfrac{\partial}{\partial\phi} & \dfrac{\partial}{\partial z} \\ A_\rho & \rho A_\phi & A_z \end{vmatrix} = \frac{1}{\rho}\begin{vmatrix} \hat{\rho} & \rho\hat{\phi} & \hat{z} \\ \dfrac{\partial}{\partial\rho} & \dfrac{\partial}{\partial\phi} & \dfrac{\partial}{\partial z} \\ A_\rho & 0 & 0 \end{vmatrix}$$

$$= \hat{\phi}\,\frac{\partial A_\rho}{\partial z} - \hat{z}\,\frac{1}{\rho}\frac{\partial A_\rho}{\partial\phi} = 0$$

$$\therefore\ \nabla\times\nabla\Psi = 0$$

[참고] 스칼라 함수 Ψ에 대한 벡터 항등식 $\nabla\times\nabla\Psi = 0$이 다시 확인된다.

3.33 원통 좌표계에서 z 축 방향으로 진행하는 자기장 파동이 다음과 같이 주어진다.

$$\boldsymbol{H}(\rho,\phi,z,t) = \frac{a}{\rho}H_o e^{i(kz-\omega t)}\,\hat{\phi}$$

전기장 파동 $\boldsymbol{E}(\rho,\phi,z,t)$을 $\boldsymbol{H}(\rho,\phi,z,t)$와 같은 형식으로 구하라.

여기서 a와 H_o는 상수이며 k는 파수, $\omega = kc$는 각 진동수, $c = \dfrac{1}{\sqrt{\epsilon_o\mu_o}}$는 광속이다.

[풀이]

암페어 법칙 $\nabla\times\boldsymbol{H} = \epsilon_o\dfrac{\partial\boldsymbol{E}}{\partial t}$을 사용한다. 자기장 벡터의 성분은

$H_\phi(\rho,\phi,z,t) = \dfrac{a}{\rho}H_o e^{i(kz-\omega t)}$, $\quad H_\rho(\rho,\phi,z,t) = H_z(\rho,\phi,z,t) = 0$이다.

원통 좌표계에서 암페어 법칙은 다음과 같이 계산된다.

$$\nabla\times\boldsymbol{H} = \frac{1}{\rho}\begin{vmatrix} \hat{\rho} & \rho\hat{\phi} & \hat{z} \\ \dfrac{\partial}{\partial\rho} & \dfrac{\partial}{\partial\phi} & \dfrac{\partial}{\partial z} \\ H_\rho & \rho H_\phi & H_z \end{vmatrix} = \frac{1}{\rho}\begin{vmatrix} \hat{\rho} & \rho\hat{\phi} & \hat{z} \\ \dfrac{\partial}{\partial\rho} & \dfrac{\partial}{\partial\phi} & \dfrac{\partial}{\partial z} \\ 0 & \rho H_\phi & 0 \end{vmatrix}$$

$$= -\frac{\hat{\rho}}{\rho}\frac{\partial}{\partial z}\left[\rho H_\phi(\rho,\phi,z,t)\right] + \frac{\hat{z}}{\rho}\frac{\partial}{\partial\rho}\left[\rho H_\phi(\rho,\phi,z,t)\right]$$

$$= -\frac{\hat{\rho}}{\rho}\frac{\partial}{\partial z}\left[\rho\frac{a}{\rho}H_o e^{i(kz-\omega t)}\right] + \underbrace{\frac{\hat{z}}{\rho}\frac{\partial}{\partial\rho}\left[\rho\frac{a}{\rho}H_o e^{i(kz-\omega t)}\right]}_{=0}$$

$$= -ik\frac{a}{\rho}H_o e^{i(kz-\omega t)}\,\hat{\rho} \equiv \epsilon_o\frac{\partial\boldsymbol{E}}{\partial t}$$

즉, $\nabla \times \boldsymbol{H} = -ik\frac{a}{\rho}H_o e^{i(kz-\omega t)}\,\hat{\rho} = \epsilon_o \frac{\partial \boldsymbol{E}}{\partial t}$ 이므로 $\frac{\partial \boldsymbol{E}}{\partial t} = -i\frac{k}{\epsilon_o}\frac{a}{\rho}H_o e^{i(kz-\omega t)}\,\hat{\rho}$ 이다.

시간에 대해 적분하면 전기장은 다음과 같이 주어진다.

$$\boldsymbol{E}(\rho, \phi, z, t) = -i\frac{k}{\epsilon_o}\frac{a}{\rho}H_o \int e^{i(kz-\omega t)}dt\,\hat{\rho}$$
$$= \frac{k}{\omega\epsilon_o}\frac{a}{\rho}H_o e^{i(kz-\omega t)}\hat{\rho} \equiv \frac{a}{\rho}E_o e^{i(kz-\omega t)}\hat{\rho}$$

여기서 전기장의 진폭은 $E_o = \frac{k}{\omega\epsilon_o}H_o = \frac{1}{c\epsilon_o}H_o = \sqrt{\frac{\mu_o}{\epsilon_o}}H_o$ 이다.

3.34 동축 케이블 내 $(a \le \rho \le b)$에서 z 축 방향으로 전자기 파동이 진행하고 있다. 전기장 파동은 $\boldsymbol{E} = \hat{\rho}\,\frac{a}{\rho}E_o e^{i(kz-\omega t)} \equiv \hat{\rho}E_\rho(\rho)e^{i(kz-\omega t)}$, 자기장 파동은 $\boldsymbol{H} = \hat{\phi}\,\frac{a}{\rho}H_o e^{i(kz-\omega t)} \equiv \hat{\phi}H_\phi(\rho)e^{i(kz-\omega t)}$ 이다. 여기서 a는 동축 케이블 내부 도체의 반지름, ρ는 동축 케이블 중심에서의 반지름 $(a \le \rho \le b)$, E_o, H_o는 각각 전기장과 자기장의 진폭이며 k는 파수, ω는 각 진동수이다.

(1) Faraday 전자기 유도 법칙 $\nabla \times \boldsymbol{E} = -\frac{\partial \boldsymbol{B}}{\partial t}$ 과

(2) Ampere 법칙 $\nabla \times \boldsymbol{B} = \frac{1}{c^2}\frac{\partial \boldsymbol{E}}{\partial t}$ 이 성립하기 위한 E_o와 H_o의 관계식을 각각 구하라. [힌트: $\boldsymbol{B} = \mu_o \boldsymbol{H}$, $\omega = kc$, 광속은 $c = \frac{1}{\sqrt{\epsilon_o \mu_o}}$ 이다.]

(3) (1)과 (2)의 관계식을 사용하여 전기장과 자기장의 파동 방정식을 구하라. [힌트: $\nabla \times (\nabla \times \boldsymbol{E}) = \nabla(\nabla \cdot \boldsymbol{E}) - \nabla^2 \boldsymbol{E}$ 사용]

(4) 포인팅 벡터가 $\boldsymbol{S} = \boldsymbol{E} \times \boldsymbol{H}$ 일 때 연속 방정식은 $\nabla \cdot \boldsymbol{S} = -\frac{\partial u}{\partial t}$ 로 주어진다. 전자기 파동의 에너지 밀도 u를 구하라.

[풀이]

동축 케이블 내에서 z 축 방향으로 전자기 파동이 진행함으로 원통 좌표계가 적합하다.

(1) Faraday 전자기 유도 법칙 $\nabla \times \boldsymbol{E} = -\dfrac{\partial \boldsymbol{B}}{\partial t}$:

$E_\rho(\rho, t) = \dfrac{a}{\rho} E_o e^{i(kz-\omega t)}$, $E_\phi = E_z = 0$ 이므로 원통 좌표계에서 전자기 유도 법칙은 다음과 같이 쓸 수 있다.

$$\nabla \times \boldsymbol{E} = \frac{1}{\rho} \begin{vmatrix} \hat{\rho} & \rho\hat{\phi} & \hat{z} \\ \dfrac{\partial}{\partial \rho} & \dfrac{\partial}{\partial \phi} & \dfrac{\partial}{\partial z} \\ \dfrac{a}{\rho} E_o e^{i(kz-\omega t)} & 0 & 0 \end{vmatrix}$$

$$= \hat{\phi} \frac{\partial}{\partial z}\left(\frac{a}{\rho} E_o e^{i(kz-\omega t)}\right)$$

$$= ik\frac{a}{\rho} E_o e^{i(kz-\omega t)}\,\hat{\phi} \equiv -\frac{\partial \boldsymbol{B}}{\partial t}$$

$$\Rightarrow \boxed{\frac{\partial \boldsymbol{B}}{\partial t} = -ik\frac{a}{\rho} E_o e^{i(kz-\omega t)}\,\hat{\phi}}$$

두 가지 경우를 생각해 보자.

① 자기 유도 $\boldsymbol{B}$는 전자기 유도 법칙에서 얻은 위의 미분방정식을 시간에 대해 바로 적분하여 얻을 수도 있다. 결과는 $\boldsymbol{B} = \hat{\phi}\dfrac{ka}{\omega\rho} E_o e^{i(kz-\omega t)} \equiv \hat{\phi} B_\phi(\rho) e^{i(kz-\omega t)}$ 이다. 여기서 $B_\phi(\rho) = \dfrac{ka}{\omega\rho} E_o = \dfrac{a}{c\rho} E_o \equiv \dfrac{a}{\rho} B_o \Rightarrow E_o = cB_o$ 관계를 얻는다.

② 자기장 $\boldsymbol{H}$를 이미 알고 있는 경우에는 $\boldsymbol{B} = \mu_o \boldsymbol{H}$ 이므로 다음의 시간 미분방정식을 얻는다.

$$\Rightarrow \boxed{\frac{\partial \boldsymbol{B}}{\partial t} = \mu_o \frac{\partial \boldsymbol{H}}{\partial t} = -i\omega\mu_o \frac{a}{\rho} H_o e^{i(kz-\omega t)}\,\hat{\phi}}$$

위의 2개의 시간 미분방정식을 비교하면 $kE_o = \omega\mu_o H_o$ 또는 $E_o = cB_o$를 얻는다.

$\omega = kc$ 와 $c = \dfrac{1}{\sqrt{\epsilon_o \mu_o}}$ 를 사용하면 $\boxed{\sqrt{\epsilon_o} E_o = \sqrt{\mu_o} H_o}$ 을 얻는다.

(2) Ampere 법칙 $\nabla \times \boldsymbol{B} = \frac{1}{c^2}\frac{\partial \boldsymbol{E}}{\partial t}$:

$\boldsymbol{B} = \mu_o \boldsymbol{H}$ 이며 $H_\rho = H_z = 0$ 이므로 원통 좌표계에서 Ampere 법칙은 다음과 같이 쓸 수 있다.

$$\nabla \times \boldsymbol{H} = \frac{1}{\rho}\begin{vmatrix} \hat{\rho} & \rho\hat{\phi} & \hat{z} \\ \frac{\partial}{\partial \rho} & \frac{\partial}{\partial \phi} & \frac{\partial}{\partial z} \\ 0 & \rho H_\phi e^{i(kz-\omega t)} & 0 \end{vmatrix}$$

$$= -\frac{\hat{\rho}}{\rho}\frac{\partial}{\partial z}(\rho H_\phi e^{i(kz-\omega t)}) + \frac{\hat{z}}{\rho}\frac{\partial}{\partial \rho}(\rho H_\phi e^{i(kz-\omega t)})$$

$$= -\frac{\hat{\rho}}{\rho}\frac{\partial}{\partial z}(\rho\frac{a}{\rho}H_o e^{i(kz-\omega t)}) + \underbrace{\frac{\hat{z}}{\rho}\frac{\partial}{\partial \rho}(\rho\frac{a}{\rho}H_o e^{i(kz-\omega t)})}_{=0}$$

$$= -ik\frac{a}{\rho}H_o e^{i(kz-\omega t)}\,\hat{\rho} \equiv \frac{1}{\mu_o c^2}\frac{\partial \boldsymbol{E}}{\partial t}$$

$$\Rightarrow \boxed{\frac{\partial \boldsymbol{E}}{\partial t} = -ik\mu_o c^2 \frac{a}{\rho}H_o e^{i(kz-\omega t)}\,\hat{\rho}}$$

두 가지 경우를 생각해 보자.

① 전기장 $\boldsymbol{E}$는 암페어 법칙에서 얻은 위의 미분방정식을 시간에 대해 적분하여 얻을 수도 있다. 결과는 $\boldsymbol{E} = \hat{\rho}\,\frac{a}{\rho}\mu_o cH_o e^{i(kz-\omega t)} \equiv \hat{\rho}E_\rho(\rho)e^{i(kz-\omega t)}$ 이다. 여기서 $E_\rho(\rho) \equiv \frac{a}{\rho}E_o = \frac{a}{\rho}\mu_o cH_o \;\Rightarrow\; E_o = c\mu_o H_o \equiv cB_o$ 관계를 얻는다.

② 전기장 $\boldsymbol{E}$를 이미 알고 있는 경우에는 다음의 시간 미분방정식을 얻는다.

$$\Rightarrow \boxed{\frac{\partial \boldsymbol{E}}{\partial t} = -i\omega\frac{a}{\rho}E_o e^{i(kz-\omega t)}\,\hat{\rho}}$$

위의 2개의 시간 미분방정식을 비교하면 $\omega E_o = k\mu_o c^2 H_o \;\Rightarrow\; E_o = c\mu_o H_o \equiv cB_o$ 를 얻는다. $\omega = kc$ 와 $c = \frac{1}{\sqrt{\epsilon_o \mu_o}}$ 를 사용하면 (1)과 같은 결과 식 $\sqrt{\epsilon_o}E_o = \sqrt{\mu_o}H_o$ 을 얻는다.

(3) Faraday 전자기 유도 법칙 $\nabla \times \boldsymbol{E} = -\dfrac{\partial B}{\partial t}$ 양변에 $\nabla \times$ 연산을 취하고

$\nabla \times (\nabla \times \boldsymbol{E}) = \nabla(\nabla \cdot \boldsymbol{E}) - \nabla^2 \boldsymbol{E}$ 관계식을 사용하면 다음 식을 얻는다.

$$\text{좌변} = \nabla \times (\nabla \times \boldsymbol{E}) = \nabla \underbrace{(\nabla \cdot \boldsymbol{E})}_{=0} - \nabla^2 \boldsymbol{E}$$

$$\text{우변} = -\nabla \times \frac{\partial B}{\partial t} = -\frac{\partial}{\partial t}(\nabla \times B) = -\frac{1}{c^2}\frac{\partial^2 \boldsymbol{E}}{\partial t^2} \quad \Leftarrow (2)$$

한편, 원통 좌표계에서 $\nabla \cdot \boldsymbol{E}$ 연산은 다음과 같다.

$$\begin{aligned} \nabla \cdot \boldsymbol{E} &= \frac{1}{\rho}\frac{\partial}{\partial \rho}(\rho E_\rho(\rho, t)) + \frac{1}{\rho}\frac{\partial E_\phi(\rho, t)}{\partial \phi} + \frac{\partial E_z(\rho, t)}{\partial z} \\ &= \frac{1}{\rho}\frac{\partial}{\partial \rho}(\rho E_\rho(\rho, t)) = \frac{1}{\rho}\frac{\partial}{\partial \rho}\left(\rho \frac{a}{\rho} E_o\right) e^{i(kz - \omega t)} = 0 \end{aligned}$$

좌변과 우변을 비교하면 전기장의 파동 방정식 $\nabla^2 \boldsymbol{E} - \dfrac{1}{c^2}\dfrac{\partial^2 \boldsymbol{E}}{\partial t^2} = 0$ 을 얻는다.

같은 방법으로 Ampere 법칙 $\nabla \times \boldsymbol{B} = \dfrac{1}{c^2}\dfrac{\partial \boldsymbol{E}}{\partial t}$ 양변에 $\nabla \times$ 연산을 취하면 다음과 같다.

$$\text{좌변} = \nabla \times (\nabla \times \boldsymbol{B}) = \nabla \underbrace{(\nabla \cdot \boldsymbol{B})}_{=0} - \nabla^2 \boldsymbol{B}$$

$$\text{우변} = \nabla \times \frac{1}{c^2}\frac{\partial \boldsymbol{E}}{\partial t} = \frac{1}{c^2}\frac{\partial}{\partial t}(\nabla \times \boldsymbol{E}) = -\frac{1}{c^2}\frac{\partial^2 \boldsymbol{B}}{\partial t^2} \quad \Leftarrow (1)$$

한편, $\boldsymbol{B} = \mu_o \boldsymbol{H}$ 이므로 원통 좌표계에서 $\nabla \cdot \boldsymbol{B}$ 연산은 다음과 같다.

$$\begin{aligned} \nabla \cdot \boldsymbol{B} &= \frac{1}{\rho}\frac{\partial}{\partial \rho}(\rho B_\rho(\rho, t)) + \frac{1}{\rho}\frac{\partial B_\phi(\rho, t)}{\partial \phi} + \frac{\partial B_z(\rho, t)}{\partial z} \\ &= \frac{1}{\rho}\frac{\partial}{\partial \phi}(B_\phi(\rho, t)) = \frac{1}{\rho}\frac{\partial}{\partial \phi}\left(\frac{a}{\rho}\mu_o H_o e^{i(kz - \omega t)}\right) = 0 \end{aligned}$$

좌변과 우변을 비교하면 자기장의 파동 방정식 $\nabla^2 \boldsymbol{B} - \dfrac{1}{c^2}\dfrac{\partial^2 \boldsymbol{B}}{\partial t^2} = 0$ 을 얻는다.

(4) 포인팅 벡터 $\boldsymbol{S}=\boldsymbol{E}\times\boldsymbol{H}$를 연속 방정식 $\nabla \cdot \boldsymbol{S}=-\dfrac{\partial u}{\partial t}$에 대입한다.

벡터 항등식 $\nabla \cdot (\boldsymbol{E}\times\boldsymbol{H})=\boldsymbol{H}\cdot(\nabla\times\boldsymbol{E})-\boldsymbol{E}\cdot(\nabla\times\boldsymbol{H})$와 (1)의 Faraday 법칙과 (2)의 Ampere 법칙을 대입하여 정리하면 다음을 얻는다.

$$\text{좌변}=\nabla \cdot \boldsymbol{S}=\nabla \cdot (\boldsymbol{E}\times\boldsymbol{H})$$

$$=\boldsymbol{H}\cdot(\nabla\times\boldsymbol{E})-\boldsymbol{E}\cdot(\nabla\times\boldsymbol{H}) \quad \Leftarrow \text{(1)과(2) 대입}$$

$$=\boldsymbol{H}\cdot\left(-\frac{\partial \boldsymbol{B}}{\partial t}\right)-\boldsymbol{E}\cdot\left(\frac{1}{\mu_o c^2}\frac{\partial \boldsymbol{E}}{\partial t}\right)$$

$$=-\mu_o\boldsymbol{H}\cdot\frac{\partial \boldsymbol{H}}{\partial t}-\epsilon_o\boldsymbol{E}\cdot\frac{\partial \boldsymbol{E}}{\partial t}$$

$$=-\frac{1}{2}\mu_o\frac{\partial(\boldsymbol{H}\cdot\boldsymbol{H})}{\partial t}-\frac{1}{2}\epsilon_o\frac{\partial(\boldsymbol{E}\cdot\boldsymbol{E})}{\partial t}$$

$$=-\frac{1}{2}\frac{\partial}{\partial t}\left(\mu_o H^2+\epsilon_o E^2\right)$$

$$\text{우변}=-\frac{\partial u}{\partial t}$$

따라서 전자기 파동의 에너지 밀도 u는 다음과 같이 주어진다.

$$\therefore\ u=\frac{1}{2}\left(\epsilon_o E^2+\mu_o H^2\right)$$

또는 $$\therefore\ u=\frac{1}{2}(\boldsymbol{E}\cdot\boldsymbol{D}+\boldsymbol{H}\cdot\boldsymbol{B})$$

여기서 $\boldsymbol{D}=\epsilon_o\boldsymbol{E}$이며 $\boldsymbol{B}=\mu_o\boldsymbol{H}$이다.

3.35 원통 좌표계 (ρ, ϕ, z)에서 헬름홀츠 파동 방정식은 $\nabla^2 \Psi + k^2 \Psi = 0$ 이다.

여기서 $\Psi = \Psi(\rho, \phi, z)$는 시간 독립 파동함수이며, k는 상수이다.

(1) 원통 좌표계에서 파동 방정식을 표현하라.

(2) 파동함수를 $\Psi(\rho, \phi, z) = R(\rho)\Phi(\phi)Z(z) \equiv e^{im\phi}e^{lz}R(\rho)$ 라 두고

변수 분리하여 $R(\rho)$ 에 대한 베셀 미분방정식 (Bessel differential equation)

$\rho\dfrac{d}{d\rho}\left(\rho\dfrac{dR}{d\rho}\right) + (n^2\rho^2 - m^2)R = 0$ 이 됨을 보여라.

여기서 $k^2 + l^2 = n^2$ 이며 ϕ, z에 대한 파동함수는 $\Phi(\phi) = e^{im\phi}$, $Z(z) = e^{lz}$

이며 l, m은 상수이다.

(3) 반지름 파동함수를 $R \rightarrow y$로 $n\rho \rightarrow x$로 치환하여 표준형 베셀 미분

방정식 $x^2\dfrac{d^2y}{dx^2} + x\dfrac{dy}{dx} + (x^2 - m^2)y = 0$ 이 됨을 보여라.

[풀이]

(1) 원통 좌표계에서 헬름홀츠 파동 방정식 $\nabla^2 \Psi + k^2 \Psi = 0$ 을 나타내면 다음과 같다.

$$\nabla^2 \Psi + k^2 \Psi = \underbrace{\frac{1}{\rho}\frac{\partial}{\partial\rho}\left(\rho\frac{\partial\Psi}{\partial\rho}\right)}_{=I} + \underbrace{\frac{1}{\rho^2}\frac{\partial^2\Psi}{\partial\phi^2}}_{=II} + \underbrace{\frac{\partial^2\Psi}{\partial z^2}}_{=III} + \underbrace{k^2\Psi}_{=IV} = 0$$

(2) $\Psi(\rho, \phi, z) = R(\rho)\Phi(\phi)Z(z) \equiv e^{im\phi}e^{lz}R(\rho)$ 라 두고 파동 방정식의 각 항을 계산하면 다음과 같이 주어진다.

$$I: \quad \frac{1}{\rho}\frac{\partial}{\partial\rho}\left(\rho\frac{\partial\Psi}{\partial\rho}\right) = e^{im\phi + lz}\frac{1}{\rho}\frac{d}{d\rho}\left(\rho\frac{dR(\rho)}{d\rho}\right),$$

$$II: \quad \frac{1}{\rho^2}\frac{\partial^2\Psi}{\partial\phi^2} = -\frac{m^2}{\rho^2}e^{im\phi + lz}R(\rho)$$

$$III: \quad \frac{\partial^2\Psi}{\partial z^2} = l^2 e^{im\phi + lz}R(\rho),$$

$$IV: \quad k^2\Psi = k^2 e^{im\phi + lz}R(\rho)$$

각 항을 헬름홀츠 파동 방정식에 대입하여 정리하면 다음과 같다.

$$e^{im\phi + lz}\left[\frac{1}{\rho}\frac{d}{d\rho}\left(\rho\frac{dR(\rho)}{d\rho}\right) - \frac{m^2}{\rho^2}R(\rho) + l^2 R(\rho) + k^2 R(\rho)\right] = 0$$

$$\Rightarrow \frac{1}{\rho}\frac{d}{d\rho}\left(\rho\frac{dR(\rho)}{d\rho}\right) + \left(k^2 + l^2 - \frac{m^2}{\rho^2}\right)R(\rho) = 0$$

$k^2 + l^2 = n^2$ 으로 두고 양변에 ρ^2을 곱하여 정리하면 베셀 미분방정식 (Bessel differential equation)을 얻는다.

$$\therefore \boxed{\rho\frac{d}{d\rho}\left(\rho\frac{dR}{d\rho}\right) + (n^2\rho^2 - m^2)R = 0}$$

(3) 반지름 파동함수를 $R \to y$, $n\rho \to x$로 치환하면 $\rho \to \frac{x}{n}$, $d\rho = \frac{1}{n}dx$ 이므로 베셀 미분방정식은 다음과 같이 변환된다.

$$\rho\frac{d}{d\rho}\left(\rho\frac{dR}{d\rho}\right) + (n^2\rho^2 - m^2)R = 0$$
$$\Rightarrow x\frac{d}{dx}\left(x\frac{dy}{dx}\right) + (x^2 - m^2)y = 0$$

따라서 표준형 베셀 미분방정식은 다음과 같다.

$$\therefore \boxed{x^2\frac{d^2y}{dx^2} + x\frac{dy}{dx} + (x^2 - m^2)y = 0}$$

3.4.2 구 좌표계의 응용/ 3.4.3 데카르트 직교 좌표계의 응용

3.36 구 좌표계의 편미분을 데카르트 직교 좌표의 편미분으로 나타내면 다음과 같음을 보여라.

$$\frac{\partial}{\partial r}=\sin\theta\cos\phi\frac{\partial}{\partial x}+\sin\theta\sin\phi\frac{\partial}{\partial y}+\cos\theta\frac{\partial}{\partial z},$$
$$\frac{\partial}{\partial\theta}=r\left(\cos\theta\cos\phi\frac{\partial}{\partial x}+\cos\theta\sin\phi\frac{\partial}{\partial y}-\sin\theta\frac{\partial}{\partial z}\right),$$
$$\frac{\partial}{\partial\phi}=r\sin\theta\left(-\sin\phi\frac{\partial}{\partial x}+\cos\phi\frac{\partial}{\partial y}\right)$$

[풀이]

데카르트 직교 좌표계와 구 좌표계의 그래디언트 연산자는 각각 다음과 같이 주어진다.

$$\nabla_{xyz}=\hat{x}\frac{\partial}{\partial x}+\hat{y}\frac{\partial}{\partial y}+\hat{z}\frac{\partial}{\partial z}$$

$$\nabla_{r\theta\phi}=\hat{r}\frac{\partial}{\partial r}+\hat{\theta}\frac{1}{r}\frac{\partial}{\partial\theta}+\hat{\phi}\frac{1}{r\sin\theta}\frac{\partial}{\partial\phi}$$

예제 3.12를 참고하면 데카르트 직교 좌표계의 단위 벡터들을 구 좌표로 나타내면 다음과 같다.

$$\begin{aligned}\hat{x}&=\sin\theta\cos\phi\,\hat{r}+\cos\theta\cos\phi\,\hat{\theta}-\sin\phi\,\hat{\phi}\\ \hat{y}&=\sin\theta\sin\phi\,\hat{r}+\cos\theta\sin\phi\,\hat{\theta}+\cos\phi\,\hat{\phi}\\ \hat{z}&=\cos\theta\,\hat{r}\qquad\quad-\sin\theta\,\hat{\theta}\end{aligned}$$

$\nabla\equiv\nabla_{xyz}$ 연산자에 대입하면 다음과 같이 주어진다.

$$\begin{aligned}\nabla_{xyz}&=\hat{x}\frac{\partial}{\partial x}+\hat{y}\frac{\partial}{\partial y}+\hat{z}\frac{\partial}{\partial z}\\ &=(\sin\theta\cos\phi\,\hat{r}+\cos\theta\cos\phi\,\hat{\theta}-\sin\phi\,\hat{\phi})\frac{\partial}{\partial x}\\ &\quad+(\sin\theta\sin\phi\,\hat{r}+\cos\theta\sin\phi\,\hat{\theta}+\cos\phi\,\hat{\phi})\frac{\partial}{\partial y}\\ &\quad+(\cos\theta\,\hat{r}-\sin\theta\,\hat{\theta})\frac{\partial}{\partial z}\end{aligned}$$

$\nabla\equiv\nabla_{xyz}$를 구 좌표계의 단위 벡터로 재배열하면 다음과 같다.

$$\begin{aligned}\nabla_{xyz} &= \hat{r}\left(\sin\theta\cos\phi\frac{\partial}{\partial x}+\sin\theta\sin\phi\frac{\partial}{\partial y}+\cos\theta\frac{\partial}{\partial z}\right)\\ &+\hat{\theta}\left(\cos\theta\cos\phi\frac{\partial}{\partial x}+\cos\theta\sin\phi\frac{\partial}{\partial y}-\sin\theta\frac{\partial}{\partial z}\right)\\ &+\hat{\phi}\left(-\sin\phi\frac{\partial}{\partial x}+\cos\phi\frac{\partial}{\partial y}\right)\\ &\equiv \nabla_{r\theta\phi}=\hat{r}\frac{\partial}{\partial r}+\hat{\theta}\frac{1}{r}\frac{\partial}{\partial\theta}+\hat{\phi}\frac{1}{r\sin\theta}\frac{\partial}{\partial\phi}\end{aligned}$$

따라서 $\nabla_{xyz}=\nabla_{r\theta\phi}$ 이므로 다음 관계식이 증명된다.

$$\begin{aligned}\frac{\partial}{\partial r}&=\sin\theta\cos\phi\frac{\partial}{\partial x}+\sin\theta\sin\phi\frac{\partial}{\partial y}+\cos\theta\frac{\partial}{\partial z},\\ \frac{\partial}{\partial\theta}&=r\left(\cos\theta\cos\phi\frac{\partial}{\partial x}+\cos\theta\sin\phi\frac{\partial}{\partial y}-\sin\theta\frac{\partial}{\partial z}\right),\\ \frac{\partial}{\partial\phi}&=r\sin\theta\left(-\sin\phi\frac{\partial}{\partial x}+\cos\phi\frac{\partial}{\partial y}\right)\end{aligned}$$

3.37 구 좌표계의 각운동량 벡터가 $\boldsymbol{L}=-i\hbar\left(\hat{\phi}\frac{\partial}{\partial\theta}-\hat{\theta}\frac{1}{\sin\theta}\frac{\partial}{\partial\phi}\right)$로 주어진다. 데카르트 직교 좌표계의 벡터 $\boldsymbol{L}=L_x\hat{x}+L_y\hat{y}+L_z\hat{z}$을 구하라.

[풀이]

구 좌표계의 단위 벡터는 다음과 같다.

$$\begin{aligned}\hat{r}&=\sin\theta\cos\phi\hat{x}+\sin\theta\sin\phi\hat{y}+\cos\theta\hat{z}\\ \hat{\theta}&=\cos\theta\cos\phi\hat{x}+\cos\theta\sin\phi\hat{y}-\sin\theta\hat{z}\\ \hat{\phi}&=-\sin\phi\hat{x}+\cos\phi\hat{y}\end{aligned}$$

이들을 각운동량 벡터에 대입하여 정리하면 다음과 같다.

$$\begin{aligned}\boldsymbol{L}&=-i\hbar\left(\hat{\phi}\frac{\partial}{\partial\theta}-\hat{\theta}\frac{1}{\sin\theta}\frac{\partial}{\partial\phi}\right)\\ &=i\hbar\left[\begin{array}{l}(-\sin\phi\hat{x}+\cos\phi\hat{y})\frac{\partial}{\partial\theta}\\ -(\cos\theta\cos\phi\hat{x}+\cos\theta\sin\phi\hat{y}-\sin\theta\hat{z})\frac{1}{\sin\theta}\frac{\partial}{\partial\phi}\end{array}\right]\end{aligned}$$

데카르트 좌표계의 단위 벡터로 분류하면 다음과 같이 쓸 수 있다.

$$\boldsymbol{L} = i\hbar\left[\begin{array}{l} \left(\sin\phi\dfrac{\partial}{\partial\theta} + \cot\theta\cos\phi\dfrac{\partial}{\partial\phi}\right)\hat{x} \\ -\left(\cos\phi\dfrac{\partial}{\partial\theta} - \cot\theta\sin\phi\dfrac{\partial}{\partial\phi}\right)\hat{y} - \dfrac{\partial}{\partial\phi}\hat{z} \end{array}\right]$$

$$\equiv L_x\hat{x} + L_y\hat{y} + L_z\hat{z}$$

따라서 데카르트 직교 좌표계의 각운동량 성분은 다음과 같이 주어진다.

$$L_x = i\hbar\left(\sin\phi\frac{\partial}{\partial\theta} + \cot\theta\cos\phi\frac{\partial}{\partial\phi}\right),$$
$$L_y = i\hbar\left(-\cos\phi\frac{\partial}{\partial\theta} + \cot\theta\sin\phi\frac{\partial}{\partial\phi}\right),$$
$$L_z = -i\hbar\frac{\partial}{\partial\phi}$$

3.38 데카르트 직교 좌표계에서 각운동량 벡터 $\boldsymbol{L} = L_x\hat{x} + L_y\hat{y} + L_z\hat{z}$ 의 크기 제곱 $L^2 = \boldsymbol{L}\cdot\boldsymbol{L} = L_x^2 + L_y^2 + L_z^2$ 을 구 좌표로 구하라.

[풀이]

연습문제 3.37 (또는 예제 3.21)의 각운동량 성분을 사용하여 $L^2 = L_x^2 + L_y^2 + L_z^2$ 을 계산한다. L_x^2, L_y^2 의 연산은 4개씩의 편미분 연산이 포함하므로 주의 깊게 차례로 계산하면 다음 결과를 얻는다.

$$L^2 = -\hbar^2\left[\begin{array}{l}(\cos^2\phi + \sin^2\phi)\dfrac{\partial^2}{\partial\theta^2} + \cot\theta(\cos^2\phi + \sin^2\phi)\dfrac{\partial}{\partial\theta} \\ + \cot^2\theta(\cos^2\phi + \sin^2\phi)\dfrac{\partial^2}{\partial\phi^2} + \dfrac{\partial^2}{\partial\phi^2}\end{array}\right]$$

$$= -\hbar^2\left[\frac{\partial^2}{\partial\theta^2} + \cot\theta\frac{\partial}{\partial\theta} + \cot^2\theta\frac{\partial^2}{\partial\phi^2} + \frac{\partial^2}{\partial\phi^2}\right]$$
$$= -\hbar^2\left[\frac{\partial^2}{\partial\theta^2} + \cot\theta\frac{\partial}{\partial\theta} + \frac{1}{\sin^2\theta}\frac{\partial^2}{\partial\phi^2}\right]$$

또는 $$L^2 = -\hbar^2\left[\frac{1}{\sin\theta}\frac{\partial}{\partial\theta}\left(\sin\theta\frac{\partial}{\partial\theta}\right) + \frac{1}{\sin^2\theta}\frac{\partial^2}{\partial\phi^2}\right]$$

3.39 중력이나 쿨롱의 전기력과 같은 중심력은 구 좌표계에서 $\boldsymbol{F}(r)=\frac{K}{r^2}\hat{r}$ 로 주어진다. 여기서 K는 상수이다.

(1) $\nabla\cdot\boldsymbol{F}(r)=0$ for $\boldsymbol{r}\neq 0$ 임을 보여라.

(2) $\boldsymbol{r}=0$을 포함하는 반지름 $R(>0)$의 구 표면과 부피 V에 대해 가우스의 발산 정리를 적용하면 (1)의 (원점을 제외한) 결과와 모순된다. 이를 해결하기 위해 디락의 델타 함수를 도입하여 (1)의 결과를 수정하라.

[풀이]

(1) 중심력은 $\boldsymbol{F}(r)=\frac{K}{r^2}\hat{r}$ 이므로 구 좌표계의 $\nabla\cdot\boldsymbol{F}(r)$에 $F_r=\frac{K}{r^2}$, $F_\theta=F_\phi=0$ 을 대입하여 계산하면 다음 결과를 얻는다.

$$\nabla\cdot\boldsymbol{F}=\frac{1}{r^2\sin\theta}\left[\sin\theta\frac{\partial}{\partial r}\left(r^2F_r\right)+r\frac{\partial}{\partial\theta}\left(\sin\theta F_\theta\right)+r\frac{\partial}{\partial\phi}F_\phi\right]$$

$$=\frac{1}{r^2}\frac{\partial}{\partial r}\left(r^2F_r\right)=\frac{1}{r^2}\frac{\partial}{\partial r}\left(r^2\frac{K}{r^2}\right)=0 \quad \text{for } \boldsymbol{r}\neq 0$$

(2) $\boldsymbol{r}=0$을 포함하는 반지름 $R(>0)$의 구 표면과 부피 V에 대해 가우스 정리를 적용하면 $\int_V\nabla\cdot\boldsymbol{F}dv=\oint_S\boldsymbol{F}\cdot ds=\oint_S\frac{K}{R^2}\hat{r}\cdot\hat{r}ds=\frac{K}{R^2}\oint_S ds=4\pi K$이므로 (1)의 결과와 모순이 된다. (1)의 결과는 $\boldsymbol{r}\neq 0$인 경우에만 적용되므로 디락의 델타 함수를 도입하여 $\nabla\cdot\boldsymbol{F}=\nabla\cdot\left(\frac{K}{r^2}\hat{r}\right)=4\pi\delta(\boldsymbol{r})K$라 두면 이러한 모순이 해결된다. 이 경우 $\boldsymbol{r}=0$을 포함하는 영역을 포함하여 가우스 정리를 적용하면 다음과 같이 주어진다.

$$\int_V\nabla\cdot\boldsymbol{F}dv=4\pi K\int_V\delta(\boldsymbol{r})dv=4\pi K$$

여기서 $\boldsymbol{r}\neq 0$인 경우 델타 함수의 특성에 의해 $\delta(\boldsymbol{r})=0$이므로 (1)의 관계식 또한 만족한다.

$$\therefore\ \boxed{\nabla\cdot\left(\frac{\hat{r}}{r^2}\right)=4\pi\delta(\boldsymbol{r})}$$

3.40 (1) 예제 3.24의 구 좌표계에서 전기쌍극자의 전위는 $V(r,\theta,\phi)=\frac{1}{4\pi\epsilon_o}\frac{\boldsymbol{p}\cdot\hat{r}}{r^2}$

로 주어진다. 여기서 전기쌍극자 모멘트는 $\boldsymbol{p}=qd\,\hat{z}\equiv p\,\hat{z}$ 이며 d는 두 점 전하 $\pm q$ 사이의 거리이며 $p=qd$ 이다.

전기장 $\boldsymbol{E}(x,y,z)=E_x\hat{x}+E_y\hat{y}+E_z\hat{z}$ 의 성분 E_x, E_y, E_z를 데카르트 좌표로 구한 다음 구 좌표로 표현하라.

(2) 전기쌍극자 장이 $\boldsymbol{E}(\boldsymbol{r})=\frac{1}{4\pi\epsilon_o}\frac{3(\boldsymbol{p}\cdot\hat{r})\hat{r}-\boldsymbol{p}}{r^3}$ 로 주어질 때 전기장 성분 E_r, E_θ, E_ϕ와 E_x, E_y, E_z를 구하라.

[풀이]

(1) 구 좌표계의 지름 방향 단위 벡터는 $\hat{r}=\sin\theta\cos\phi\,\hat{x}+\sin\theta\sin\phi\,\hat{y}+\cos\theta\,\hat{z}$ 이다.

$\boldsymbol{p}\cdot\hat{r}=p\,\hat{z}\cdot(\sin\theta\cos\phi\,\hat{x}+\sin\theta\sin\phi\,\hat{y}+\cos\theta\,\hat{z})=p\cos\theta$ 이므로

전기쌍극자의 전위는 $V(r,\theta,\phi)=\frac{1}{4\pi\epsilon_o}\frac{\boldsymbol{p}\cdot\hat{r}}{r^2}=\frac{p}{4\pi\epsilon_o}\frac{\cos\theta}{r^2}$ 이다.

<u>데카르트 직교 좌표로 표현:</u>

$r=\sqrt{x^2+y^2+z^2}$ 과 $z=r\cos\theta$을 사용하면 전위는 데카르트 직교 좌표계로 다음과 같이 주어진다.

$$V(r,\theta,\phi)=\frac{p}{4\pi\epsilon_o}\frac{\cos\theta}{r^2}=\frac{p}{4\pi\epsilon_o}\frac{z}{(x^2+y^2+z^2)^{\frac{3}{2}}}\equiv V(x,y,z)$$

전기장은 $\boldsymbol{E}=-\nabla V=-\left(\frac{\partial V}{\partial x}\hat{x}+\frac{\partial V}{\partial y}\hat{y}+\frac{\partial V}{\partial z}\hat{x}\right)\equiv E_x\hat{x}+E_y\hat{y}+E_z\hat{z}$ 이므로

전기장의 성분은 다음과 같다.

$$E_x=-\frac{\partial V}{\partial x}=\frac{p}{4\pi\epsilon_o}\frac{3xz}{(x^2+y^2+z^2)^{5/2}}$$
$$E_y=-\frac{\partial V}{\partial y}=\frac{p}{4\pi\epsilon_o}\frac{3yz}{(x^2+y^2+z^2)^{5/2}}$$
$$E_z=-\frac{\partial V}{\partial z}=\frac{p}{4\pi\epsilon_o}\frac{3z^2-(x^2+y^2+z^2)}{(x^2+y^2+z^2)^{5/2}}$$

구 좌표로 표현:

데카르트 직교 좌표계의 전기장 성분은 구 좌표계 $r=\sqrt{x^2+y^2+z^2}$ 과 $x=r\sin\theta\cos\phi$, $y=r\sin\theta\sin\phi$, $z=r\cos\theta$ 을 사용하면 다음과 같이 주어진다.

$$E_x=\frac{p}{4\pi\epsilon_o}\frac{3xz}{(x^2+y^2+z^2)^{5/2}}=\frac{p}{4\pi\epsilon_o}\frac{3\sin\theta\cos\theta\cos\phi}{r^3}$$
$$E_y=\frac{p}{4\pi\epsilon_o}\frac{3yz}{(x^2+y^2+z^2)^{5/2}}=\frac{p}{4\pi\epsilon_o}\frac{3\sin\theta\cos\theta\sin\phi}{r^3}$$
$$E_z=\frac{p}{4\pi\epsilon_o}\frac{3z^2-(x^2+y^2+z^2)}{(x^2+y^2+z^2)^{5/2}}=\frac{p}{4\pi\epsilon_o}\frac{3\cos^2\theta-1}{r^3}$$

(2) $\boldsymbol{p}\cdot\hat{r}=p\cos\theta$ 와 $\boldsymbol{p}=p\hat{z}$ 이므로 전기쌍극자 장은 다음과 같이 표현할 수 있다.

$$\boldsymbol{E}(\boldsymbol{r})=\frac{1}{4\pi\epsilon_o}\frac{3(\boldsymbol{p}\cdot\hat{r})\hat{r}-\boldsymbol{p}}{r^3}=\frac{1}{4\pi\epsilon_o}\frac{3p\cos\theta\,\hat{r}-p\hat{z}}{r^3}$$

구 좌표계의 단위 벡터로 표현:

전기쌍극자 장에 $\hat{z}=\cos\theta\,\hat{r}-\sin\theta\hat{\theta}$ 을 대입하여 정리하면 다음과 같다.

$$\boldsymbol{E}(\boldsymbol{r})=\frac{1}{4\pi\epsilon_o}\frac{3p\cos\theta\,\hat{r}-p\hat{z}}{r^3}=\frac{1}{4\pi\epsilon_o}\frac{3p\cos\theta\,\hat{r}-p(\cos\theta\,\hat{r}-\sin\theta\hat{\theta})}{r^3}$$
$$=\frac{1}{4\pi\epsilon_o}\frac{2p\cos\theta\,\hat{r}+p\sin\theta\hat{\theta}}{r^3}\equiv E_r\hat{r}+E_\theta\hat{\theta}+E_\phi\hat{\phi}$$

$$\therefore\quad \boxed{E_r=\frac{1}{4\pi\epsilon_o}\frac{2p\cos\theta}{r^3},\quad E_\theta=\frac{1}{4\pi\epsilon_o}\frac{p\sin\theta}{r^3},\quad E_\phi=0}$$

데카르트 좌표계의 단위 벡터로 표현:

$\hat{r}=\sin\theta\cos\phi\hat{x}+\sin\theta\sin\phi\hat{y}+\cos\theta\hat{z}$ 을 대입하여 정리하면 다음과 같다.

$$\boldsymbol{E}(\boldsymbol{r})=\frac{1}{4\pi\epsilon_o}\frac{3p\cos\theta\,\hat{r}-p\hat{z}}{r^3}$$
$$=\frac{1}{4\pi\epsilon_o}\frac{3p\cos\theta(\sin\theta\cos\phi\hat{x}+\sin\theta\sin\phi\hat{y}+\cos\theta\hat{z})-p\hat{z}}{r^3}$$
$$\equiv E_x\hat{x}+E_y\hat{y}+E_z\hat{z}$$

따라서 성분 E_x, E_y, E_z는 다음과 같이 주어진다.

$$E_x = \frac{p}{4\pi\epsilon_o}\frac{3\sin\theta\cos\theta\cos\phi}{r^3},\quad E_y = \frac{p}{4\pi\epsilon_o}\frac{3\sin\theta\cos\theta\sin\phi}{r^3},$$

$$E_z = \frac{p}{4\pi\epsilon_o}\frac{3\cos^2\theta - 1}{r^3}$$

이 식들은 (1)에서 구한 결과와 같다. 즉, 먼 거리 ($r \gg d$)의 전기쌍극자 장은 구 좌표계의 표현으로 $\boldsymbol{E}(\boldsymbol{r}) = \dfrac{1}{4\pi\epsilon_o}\dfrac{3(\boldsymbol{p}\cdot\hat{r})\hat{r} - \boldsymbol{p}}{r^3}$로 간단하게 표현할 수 있다.

3.41 벡터장 $\boldsymbol{A}$과 위치 벡터 $\boldsymbol{r}$에 대해 다음 연산을 구하라.

(1) 데카르트 직교 좌표계에서 $(\boldsymbol{A}\cdot\nabla)\boldsymbol{r}$,

(2) 구 좌표계에서 $(\boldsymbol{A}\cdot\nabla)\boldsymbol{r}$,

(3) 원통 좌표계에서 $(\boldsymbol{A}\cdot\nabla)\boldsymbol{r}$

[풀이]

(1) <u>데카르트 직교 좌표계</u>

$\boldsymbol{A}(x,y,z) = A_x\hat{x} + A_y\hat{y} + A_z\hat{z}$이며 위치 벡터는 $\boldsymbol{r} = x\hat{x} + y\hat{y} + z\hat{z}$이다.

$$\begin{aligned}\boldsymbol{A}\cdot\nabla &= \left(A_x\hat{x} + A_y\hat{y} + A_z\hat{z}\right)\cdot\left(\hat{x}\frac{\partial}{\partial x} + \hat{y}\frac{\partial}{\partial y} + \hat{z}\frac{\partial}{\partial z}\right)\\ &= A_x\frac{\partial}{\partial x} + A_y\frac{\partial}{\partial y} + A_z\frac{\partial}{\partial z}\end{aligned}$$

$$\begin{aligned}\Rightarrow (\boldsymbol{A}\cdot\nabla)\boldsymbol{r} &= \left(A_x\frac{\partial}{\partial x} + A_y\frac{\partial}{\partial y} + A_z\frac{\partial}{\partial z}\right)(x\hat{x} + y\hat{y} + z\hat{z})\\ &= A_x\hat{x} + A_y\hat{y} + A_z\hat{z} \equiv \boldsymbol{A}\end{aligned}$$

$$\therefore\ (\boldsymbol{A}\cdot\nabla)\boldsymbol{r} = \boldsymbol{A}$$

(2) <u>구 좌표계</u>

벡터장은 $\boldsymbol{A}(r,\theta,\phi) = A_r\hat{r} + A_\theta\hat{\theta} + A_\phi\hat{\phi}$이며 위치 벡터는 $\boldsymbol{r} = r\hat{r}$이다.

구 좌표계의 그래디언트 연산자 $\nabla = \hat{r}\dfrac{\partial}{\partial r} + \hat{\theta}\dfrac{1}{r}\dfrac{\partial}{\partial\theta} + \hat{\phi}\dfrac{1}{r\sin\theta}\dfrac{\partial}{\partial\phi}$를 사용한다.

$$\boldsymbol{A} \cdot \nabla = \left(A_r \hat{r} + A_\theta \hat{\theta} + A_\phi \hat{\phi}\right) \cdot \left(\hat{r}\frac{\partial}{\partial r} + \hat{\theta}\frac{1}{r}\frac{\partial}{\partial \theta} + \hat{\phi}\frac{1}{r\sin\theta}\frac{\partial}{\partial \phi}\right)$$
$$= A_r \frac{\partial}{\partial r} + \frac{A_\theta}{r}\frac{\partial}{\partial \theta} + \frac{A_\phi}{r\sin\theta}\frac{\partial}{\partial \phi}$$

$$\Rightarrow (\boldsymbol{A} \cdot \nabla)\boldsymbol{r} = \left(A_r \frac{\partial}{\partial r} + \frac{A_\theta}{r}\frac{\partial}{\partial \theta} + \frac{A_\phi}{r\sin\theta}\frac{\partial}{\partial \phi}\right)(r\hat{r})$$
$$= A_r \hat{r} + A_r \frac{\partial \hat{r}}{\partial r} + A_\theta \frac{\partial \hat{r}}{\partial \theta} + \frac{A_\phi}{\sin\theta}\frac{\partial \hat{r}}{\partial \phi}$$

예제 3.18에서 구 좌표계의 단위 벡터 미분은 $\frac{\partial \hat{r}}{\partial r} = 0$, $\frac{\partial \hat{r}}{\partial \theta} = \hat{\theta}$, $\frac{\partial \hat{r}}{\partial \phi} = \sin\theta \hat{\phi}$ 를 적용하면 다음 결과를 얻는다.

$$\therefore\ (\boldsymbol{A} \cdot \nabla)\boldsymbol{r} = A_r \hat{r} + A_\theta \hat{\theta} + A_\phi \hat{\phi} \equiv \boldsymbol{A}(r, \theta, \phi)$$

(3) <u>원통 좌표계</u>

벡터장은 $\boldsymbol{A}(\rho, \phi, z) = A_\rho \hat{\rho} + A_\phi \hat{\phi} + A_z \hat{z}$ 이며 위치 벡터는 $\boldsymbol{r} = \rho\hat{\rho} + z\hat{z}$ 이다.

원통 좌표계에서 $\nabla = \hat{\rho}\frac{\partial}{\partial \rho} + \hat{\phi}\frac{1}{\rho}\frac{\partial}{\partial \phi} + \hat{z}\frac{\partial}{\partial z}$ 를 사용한다.

$$\boldsymbol{A} \cdot \nabla = \left(A_\rho \hat{\rho} + A_\phi \hat{\phi} + A_z \hat{z}\right) \cdot \left(\hat{\rho}\frac{\partial}{\partial \rho} + \hat{\phi}\frac{1}{\rho}\frac{\partial}{\partial \phi} + \hat{z}\frac{\partial}{\partial z}\right)$$
$$= A_\rho \frac{\partial}{\partial \rho} + \frac{A_\phi}{\rho}\frac{\partial}{\partial \phi} + A_z \frac{\partial}{\partial z}$$

$$\Rightarrow (\boldsymbol{A} \cdot \nabla)\boldsymbol{r} = \left(A_\rho \frac{\partial}{\partial \rho} + \frac{A_\phi}{\rho}\frac{\partial}{\partial \phi} + A_z \frac{\partial}{\partial z}\right) \cdot (\rho\hat{\rho} + z\hat{z})$$
$$= A_\rho \hat{\rho} + A_\rho \rho \underbrace{\frac{\partial \hat{\rho}}{\partial \rho}}_{=0} + A_\phi \underbrace{\frac{\partial \hat{\rho}}{\partial \phi}}_{=\hat{\phi}} + A_z \hat{z}$$
$$= A_\rho \hat{\rho} + A_\phi \hat{\phi} + A_z \hat{z} \equiv \boldsymbol{A}(\rho, \phi, z)$$

여기서 원통 좌표계의 단위 벡터 미분 관계식 $\frac{\partial \hat{\rho}}{\partial \rho} = 0$, $\frac{\partial \hat{\rho}}{\partial \phi} = \hat{\phi}$, $\frac{\partial \hat{\rho}}{\partial z} = 0$ 등을 사용하였다.

3.42 자기 쌍극자 모멘트가 $\boldsymbol{m} = m\hat{z}$일 때 자기 벡터 퍼텐셜 (magnetic vector potential)이 $\boldsymbol{A} = \frac{\mu_o}{4\pi}\frac{\boldsymbol{m} \times \boldsymbol{r}}{r^3}$로 주어진다.

자기 유도 $\boldsymbol{B} = \nabla \times \boldsymbol{A}$를 다음 경우에 대해 구하라.

(1) B_x, B_y, B_z, (2) B_r, B_θ, B_ϕ,

(3) 자기 쌍극자 장 $\boldsymbol{B}(\boldsymbol{r}) = \frac{\mu_o}{4\pi}\frac{3(\boldsymbol{m} \cdot \hat{r})\hat{r} - \boldsymbol{m}}{r^3}$는 (1) 또는 (2)의 결과와 같음을 보여라. [힌트: 연습문제 3.40(2)와 비교하라.]

[풀이]

(1) <u>데카르트 직교 좌표계로 표현:</u>

$\boldsymbol{m} \times \boldsymbol{r} = m\hat{z} \times (x\hat{x} + y\hat{y} + z\hat{z}) = m(-y\hat{x} + x\hat{y})$이므로 자기 벡터 퍼텐셜은

$\boldsymbol{A} = \frac{\mu_o}{4\pi}\frac{\boldsymbol{m} \times \boldsymbol{r}}{r^3} = \frac{m\mu_o}{4\pi}\frac{-y\hat{x} + x\hat{y}}{r^3}$이다. 자기 유도 $\boldsymbol{B} = \nabla \times \boldsymbol{A}$는 다음과 같다.

$$B = \nabla \times A = \begin{vmatrix} \hat{x} & \hat{y} & \hat{z} \\ \frac{\partial}{\partial x} & \frac{\partial}{\partial y} & \frac{\partial}{\partial z} \\ A_x & A_y & A_z \end{vmatrix} = \frac{\mu_o m}{4\pi}\begin{vmatrix} \hat{x} & \hat{y} & \hat{z} \\ \frac{\partial}{\partial x} & \frac{\partial}{\partial y} & \frac{\partial}{\partial z} \\ -\frac{y}{r^3} & \frac{x}{r^3} & 0 \end{vmatrix}$$

$$= \frac{\mu_o m}{4\pi}\left\{-\frac{\partial}{\partial z}\left(\frac{x}{r^3}\right)\hat{x} - \frac{\partial}{\partial z}\left(\frac{y}{r^3}\right)\hat{y} + \left[\frac{\partial}{\partial x}\left(\frac{x}{r^3}\right) + \frac{\partial}{\partial y}\left(\frac{y}{r^3}\right)\right]\hat{z}\right\}$$

따라서 자기장의 성분은 다음과 같이 주어진다.

$$B_x = \frac{\mu_o m}{4\pi}\frac{3xz}{(x^2 + y^2 + z^2)^{5/2}}$$

$$B_y = \frac{\mu_o m}{4\pi}\frac{3yz}{(x^2 + y^2 + z^2)^{5/2}}$$

$$B_z = \frac{\mu_o m}{4\pi}\frac{3z^2 - (x^2 + y^2 + z^2)}{(x^2 + y^2 + z^2)^{5/2}}$$

(2) <u>구 좌표계로 표현:</u>

구 좌표계에서 $\hat{z} = \cos\theta\,\hat{r} - \sin\theta\,\hat{\theta}$이므로 $\boldsymbol{m} \times \boldsymbol{r}$을 계산하면 다음과 같다.

$$\boldsymbol{m} \times \boldsymbol{r} = m\hat{z} \times r\hat{r} = m(\cos\theta\,\hat{r} - \sin\theta\,\hat{\theta}) \times r\hat{r} = mr\sin\theta\,\hat{\phi}$$

따라서 자기 벡터 퍼텐셜은 구 좌표계에서 다음과 같이 주어진다.

$$\boldsymbol{A} = \frac{\mu_o}{4\pi}\frac{\boldsymbol{m}\times\boldsymbol{r}}{r^3} = \frac{\mu_o m}{4\pi}\frac{\sin\theta\hat{\phi}}{r^2} \equiv A_\phi(r,\theta)\hat{\phi} \text{ 이다.}$$

자기 유도 $\boldsymbol{B}=\nabla\times\boldsymbol{A}$를 구 좌표계에서 계산하면 다음과 같다.

$$\begin{aligned}\boldsymbol{B}=\nabla\times\boldsymbol{A} &= \frac{1}{r^2\sin\theta}\begin{vmatrix}\hat{r} & r\hat{\theta} & r\sin\theta\hat{\phi}\\ \dfrac{\partial}{\partial r} & \dfrac{\partial}{\partial\theta} & \dfrac{\partial}{\partial\phi}\\ A_r & rA_\theta & r\sin\theta A_\phi\end{vmatrix}\\ &= \frac{1}{r^2\sin\theta}\begin{vmatrix}\hat{r} & r\hat{\theta} & r\sin\theta\hat{\phi}\\ \dfrac{\partial}{\partial r} & \dfrac{\partial}{\partial\theta} & \dfrac{\partial}{\partial\phi}\\ 0 & 0 & r\sin\theta A_\phi\end{vmatrix}\\ &= \frac{1}{r^2\sin\theta}\left[\hat{r}\frac{\partial}{\partial\theta}\left(r\sin\theta A_\phi\right)-r\hat{\theta}\frac{\partial}{\partial r}\left(r\sin\theta A_\phi\right)\right]\\ &\equiv B_r\hat{r}+B_\theta\hat{\theta}+B_\phi\hat{\phi}\end{aligned}$$

$A_\phi(r,\theta)=\dfrac{\mu_o m}{4\pi}\dfrac{\sin\theta}{r^2}$를 대입하여 계산하면 자기장의 성분들을 얻는다.

$$\therefore \boxed{B_r=\frac{\mu_o m}{4\pi}\frac{2\cos\theta}{r^3},\quad B_\theta=\frac{\mu_o m}{4\pi}\frac{\sin\theta}{r^3},\quad B_\phi=0}$$

(3) 자기 쌍극자 장 $\boldsymbol{B}(\boldsymbol{r})=\dfrac{\mu_o}{4\pi}\dfrac{3(\boldsymbol{m}\cdot\hat{r})\hat{r}-\boldsymbol{m}}{r^3}$는 연습문제 3.40(2)의 전기쌍극자 장 $\boldsymbol{E}(\boldsymbol{r})=\dfrac{1}{4\pi\epsilon_o}\dfrac{3(\boldsymbol{p}\cdot\hat{r})\hat{r}-\boldsymbol{p}}{r^3}$와 형식상 같은 식 (formally equivalent)이므로 $\boldsymbol{B}(\boldsymbol{r})=\dfrac{\mu_o}{4\pi}\dfrac{3(\boldsymbol{m}\cdot\hat{r})\hat{r}-\boldsymbol{m}}{r^3}$는 (1) 또는 (2)의 결과와 같음을 알 수 있다.

즉, 연습문제 3.40(2)의 $\boldsymbol{p}=p\hat{z}\rightarrow\boldsymbol{m}=m\hat{z}$, $\dfrac{1}{4\pi\epsilon_o}\rightarrow\dfrac{\mu_o}{4\pi}$로 대체하면 정확하게 같은 결과를 얻는다.

3.43 구대칭 전하 분포 (밀도) $\rho(r)$에 의한 전기장이 $\boldsymbol{E}(r) = \dfrac{\rho_o}{\epsilon_o}\left(\dfrac{r}{3} - \dfrac{r^3}{5a^2}\right)\hat{r}$ 로 주어진다. 여기서 ρ_o, ϵ_o, a는 상수이다. 다음 물리량을 구하라.

(1) 전하 밀도 $\rho(r)$, (2) 전위 $V(r)$, (3) $\nabla^2 V$

[힌트: 전기장에 대한 가우스 법칙 사용]

[풀이]

(1) 전기장에 대한 가우스 법칙 $\nabla \cdot \boldsymbol{E} = \dfrac{\rho(r)}{\epsilon_o}$을 적용한다.

$\boldsymbol{E}(r) = \dfrac{\rho_o}{\epsilon_o}\left(\dfrac{r}{3} - \dfrac{r^3}{5a^2}\right)\hat{r} \equiv E_r(r)\hat{r}$, $E_\theta = E_\phi = 0$ 이므로 $\nabla \cdot \boldsymbol{E}$을 계산한다.

$$
\begin{aligned}
\nabla \cdot \boldsymbol{E} &= \frac{1}{r^2 \sin\theta}\left[\sin\theta \frac{\partial}{\partial r}\left(r^2 E_r\right) + r\frac{\partial}{\partial \theta}\left(\sin\theta\, E_\theta\right) + r\frac{\partial}{\partial \phi}E_\phi\right] \\
&= \frac{1}{r^2}\frac{\partial}{\partial r}\left(r^2 E_r\right) = \frac{\rho_o}{\epsilon_o}\frac{1}{r^2}\frac{\partial}{\partial r}\left(\frac{r^3}{3} - \frac{r^5}{5a^2}\right) \\
&= \frac{\rho_o}{\epsilon_o}\left(1 - \frac{r^2}{a^2}\right) \equiv \frac{\rho(r)}{\epsilon_o}
\end{aligned}
$$

따라서 구 대칭성 전하 밀도는 다음과 같다.

$$\therefore\ \rho(r) = \rho_o\left(1 - \frac{r^2}{a^2}\right)$$

(2) $E_r \neq 0$, $E_\theta = E_\phi = 0$ 이므로 전기장 $\boldsymbol{E} = -\nabla V$를 계산하여 전위 $V(r)$를 구한다.

$$\boldsymbol{E} = -\nabla V = -\left(\hat{r}\frac{\partial V}{\partial r} + \hat{\theta}\frac{1}{r}\frac{\partial V}{\partial \theta} + \hat{\phi}\frac{1}{r\sin\theta}\frac{\partial V}{\partial \phi}\right) \equiv E_r\,\hat{r}$$

$$
\begin{aligned}
&\Rightarrow E_r(r) = -\frac{\partial V}{\partial r} \equiv -\frac{dV}{dr} \\
&\Rightarrow V(r) = -\int E_r(r)dr = -\frac{\rho_o}{\epsilon_o}\int\left(\frac{r}{3} - \frac{r^3}{5a^2}\right)dr \\
&\therefore\ V(r) = -\frac{\rho_o}{\epsilon_o}\left(\frac{r^2}{6} - \frac{r^4}{20a^2}\right)
\end{aligned}
$$

즉, 전위 $V(r)$은 r만의 함수이다.

(3) $$\nabla^2 V = \frac{1}{r^2 \sin\theta}\left[\sin\theta \frac{\partial}{\partial r}\left(r^2 \frac{\partial V}{\partial r}\right) + \frac{\partial}{\partial \theta}\left(\sin\theta \frac{\partial V}{\partial \theta}\right) + \frac{1}{\sin\theta}\frac{\partial^2 V}{\partial \phi^2}\right]$$
$$= \frac{1}{r^2}\frac{\partial}{\partial r}\left(r^2 \frac{\partial V}{\partial r}\right) = -\frac{\rho_o}{\epsilon_o}\left(1 - \frac{r^2}{a^2}\right) \equiv -\frac{\rho(r)}{\epsilon_o}$$

$$\therefore\ \nabla^2 V = -\frac{\rho(r)}{\epsilon_o}$$

이러한 미분방정식을 푸아송 방정식 (Poisson equation)이라 한다. 이 방정식은 가우스 법칙 $\nabla \cdot \boldsymbol{E} = \dfrac{\rho(r)}{\epsilon_o}$에 $\boldsymbol{E} = -\nabla V$를 대입하여도 같은 식을 얻는다.

3.44 $\nabla \times \boldsymbol{A} = \begin{vmatrix} \hat{x} & \hat{y} & \hat{z} \\ \dfrac{\partial}{\partial x} & \dfrac{\partial}{\partial y} & \dfrac{\partial}{\partial z} \\ A_x & A_y & A_z \end{vmatrix}$를 이용하여 $\nabla \times \left(\dfrac{\boldsymbol{r} - \boldsymbol{r}'}{|\boldsymbol{r} - \boldsymbol{r}'|^3}\right) = 0$을 증명하라.

[예제 3.25 (7) 참고]

[풀이]

벡터장을 $\boldsymbol{A} \equiv \dfrac{\boldsymbol{r} - \boldsymbol{r}'}{|\boldsymbol{r} - \boldsymbol{r}'|^3} = \dfrac{\hat{x}(x - x') + \hat{y}(y - y') + \hat{z}(z - z')}{R^3}$라 두면 성분은 다음과 같이 주어진다. 즉, $A_x = \dfrac{(x - x')}{R^3}$, $A_y = \dfrac{(y - y')}{R^3}$, $A_z = \dfrac{(z - z')}{R^3}$이다. 여기서 $R = |\boldsymbol{R}| = |\boldsymbol{r} - \boldsymbol{r}'| = \sqrt{(x - x')^2 + (y - y')^2 + (z - z')^2}$은 상대 위치 벡터의 크기이다.

$\nabla \times \boldsymbol{A}$를 계산하면 다음과 같이 주어진다.

$$\nabla \times \boldsymbol{A} = \begin{vmatrix} \hat{x} & \hat{y} & \hat{z} \\ \dfrac{\partial}{\partial x} & \dfrac{\partial}{\partial y} & \dfrac{\partial}{\partial z} \\ A_x & A_y & A_z \end{vmatrix}$$
$$= \hat{x}\left(\frac{\partial A_z}{\partial y} - \frac{\partial A_y}{\partial z}\right) + \hat{y}\left(\frac{\partial A_x}{\partial z} - \frac{\partial A_z}{\partial x}\right) + \hat{z}\left(\frac{\partial A_y}{\partial x} - \frac{\partial A_x}{\partial y}\right)$$

행렬식의 $\hat{x}$ 성분 $\nabla \times \boldsymbol{A}|_x$을 계산하면 다음과 같다.

$$\frac{\partial A_z}{\partial y}-\frac{\partial A_y}{\partial z}=\frac{\partial}{\partial y}\left(\frac{z-z'}{R^3}\right)-\frac{\partial}{\partial z}\left(\frac{y-y'}{R^3}\right)$$
$$=(z-z')\frac{\partial}{\partial y}\left(\frac{1}{R^3}\right)-(y-y')\frac{\partial}{\partial z}\left(\frac{1}{R^3}\right)$$

우변의 첫째 항과 둘째 항의 편미분을 연쇄 법칙으로 연산하면 다음과 같이 주어진다.

$$\frac{\partial}{\partial y}\left(\frac{1}{R^3}\right)=\frac{\partial}{\partial R}\left(\frac{1}{R^3}\right)\frac{\partial R}{\partial y}=-3\frac{y-y'}{R^5},$$

$$\frac{\partial}{\partial z}\left(\frac{1}{R^3}\right)=\frac{\partial}{\partial R}\left(\frac{1}{R^3}\right)\frac{\partial R}{\partial z}=-3\frac{z-z'}{R^5}$$

위의 연산을 $\nabla\times\boldsymbol{A}|_x=\frac{\partial A_z}{\partial y}-\frac{\partial A_y}{\partial z}$에 대입하면 0이 된다.

같은 방법으로 계산하면 $\nabla\times\boldsymbol{A}|_y$, $\nabla\times\boldsymbol{A}|_z$도 모두 0이 된다.

$$\therefore\quad \nabla\times\left(\frac{\boldsymbol{r}-\boldsymbol{r}'}{|\boldsymbol{r}-\boldsymbol{r}'|^3}\right)=0$$

> 3.45 상대 위치 벡터의 크기는 $R=\sqrt{(x-x')^2+(y-y')^2+(z-z')^2}$ 이다.
> ∇는 x, y, z에 대한 미분 연산자, ∇'은 x', y', z'에 대한 미분 연산자이다.
> (1) $\nabla\left(\frac{1}{R^2}\right)$, (2) $\nabla'\left(\frac{1}{R^2}\right)$을 구하라.

[풀이]

(1) $\nabla\left(\frac{1}{R^2}\right)=\hat{x}\frac{\partial}{\partial x}\left(\frac{1}{R^2}\right)+\hat{y}\frac{\partial}{\partial y}\left(\frac{1}{R^2}\right)+\hat{z}\frac{\partial}{\partial z}\left(\frac{1}{R^2}\right)$이다.

우변의 첫째 항의 x에 대한 편미분을 연쇄 규칙을 사용하여 연산하면 다음과 같다.

$$\frac{\partial}{\partial x}\left(\frac{1}{R^2}\right)=\frac{\partial}{\partial R}\left(\frac{1}{R^2}\right)\frac{\partial R}{\partial x}=-\frac{2}{R^3}\frac{x-x'}{R}=-2\frac{x-x'}{R^4}$$

같은 방법으로 나머지 항들을 계산하면 다음과 같이 주어진다.

$$\frac{\partial}{\partial y}\left(\frac{1}{R^2}\right)=\frac{\partial}{\partial R}\left(\frac{1}{R^2}\right)\frac{\partial R}{\partial y}=-\frac{2}{R^3}\frac{y-y'}{R}=-2\frac{y-y'}{R^4},$$

$$\frac{\partial}{\partial z}\left(\frac{1}{R^2}\right)=\frac{\partial}{\partial R}\left(\frac{1}{R^2}\right)\frac{\partial R}{\partial z}=-\frac{2}{R^3}\frac{z-z'}{R}=-2\frac{z-z'}{R^4}$$

이들을 $\nabla\left(\frac{1}{R^2}\right)$ 연산자에 대입하면 다음의 결과를 얻는다.

$$\begin{aligned}\nabla\left(\frac{1}{R^2}\right)&=\hat{x}\frac{\partial}{\partial x}\left(\frac{1}{R^2}\right)+\hat{y}\frac{\partial}{\partial y}\left(\frac{1}{R^2}\right)+\hat{z}\frac{\partial}{\partial z}\left(\frac{1}{R^2}\right)\\&=-\frac{2}{R^4}\left[(x-x')\hat{x}+(y-y')\hat{y}+(z-z')\hat{z}\right]\\&=-\frac{2}{R^4}\mathbf{R}=-\frac{2}{R^3}\hat{R}\end{aligned}$$

여기서 $\mathbf{R}=\mathbf{r}-\mathbf{r}'$는 상대 위치 벡터이며 $\hat{R}=\frac{\mathbf{R}}{R}$은 단위 벡터이다.

(2) $\nabla'\left(\frac{1}{R^2}\right)=\hat{x}\frac{\partial}{\partial x'}\left(\frac{1}{R^2}\right)+\hat{y}\frac{\partial}{\partial y'}\left(\frac{1}{R^2}\right)+\hat{z}\frac{\partial}{\partial z'}\left(\frac{1}{R^2}\right)$이며 (1)과 같은 방법으로 우변의 첫째 항을 프라임 좌표 x'에 대해 편미분을 계산하면 다음과 같다.

$$\frac{\partial}{\partial x'}\left(\frac{1}{R^2}\right)=\frac{\partial}{\partial R}\left(\frac{1}{R^2}\right)\frac{\partial R}{\partial x'}=+\frac{2}{R^3}\frac{x-x'}{R}=+2\frac{x-x'}{R^4}$$

언프라임 좌표 x에 대한 (1)의 결과와 부호가 반대이다.

같은 방법으로 나머지 항들을 계산하여 대입하면 다음의 결과를 얻는다.

$$\begin{aligned}\nabla'\left(\frac{1}{R^2}\right)&=\hat{x}\frac{\partial}{\partial x'}\left(\frac{1}{R^2}\right)+\hat{y}\frac{\partial}{\partial y'}\left(\frac{1}{R^2}\right)+\hat{z}\frac{\partial}{\partial z'}\left(\frac{1}{R^2}\right)\\&=+\frac{2}{R^4}\left[(x-x')\hat{x}+(y-y')\hat{y}+(z-z')\hat{z}\right]\\&=+\frac{2}{R^4}\mathbf{R}=+\frac{2}{R^3}\hat{R}\end{aligned}$$

4장. 행렬 연산 연습문제

4.1 행렬의 기초 (Fundamentals of Matrices)

4.1 두 열벡터 $\boldsymbol{r}_1 = \begin{pmatrix} \cos\theta \\ \sin\theta \end{pmatrix}$, $\boldsymbol{r}_2 = \begin{pmatrix} \sin\theta \\ -\cos\theta \end{pmatrix}$에 대해 행렬 $A = \boldsymbol{r}_1\boldsymbol{r}_1^T + \boldsymbol{r}_2\boldsymbol{r}_2^T$를 구하라. 여기서 위 첨자 T는 전치 행렬을 뜻한다.

[풀이]

열벡터 $\boldsymbol{r}_1 = \begin{pmatrix} \cos\theta \\ \sin\theta \end{pmatrix}$, $\boldsymbol{r}_2 = \begin{pmatrix} \sin\theta \\ -\cos\theta \end{pmatrix}$의 전치 행렬은 $\boldsymbol{r}_1^T = (\cos\theta \ \ \sin\theta)$, $\boldsymbol{r}_2^T = (\sin\theta \ \ -\cos\theta)$ 이므로 행렬 곱은 다음과 같이 주어진다.

$$\boldsymbol{r}_1\boldsymbol{r}_1^T = \begin{pmatrix} \cos\theta \\ \sin\theta \end{pmatrix}(\cos\theta \ \ \sin\theta) = \begin{pmatrix} \cos^2\theta & \cos\theta\sin\theta \\ \cos\theta\sin\theta & \sin^2\theta \end{pmatrix},$$

$$\boldsymbol{r}_2\boldsymbol{r}_2^T = \begin{pmatrix} \sin\theta \\ -\cos\theta \end{pmatrix}(\sin\theta \ \ -\cos\theta) = \begin{pmatrix} \sin^2\theta & -\cos\theta\sin\theta \\ -\cos\theta\sin\theta & \cos^2\theta \end{pmatrix}$$

$$\Rightarrow \therefore A = \boldsymbol{r}_1\boldsymbol{r}_1^T + \boldsymbol{r}_2\boldsymbol{r}_2^T = \begin{pmatrix} 1 & 0 \\ 0 & 1 \end{pmatrix}$$

4.2 두 행렬 $A = (x_1 \ x_2 \ x_3)$, $B = \begin{pmatrix} y_1 \\ y_2 \\ y_3 \end{pmatrix}$에 대하여 다음 행렬 연산을 구하라. (1) A^TA, (2) AA^T, (3) B^TB, (4) BB^T, (5) $A+B^T$, (6) A^T+B. (7) $(A+B^T)(A^T+B)$, (8) $(A^T+B)(A+B^T)$

[풀이]

(1) $A^TA = \begin{pmatrix} x_1 \\ x_2 \\ x_3 \end{pmatrix}(x_1 \ x_2 \ x_3) = \begin{pmatrix} x_1x_1 & x_1x_2 & x_1x_3 \\ x_2x_1 & x_2x_2 & x_2x_3 \\ x_3x_1 & x_3x_2 & x_3x_3 \end{pmatrix}$

(2) $AA^T = \begin{pmatrix} x_1 & x_2 & x_3 \end{pmatrix}\begin{pmatrix} x_1 \\ x_2 \\ x_3 \end{pmatrix} = x_1^2 + x_2^2 + x_3^2$

(3) $B^TB = \begin{pmatrix} y_1 & y_2 & y_3 \end{pmatrix}\begin{pmatrix} y_1 \\ y_2 \\ y_3 \end{pmatrix} = y_1^2 + y_2^2 + y_3^2$

(4) $BB^T = \begin{pmatrix} y_1 \\ y_2 \\ y_3 \end{pmatrix}\begin{pmatrix} y_1 & y_2 & y_3 \end{pmatrix} = \begin{pmatrix} y_1y_1 & y_1y_2 & y_1y_3 \\ y_2y_1 & y_2y_2 & y_2y_3 \\ y_3y_1 & y_3y_2 & y_3y_3 \end{pmatrix}$

(5) $A + B^T = \begin{pmatrix} x_1 & x_2 & x_3 \end{pmatrix} + \begin{pmatrix} y_1 & y_2 & y_3 \end{pmatrix} = \begin{pmatrix} x_1 + y_1 & x_2 + y_2 & x_3 + y_3 \end{pmatrix}$

(6) $A^T + B = \begin{pmatrix} x_1 \\ x_2 \\ x_3 \end{pmatrix} + \begin{pmatrix} y_1 \\ y_2 \\ y_3 \end{pmatrix} = \begin{pmatrix} x_1 + y_1 \\ x_2 + y_2 \\ x_3 + y_3 \end{pmatrix}$

(7) $$\begin{aligned} (A + B^T)(A^T + B) &= \begin{pmatrix} x_1 + y_1 & x_2 + y_2 & x_3 + y_3 \end{pmatrix}\begin{pmatrix} x_1 + y_1 \\ x_2 + y_2 \\ x_3 + y_3 \end{pmatrix} \\ &= (x_1 + y_1)^2 + (x_2 + y_2)^2 + (x_3 + y_3)^2 \end{aligned}$$

(8) $$(A^T + B)(A + B^T) = \begin{pmatrix} x_1 + y_1 \\ x_2 + y_2 \\ x_3 + y_3 \end{pmatrix}\begin{pmatrix} x_1 + y_1 & x_2 + y_2 & x_3 + y_3 \end{pmatrix}$$

$$= \begin{pmatrix} (x_1 + y_1)^2 & (x_1 + y_1)(x_2 + y_2) & (x_1 + y_1)(x_3 + y_3) \\ (x_1 + y_1)(x_2 + y_2) & (x_2 + y_2)^2 & (x_2 + y_2)(x_3 + y_3) \\ (x_1 + y_1)(x_3 + y_3) & (x_2 + y_2)(x_3 + y_3) & (x_3 + y_3)^2 \end{pmatrix}$$

4.3 파울리 스핀 행렬은 $\sigma_0 = \begin{pmatrix} 1 & 0 \\ 0 & 1 \end{pmatrix}$, $\sigma_1 = \sigma_x = \begin{pmatrix} 0 & 1 \\ 1 & 0 \end{pmatrix}$, $\sigma_2 = \sigma_y = \begin{pmatrix} 0 & -i \\ +i & 0 \end{pmatrix}$,

$\sigma_3 = \sigma_z = \begin{pmatrix} 1 & 0 \\ 0 & -1 \end{pmatrix}$ 와 같이 정의되며, σ_0 은 단위행렬이다.

다음 관계식을 증명하라.

(1) $\sigma_j{}^2 = \sigma_0$, $(j = 0, 1, 2, 3)$

(2) $\sigma_j \sigma_k = \delta_{jk} \sigma_0 + i \epsilon_{jkl} \sigma_l$, $(i = \sqrt{-1})$. 여기서 $j, k, l = 1, 2, 3$ 이며 δ_{jk} 는 크로네커 델타 함수, ϵ_{jkl} 은 레비치비타 기호이다.

(3) $\sigma_j \sigma_k - \sigma_k \sigma_j = 2i \epsilon_{jkl} \sigma_l$ 또는 $[\sigma_j, \sigma_k] = 2i \epsilon_{jkl} \sigma_l$ 이며 $\sigma_j \sigma_k + \sigma_k \sigma_j = 2 \delta_{jk} \sigma_0$

(4) 2×2 행렬 $A = \begin{pmatrix} z & x - iy \\ x + iy & -z \end{pmatrix}$ 를 $\sigma_j\,(j = x, y, z)$ 로 나타내어라.

(5) 행렬의 곱 A^2 을 ① 행렬 곱 AA 를 직접 계산하여 구하고, ② (4)와 (1), (2)를 이용하여 파울리 스핀 행렬의 곱으로 구하라.

(6) A^{2n}, A^{2n+1} $(n = 1, 2, 3, \cdots)$ 을 구하라. $x^2 + y^2 + z^2 \equiv r^2$ 로 두자.

[풀이]

(1)
$$\sigma_0^2 = \sigma_0 \sigma_0 = \begin{pmatrix} 1 & 0 \\ 0 & 1 \end{pmatrix}\begin{pmatrix} 1 & 0 \\ 0 & 1 \end{pmatrix} = \begin{pmatrix} 1 & 0 \\ 0 & 1 \end{pmatrix},$$
$$\sigma_x^2 = \sigma_x \sigma_x = \begin{pmatrix} 0 & 1 \\ 1 & 0 \end{pmatrix}\begin{pmatrix} 0 & 1 \\ 1 & 0 \end{pmatrix} = \begin{pmatrix} 1 & 0 \\ 0 & 1 \end{pmatrix},$$
$$\sigma_y^2 = \sigma_y \sigma_y = \begin{pmatrix} 0 & -i \\ i & 0 \end{pmatrix}\begin{pmatrix} 0 & -i \\ i & 0 \end{pmatrix} = \begin{pmatrix} 1 & 0 \\ 0 & 1 \end{pmatrix},$$
$$\sigma_z^2 = \sigma_z \sigma_z = \begin{pmatrix} 1 & 0 \\ 0 & -1 \end{pmatrix}\begin{pmatrix} 1 & 0 \\ 0 & -1 \end{pmatrix} = \begin{pmatrix} 1 & 0 \\ 0 & 1 \end{pmatrix}$$
$$\therefore \boxed{\sigma_j{}^2 = \sigma_0}, \ (j = 0, 1, 2, 3)$$

(2)
$$\sigma_x \sigma_y = \begin{pmatrix} 0 & 1 \\ 1 & 0 \end{pmatrix}\begin{pmatrix} 0 & -i \\ +i & 0 \end{pmatrix} = \begin{pmatrix} +i & 0 \\ 0 & -i \end{pmatrix} = i \begin{pmatrix} 1 & 0 \\ 0 & -1 \end{pmatrix} \equiv i\sigma_z,$$
$$\sigma_y \sigma_z = \begin{pmatrix} 0 & -i \\ +i & 0 \end{pmatrix}\begin{pmatrix} 1 & 0 \\ 0 & -1 \end{pmatrix} = \begin{pmatrix} 0 & +i \\ +i & 0 \end{pmatrix} = i \begin{pmatrix} 0 & 1 \\ 1 & 0 \end{pmatrix} \equiv i\sigma_x,$$
$$\sigma_z \sigma_x = \begin{pmatrix} 1 & 0 \\ 0 & -1 \end{pmatrix}\begin{pmatrix} 0 & 1 \\ 1 & 0 \end{pmatrix} = \begin{pmatrix} 0 & 1 \\ -1 & 0 \end{pmatrix} = i \begin{pmatrix} 0 & -i \\ +i & 0 \end{pmatrix} \equiv i\sigma_y$$

한편

$$\sigma_y\sigma_x=\begin{pmatrix}0&-i\\+i&0\end{pmatrix}\begin{pmatrix}0&1\\1&0\end{pmatrix}=\begin{pmatrix}-i&0\\0&+i\end{pmatrix}=-i\begin{pmatrix}1&0\\0&-1\end{pmatrix}\equiv-i\sigma_z,$$
$$\sigma_z\sigma_y=\begin{pmatrix}1&0\\0&-1\end{pmatrix}\begin{pmatrix}0&-i\\+i&0\end{pmatrix}=\begin{pmatrix}0&-i\\-i&0\end{pmatrix}=-i\begin{pmatrix}0&1\\1&0\end{pmatrix}\equiv-i\sigma_x,$$
$$\sigma_x\sigma_z=\begin{pmatrix}0&1\\1&0\end{pmatrix}\begin{pmatrix}1&0\\0&-1\end{pmatrix}=\begin{pmatrix}0&-1\\+1&0\end{pmatrix}=-i\begin{pmatrix}0&-i\\+i&0\end{pmatrix}\equiv-i\sigma_y$$

(1)의 결과 $\sigma_j{}^2=\sigma_0$, $(j=1,2,3)$와 위의 결과를 종합하면 다음이 증명된다.

$\therefore$ $\boxed{\sigma_j\sigma_k=\delta_{jk}\sigma_0+i\epsilon_{jkl}\sigma_l}$, $(i=\sqrt{-1})$

(3) (2)에서 $\sigma_j\sigma_k=\delta_{jk}\sigma_0+i\epsilon_{jkl}\sigma_l$ 이므로 $\sigma_k\sigma_j=\delta_{kj}\sigma_0+i\epsilon_{kjl}\sigma_l=\delta_{jk}\sigma_0-i\epsilon_{jkl}\sigma_l$ 가 성립한다. ($\because$ $\delta_{jk}=\delta_{kj}$, $\epsilon_{jkl}=-\epsilon_{kjl}$)

두 관계식을 더하거나 빼면 다음 식이 증명된다.

$\therefore$ $\sigma_j\sigma_k-\sigma_k\sigma_j=2i\epsilon_{jkl}\sigma_l$ 또는 $[\sigma_j,\sigma_k]=2i\epsilon_{jkl}\sigma_l$

$\therefore$ $\sigma_j\sigma_k+\sigma_k\sigma_j=2\delta_{jk}\sigma_0$ 이다.

(4) $$A=\begin{pmatrix}z&x-iy\\x+iy&-z\end{pmatrix}$$
$$=z\begin{pmatrix}1&0\\0&-1\end{pmatrix}+x\begin{pmatrix}0&1\\1&0\end{pmatrix}+y\begin{pmatrix}0&-i\\+i&0\end{pmatrix}\equiv x\sigma_x+y\sigma_y+z\sigma_z$$

(5) ① 행렬 곱을 직접 계산:

$$A^2=AA=\begin{pmatrix}z&x-iy\\x+iy&-z\end{pmatrix}\begin{pmatrix}z&x-iy\\x+iy&-z\end{pmatrix}$$
$$=\begin{pmatrix}x^2+y^2+z^2&0\\0&x^2+y^2+z^2\end{pmatrix}=(x^2+y^2+z^2)\begin{pmatrix}1&0\\0&1\end{pmatrix}=(x^2+y^2+z^2)\sigma_0$$

② 파울리 스핀 행렬의 곱:

(4)에서 $A=\begin{pmatrix}z&x-iy\\x+iy&-z\end{pmatrix}=x\sigma_x+y\sigma_y+z\sigma_z$ 이므로 A^2은 다음과 같다.

$$A^2=(x\sigma_x+y\sigma_y+z\sigma_z)^2=(x\sigma_x+y\sigma_y+z\sigma_z)(x\sigma_x+y\sigma_y+z\sigma_z)$$
$$=x^2\sigma_x^2+y^2\sigma_y^2+z^2\sigma_z^2$$
$$+xy\,(\sigma_x\sigma_y+\sigma_y\sigma_x)+xz\,(\sigma_x\sigma_z+\sigma_z\sigma_x)+yz\,(\sigma_y\sigma_z+\sigma_z\sigma_y)$$

(2)의 결과 $\sigma_j\sigma_k = i\epsilon_{jkl}\sigma_l$를 사용하면 $\sigma_k\sigma_j = i\epsilon_{kjl}\sigma_l = -i\epsilon_{jkl}\sigma_l$ 이므로 $\sigma_j\sigma_k + \sigma_k\sigma_j = 0,\ (j \neq k)$ 이다. (1)의 결과 $\sigma_i{}^2 = \sigma_0,\ (i = x, y, z)$를 사용하면 $A^2 = (x^2+y^2+z^2)\sigma_0 \equiv r^2\sigma_0$ 가 되어 ①의 결과와 같다.

(6) $A^2 = (x^2+y^2+z^2)\sigma_0 \equiv r^2\sigma_0$ 이므로 연쇄적으로 행렬 곱을 구한다.

$$A^3 = A^2A = r^2\sigma_0A = r^2A, \qquad A^4 = A^2A^2 = r^4\sigma_0\sigma_0 = r^4\sigma_0,$$
$$A^5 = A^4A = r^4\sigma_0A = r^4A, \qquad A^6 = A^5A = r^4A^2 = r^6\sigma_0,$$
$$\vdots$$

$$\therefore \boxed{\begin{aligned} A^{2n} &= r^{2n}\sigma_0, \\ A^{2n+1} &= r^{2n}A \end{aligned}} \quad (n = 1, 2, 3, \cdots)$$

4.4 임의의 2×2 행렬 $M = \begin{pmatrix} A & B \\ C & D \end{pmatrix}$이 있다. 행렬 요소 A, B, C, D는 실수 또는 복소수이다.

(1) M을 파울리 스핀 행렬 $\sigma_j, (j = 0, 1, 2, 3)$의 선형 결합으로 나타내어라.

(2) M의 대칭 행렬을 구하고 파울리 스핀 행렬로 나타내어라.

(3) M의 반 대칭 행렬을 구하고 파울리 스핀 행렬로 나타내어라.

(4) (2)과 (3)의 결과로부터 파울리 스핀 행렬을 대칭 행렬과 반 대칭 행렬로 분류하라.

[풀이]

(1) 행렬 M을 파울리 스핀 행렬 $\sigma_j, (j = 0, 1, 2, 3)$의 선형 결합으로 나타내자.

$$M = \begin{pmatrix} A & B \\ C & D \end{pmatrix} \equiv c_0\sigma_0 + c_1\sigma_1 + c_2\sigma_2 + c_3\sigma_3$$

파울리 행렬을 대입하여 정리하면 다음과 같다.

$$M = \begin{pmatrix} A & B \\ C & D \end{pmatrix} \equiv c_0\begin{pmatrix} 1 & 0 \\ 0 & 1 \end{pmatrix} + c_1\begin{pmatrix} 0 & 1 \\ 1 & 0 \end{pmatrix} + c_2\begin{pmatrix} 0 & -i \\ +i & 0 \end{pmatrix} + c_3\begin{pmatrix} 1 & 0 \\ 0 & -1 \end{pmatrix}$$

$$= \begin{pmatrix} c_0 + c_3 & c_1 - ic_2 \\ c_1 + ic_2 & c_0 - c_3 \end{pmatrix}$$

$$\Rightarrow c_0 + c_3 = A, \quad c_1 - ic_2 = B,$$
$$c_0 - c_3 = D, \quad c_1 + ic_2 = C$$

$$\Rightarrow c_0 = \frac{A+D}{2}, \ c_1 = \frac{B+C}{2}, \ c_2 = i\frac{B-C}{2}, \ c_3 = \frac{A-D}{2}$$

$$\therefore \quad \boxed{\begin{aligned} M &= \begin{pmatrix} A & B \\ C & D \end{pmatrix} \\ &\equiv \frac{A+D}{2}\begin{pmatrix} 1 & 0 \\ 0 & 1 \end{pmatrix} + \frac{B+C}{2}\begin{pmatrix} 0 & 1 \\ 1 & 0 \end{pmatrix} \\ &+ i\frac{B-C}{2}\begin{pmatrix} 0 & -i \\ +i & 0 \end{pmatrix} + \frac{A-D}{2}\begin{pmatrix} 1 & 0 \\ 0 & -1 \end{pmatrix} \end{aligned}}$$

(2) $M = \begin{pmatrix} A & B \\ C & D \end{pmatrix}$의 대칭 행렬은 $M_{\text{대칭}} = \frac{1}{2}\left(M + M^T\right)$이므로 다음과 같이 주어진다.

$$M_{\text{대칭}} = \frac{1}{2}\left(M + M^T\right) = \begin{pmatrix} A & \dfrac{B+C}{2} \\ \dfrac{B+C}{2} & D \end{pmatrix}$$

대칭 행렬을 파울리 스핀 행렬의 선형 결합으로 다음과 같이 두자.

$$\begin{aligned} M_{\text{대칭}} &= \frac{1}{2}\left(M + M^T\right) = d_0\sigma_0 + d_1\sigma_1 + d_2\sigma_2 + d_3\sigma_3 \\ &= d_0\begin{pmatrix} 1 & 0 \\ 0 & 1 \end{pmatrix} + d_1\begin{pmatrix} 0 & 1 \\ 1 & 0 \end{pmatrix} + d_2\begin{pmatrix} 0 & -i \\ +i & 0 \end{pmatrix} + d_3\begin{pmatrix} 1 & 0 \\ 0 & -1 \end{pmatrix} \\ &= \begin{pmatrix} d_0 + d_3 & d_1 - id_2 \\ d_1 + id_2 & d_0 - d_3 \end{pmatrix} \end{aligned}$$

두 대칭 행렬 표현을 비교하면 계수들을 구할 수 있다.

$$\Rightarrow d_0 + d_3 = A, \quad d_1 - id_2 = \frac{B+C}{2},$$
$$d_0 - d_3 = D, \quad d_1 + id_2 = \frac{B+C}{2}$$

$$\therefore \ d_0 = \frac{A+D}{2}, \ d_1 = \frac{B+C}{2}, \ d_2 = 0, \ d_3 = \frac{A-D}{2}$$

$$\therefore \quad \boxed{\begin{aligned} M_{\text{대칭}} &= \frac{1}{2}(M+M^T) = \begin{pmatrix} A & \frac{B+C}{2} \\ \frac{B+C}{2} & D \end{pmatrix} \\ &\equiv \frac{A+D}{2}\begin{pmatrix} 1 & 0 \\ 0 & 1 \end{pmatrix} + \frac{B+C}{2}\begin{pmatrix} 0 & 1 \\ 1 & 0 \end{pmatrix} + \frac{A-D}{2}\begin{pmatrix} 1 & 0 \\ 0 & -1 \end{pmatrix} \\ &= \frac{A+D}{2}\sigma_0 + \frac{B+C}{2}\sigma_1 + \frac{A-D}{2}\sigma_3 \end{aligned}}$$

(3) $M = \begin{pmatrix} A & B \\ C & D \end{pmatrix}$의 반 대칭 행렬은 $M_{\text{반대칭}} = \frac{1}{2}(M-M^T)$이므로 다음과 같다.

$$M_{\text{반대칭}} = \frac{1}{2}(M-M^T) = \begin{pmatrix} 0 & \frac{B-C}{2} \\ -\frac{B-C}{2} & 0 \end{pmatrix}$$

반 대칭 행렬을 파울리 스핀 행렬의 선형 결합으로 다음과 같이 두자.

$$\begin{aligned} M_{\text{반대칭}} &= \frac{1}{2}(M-M^T) = e_0\sigma_0 + e_1\sigma_1 + e_2\sigma_2 + e_3\sigma_3 \\ &= e_0\begin{pmatrix} 1 & 0 \\ 0 & 1 \end{pmatrix} + e_1\begin{pmatrix} 0 & 1 \\ 1 & 0 \end{pmatrix} + e_2\begin{pmatrix} 0 & -i \\ +i & 0 \end{pmatrix} + e_3\begin{pmatrix} 1 & 0 \\ 0 & -1 \end{pmatrix} \\ &= \begin{pmatrix} e_0+e_3 & e_1-ie_2 \\ e_1+ie_2 & e_0-e_3 \end{pmatrix} \end{aligned}$$

두 반 대칭 행렬 표현을 비교하면 계수들을 구할 수 있다.

$$\begin{aligned} \Rightarrow e_0+e_3 = 0, \quad & e_1 - ie_2 = \frac{B-C}{2}, \\ e_0 - e_3 = 0, \quad & e_1 + ie_2 = -\frac{B-C}{2} \end{aligned}$$

$$\therefore\ e_0 = 0,\ e_1 = 0,\ e_2 = i\frac{B-C}{2},\ e_3 = 0$$

$$\therefore \quad \boxed{\begin{aligned} M_{\text{반대칭}} &= \frac{1}{2}(M-M^T) = \begin{pmatrix} 0 & \frac{B-C}{2} \\ -\frac{B-C}{2} & 0 \end{pmatrix} \\ &\equiv +i\frac{B-C}{2}\begin{pmatrix} 0 & -i \\ +i & 0 \end{pmatrix} = +i\frac{B-C}{2}\sigma_2 \end{aligned}}$$

(4) (2)와 (3)의 결과로부터 대칭 행렬 $M_{\text{대칭}}$은 파울리 스핀 행렬 $\sigma_0 = \begin{pmatrix} 1 & 0 \\ 0 & 1 \end{pmatrix}$, $\sigma_1 = \sigma_x = \begin{pmatrix} 0 & 1 \\ 1 & 0 \end{pmatrix}$, $\sigma_3 = \sigma_z = \begin{pmatrix} 1 & 0 \\ 0 & -1 \end{pmatrix}$로 구성되며 행렬 σ_0, σ_1, σ_3은 대칭 행렬이다. 반면에 반 대칭 행렬 $M_{\text{반대칭}}$은 $\sigma_2 = \sigma_y = \begin{pmatrix} 0 & -i \\ +i & 0 \end{pmatrix}$로만 구성되며 $\sigma_2 = \sigma_y$는 반 대칭 행렬이다.

4.5 연습문제 4.4의 임의의 2×2 행렬은 $M = c_0\sigma_0 + c_1\sigma_1 + c_2\sigma_2 + c_3\sigma_3$와 같이 주어진다. 파울리 스핀 벡터 $\boldsymbol{\sigma} \equiv (\sigma_1, \sigma_2, \sigma_3) = \sigma_1\hat{x} + \sigma_2\hat{y} + \sigma_3\hat{z}$와 계수 c_1, c_2, c_3로 구성한 파울리 축 벡터 $\boldsymbol{c} \equiv (c_1, c_2, c_3) = c_1\hat{x} + c_2\hat{y} + c_3\hat{z} \equiv |\boldsymbol{c}|\hat{c}$를 정의하면 행렬은 $M \equiv c_0\sigma_0 + \boldsymbol{c}\cdot\boldsymbol{\sigma}$ 또는 $M = c_0\sigma_0 + |\boldsymbol{c}|\hat{c}\cdot\boldsymbol{\sigma}$로 주어진다. 여기서, $|\boldsymbol{c}| = \sqrt{|c_1|^2 + |c_2|^2 + |c_3|^2}$는 벡터 $\boldsymbol{c}$의 크기이며 $\hat{c}$은 단위 벡터이다. 다음 관계식을 증명하라.

(1) 예제 4.36 또는 연습문제 4.4(1)에서 구한 상수 계수 c_j는 $c_j = \dfrac{1}{2}Tr(P\sigma_j)$와 같음을 보여라.

(2) $(\boldsymbol{c}\cdot\boldsymbol{\sigma})^{2n} = |\boldsymbol{c}|^{2n}\sigma_0$,
$(\boldsymbol{c}\cdot\boldsymbol{\sigma})^{2n+1} = |\boldsymbol{c}|^{2n}(\boldsymbol{c}\cdot\boldsymbol{\sigma}) = |\boldsymbol{c}|^{2n+1}(\hat{c}\cdot\boldsymbol{\sigma})$, $(n = 1, 2, 3, \cdots)$

(3) $M^2 = (c_0^2 + |\boldsymbol{c}|^2)\sigma_0 + 2c_0\boldsymbol{c}\cdot\boldsymbol{\sigma}$ 또는
$M^2 = (c_0^2 + |\boldsymbol{c}|^2)\sigma_0 + 2c_0|\boldsymbol{c}|\hat{c}\cdot\boldsymbol{\sigma}$

(4) $M^3 = (c_0^3 + 3c_0|\boldsymbol{c}|^2)\sigma_0 + (3c_0^2 + |\boldsymbol{c}|^2)\boldsymbol{c}\cdot\boldsymbol{\sigma}$ 또는
$M^3 = (c_0^3 + 3c_0|\boldsymbol{c}|^2)\sigma_0 + (3c_0^2|\boldsymbol{c}| + |\boldsymbol{c}|^3)\hat{c}\cdot\boldsymbol{\sigma}$

(5) $M^4 = (c_0^4 + 6c_0^2|\boldsymbol{c}|^2 + |\boldsymbol{c}|^4)\sigma_0 + (4c_0^3 + 4c_0|\boldsymbol{c}|^2)\boldsymbol{c}\cdot\boldsymbol{\sigma}$ 또는
$M^4 = (c_0^4 + 6c_0^2|\boldsymbol{c}|^2 + |\boldsymbol{c}|^4)\sigma_0 + (4c_0^3|\boldsymbol{c}| + 4c_0|\boldsymbol{c}|^3)\hat{c}\cdot\boldsymbol{\sigma}$

(6) $M^5 = (c_0^5 + 10c_0^3|\boldsymbol{c}|^2 + 5c_0|\boldsymbol{c}|^4)\sigma_0 + (5c_0^4 + 10c_0^2|\boldsymbol{c}|^2 + |\boldsymbol{c}|^4)\boldsymbol{c}\cdot\boldsymbol{\sigma}$ 또는
$M^5 = (c_0^5 + 10c_0^3|\boldsymbol{c}|^2 + 5c_0|\boldsymbol{c}|^4)\sigma_0 + (5c_0^4|\boldsymbol{c}| + 10c_0^2|\boldsymbol{c}|^3 + |\boldsymbol{c}|^5)\hat{c}\cdot\boldsymbol{\sigma}$

[힌트: M^{2n}, M^{2n+1} $(n = 1, 2, 3, \cdots)$에서 σ_0와 $\boldsymbol{c}\cdot\boldsymbol{\sigma}$ 항의 이항 계수는 파스칼의 삼각형 (Pascal's triangle)과 같다.
즉, $\binom{n}{r}c_0^r|\boldsymbol{c}|^{n-r} = \dfrac{n!}{r!(n-r)!}c_0^r|\boldsymbol{c}|^{n-r}$, $0 \le r \le n$이다.]

[풀이]

(1) 예제 4.36 또는 연습문제 4.4(1)에서 구한 상수 계수 c_j는 다음과 같이 주어진다.

$$c_0 = \frac{A+D}{2},\quad c_1 = \frac{B+C}{2},\quad c_2 = i\frac{B-C}{2},\quad c_3 = \frac{A-D}{2}$$

행렬 $M=\begin{pmatrix} A & B \\ C & D \end{pmatrix}=\begin{pmatrix} c_0+c_3 & c_1-ic_2 \\ c_1+ic_2 & c_0-c_3 \end{pmatrix}$에 대해 $M\sigma_j$, $(j=0,1,2,3)$와 $\frac{1}{2}Tr(M\sigma_j)$를 계산하면 다음과 같이 주어진다.

$$M\sigma_0=\begin{pmatrix} A & B \\ C & D \end{pmatrix}\begin{pmatrix} 1 & 0 \\ 0 & 1 \end{pmatrix}=\begin{pmatrix} A & B \\ C & D \end{pmatrix} \Rightarrow \frac{1}{2}Tr(M\sigma_0)=\frac{A+D}{2}$$
$$M\sigma_1=\begin{pmatrix} A & B \\ C & D \end{pmatrix}\begin{pmatrix} 0 & 1 \\ 1 & 0 \end{pmatrix}=\begin{pmatrix} B & A \\ D & C \end{pmatrix} \Rightarrow \frac{1}{2}Tr(M\sigma_1)=\frac{B+C}{2}$$
$$M\sigma_2=\begin{pmatrix} A & B \\ C & D \end{pmatrix}\begin{pmatrix} 0 & -i \\ +i & 0 \end{pmatrix}=\begin{pmatrix} +iB & -iA \\ +iD & -iC \end{pmatrix} \Rightarrow \frac{1}{2}Tr(M\sigma_2)=i\frac{B-C}{2}$$
$$M\sigma_3=\begin{pmatrix} A & B \\ C & D \end{pmatrix}\begin{pmatrix} 1 & 0 \\ 0 & -1 \end{pmatrix}=\begin{pmatrix} A & -B \\ C & -D \end{pmatrix} \Rightarrow \frac{1}{2}Tr(M\sigma_3)=\frac{A-D}{2}$$

위의 계산 결과는 $\frac{1}{2}Tr(M\sigma_j)$가 상수 계수 c_j와 같다는 것을 증명한다.

$$\therefore \boxed{c_j=\frac{1}{2}Tr(M\sigma_j)}, \quad (j=0,1,2,3)$$

(2) $\boldsymbol{c}\cdot\boldsymbol{\sigma}=\sum_{j=1}^{3}c_j\sigma_j$ 이며 파울리 행렬의 곱은 $\sigma_j\sigma_k=\delta_{jk}\sigma_0+i\epsilon_{jkl}\sigma_l$ 이므로 $(\boldsymbol{c}\cdot\boldsymbol{\sigma})^2$을 계산하자.

$$\begin{aligned}(\boldsymbol{c}\cdot\boldsymbol{\sigma})^2 &= \sum_{j,k=1}^{3}(c_j\sigma_j)(c_k\sigma_k)=\sum_{j,k=1}^{3}c_jc_k\sigma_j\sigma_k \quad \Leftarrow (\sigma_j\sigma_k=\delta_{jk}\sigma_0+i\epsilon_{jkl}\sigma_l) \\ &= \sum_{j,k=1}^{3}c_jc_k(\delta_{jk}\sigma_0+i\epsilon_{jkl}\sigma_l)=(c_1^2+c_2^2+c_3^2)\equiv|\boldsymbol{c}|^2 \\ &\left(\because \sum_{j,k=1}^{3}c_jc_k\epsilon_{jkl}\sigma_l=0\right)\end{aligned}$$

여기서 $\sum_{j,k=1}^{3}c_jc_k\epsilon_{jkl}\sigma_l$을 모두 계산하면 0이 된다.

예를 들면, $\sigma_{l=3}$ 항은 $j=1$과 $j=2$에 대해 레비치비타 기호를 사용하면 $\underbrace{c_1c_2\epsilon_{123}\sigma_3}_{j=1,\ k=2}+\underbrace{c_2c_1\epsilon_{213}\sigma_3}_{j=2,\ k=1}=(c_1c_2-c_2c_1)\sigma_3\equiv0$ 이 된다.

나머지 항 $\sigma_{l=2}$, $\sigma_{l=1}$도 같은 방법을 사용하면 $\sum_{j,k=1}^{3}c_jc_k\epsilon_{jkl}\sigma_l=0$이다.

$(\mathbf{c}\cdot\boldsymbol{\sigma})^2=\left(c_1^2+c_2^2+c_3^2\right)\equiv|\mathbf{c}|^2$ 와 $\mathbf{c}\cdot\boldsymbol{\sigma}$를 회귀적으로 연산하면 다음과 같다.

$$\begin{aligned}
(\mathbf{c}\cdot\boldsymbol{\sigma})^3&=(\mathbf{c}\cdot\boldsymbol{\sigma})^2(\mathbf{c}\cdot\boldsymbol{\sigma})=|\mathbf{c}|^2\sigma_0(\mathbf{c}\cdot\boldsymbol{\sigma})=|\mathbf{c}|^2(\mathbf{c}\cdot\boldsymbol{\sigma}),\\
(\mathbf{c}\cdot\boldsymbol{\sigma})^4&=(\mathbf{c}\cdot\boldsymbol{\sigma})^3(\mathbf{c}\cdot\boldsymbol{\sigma})=|\mathbf{c}|^2(\mathbf{c}\cdot\boldsymbol{\sigma})^2=|\mathbf{c}|^4\sigma_0,\\
(\mathbf{c}\cdot\boldsymbol{\sigma})^5&=(\mathbf{c}\cdot\boldsymbol{\sigma})^4(\mathbf{c}\cdot\boldsymbol{\sigma})=|\mathbf{c}|^4(\mathbf{c}\cdot\boldsymbol{\sigma}),\\
(\mathbf{c}\cdot\boldsymbol{\sigma})^6&=(\mathbf{c}\cdot\boldsymbol{\sigma})^5(\mathbf{c}\cdot\boldsymbol{\sigma})=|\mathbf{c}|^4(\mathbf{c}\cdot\boldsymbol{\sigma})^2=|\mathbf{c}|^4\sigma_0\\
&\vdots
\end{aligned}$$

회귀 관계식 (recursive relation)은 다음과 같이 주어진다.

$$\therefore\ \boxed{\begin{aligned}(\mathbf{c}\cdot\boldsymbol{\sigma})^{2n}&=|\mathbf{c}|^{2n}\sigma_0,\\ (\mathbf{c}\cdot\boldsymbol{\sigma})^{2n+1}&=|\mathbf{c}|^{2n}(\mathbf{c}\cdot\boldsymbol{\sigma})\end{aligned}},\quad (n=1,2,3,\cdots)$$

(3) $$\begin{aligned}M^2&=(c_0\sigma_0+\mathbf{c}\cdot\boldsymbol{\sigma})^2=c_0^2\sigma_0^2+2c_0\,\sigma_0(\mathbf{c}\cdot\boldsymbol{\sigma})+(\mathbf{c}\cdot\boldsymbol{\sigma})^2\\
&=c_0^2\sigma_0+2c_0\,(\mathbf{c}\cdot\boldsymbol{\sigma})+|\mathbf{c}|^2\sigma_0=\left(c_0^2+|\mathbf{c}|^2\sigma_0\right)+2c_0\,(\mathbf{c}\cdot\boldsymbol{\sigma})\end{aligned}$$

$$\therefore\ M^2=\left(c_0^2+|\mathbf{c}|^2\right)\sigma_0+2c_0\,\mathbf{c}\cdot\boldsymbol{\sigma}$$

(4) $$\begin{aligned}M^3=M^2M&=\left[\left(c_0^2+|\mathbf{c}|^2\right)\sigma_0+2c_0\,\mathbf{c}\cdot\boldsymbol{\sigma}\right]\left[c_0\sigma_0+\mathbf{c}\cdot\boldsymbol{\sigma}\right]\\
&=c_0\left(c_0^2+|\mathbf{c}|^2\right)\sigma_0+\left(c_0^2+|\mathbf{c}|^2\right)\mathbf{c}\cdot\boldsymbol{\sigma}+2c_0^2\,\mathbf{c}\cdot\boldsymbol{\sigma}+2c_0(\mathbf{c}\cdot\boldsymbol{\sigma})^2\\
&=c_0\left(c_0^2+|\mathbf{c}|^2\right)\sigma_0+\left(3c_0^2+|\mathbf{c}|^2\right)\mathbf{c}\cdot\boldsymbol{\sigma}+2c_0|\mathbf{c}|^2\sigma_0\\
&=\left(c_0^3+3c_0|\mathbf{c}|^2\right)\sigma_0+\left(3c_0^2+|\mathbf{c}|^2\right)\mathbf{c}\cdot\boldsymbol{\sigma}\end{aligned}$$

$$\therefore\ M^3=\left(c_0^3+3c_0|\mathbf{c}|^2\right)\sigma_0+(3c_0^2+|\mathbf{c}|^2)\,\mathbf{c}\cdot\boldsymbol{\sigma}$$

(5) $$\begin{aligned}M^4=M^3M&=\left[\left(c_0^3+3c_0|\mathbf{c}|^2\right)\sigma_0+(3c_0^2+|\mathbf{c}|^2)\,\mathbf{c}\cdot\boldsymbol{\sigma}\right]\left[c_0\sigma_0+\mathbf{c}\cdot\boldsymbol{\sigma}\right]\\
&=\left(c_0^4+3c_0^2|\mathbf{c}|^2\right)\sigma_0+\left(c_0^3+3c_0|\mathbf{c}|^2\right)\mathbf{c}\cdot\boldsymbol{\sigma}+(3c_0^3+c_0|\mathbf{c}|^2)\,\mathbf{c}\cdot\boldsymbol{\sigma}\\
&\quad+(3c_0^2+|\mathbf{c}|^2)(\mathbf{c}\cdot\boldsymbol{\sigma})^2\\
&=\left(c_0^4+3c_0^2|\mathbf{c}|^2\right)\sigma_0+\left(4c_0^3+4c_0|\mathbf{c}|^2\right)\mathbf{c}\cdot\boldsymbol{\sigma}+(3c_0^2+|\mathbf{c}|^2)|\mathbf{c}|^2\sigma_0\\
&=\left(c_0^4+6c_0^2|\mathbf{c}|^2+|\mathbf{c}|^4\right)\sigma_0+\left(4c_0^3+4c_0|\mathbf{c}|^2\right)\mathbf{c}\cdot\boldsymbol{\sigma}\end{aligned}$$

$$\therefore\ M^4=\left(c_0^4+6c_0^2|\mathbf{c}|^2+|\mathbf{c}|^4\right)\sigma_0+(4c_0^3+4c_0|\mathbf{c}|^2)\,\mathbf{c}\cdot\boldsymbol{\sigma}$$

(6) $M^5 = M^4 M = \left[\left(c_0^4 + 6c_0^2|c|^2 + |c|^4\right)\sigma_0 + (4c_0^3 + 4c_0|c|^2)c \cdot \sigma\right]$
$\left[c_0\sigma_0 + c \cdot \sigma\right]$

$$= \left(c_0^5 + 6c_0^3|c|^2 + c_0|c|^4\right)\sigma_0 + \left(c_0^4 + 6c_0^2|c|^2 + |c|^4\right)c \cdot \sigma$$
$$+ (4c_0^4 + 4c_0^2|c|^2)c \cdot \sigma + (4c_0^3 + 4c_0|c|^2)(c \cdot \sigma)^2$$
$$= \left(c_0^5 + 10c_0^3|c|^2 + 5c_0|c|^4\right)\sigma_0 + \left(5c_0^4 + 10c_0^2|c|^2 + |c|^4\right)c \cdot \sigma$$
$$= \left(c_0^5 + 10c_0^3|c|^2 + 5c_0|c|^4\right)\sigma_0 + \left(5c_0^4|c| + 10c_0^2|c|^3 + |c|^5\right)\hat{c} \cdot \sigma$$

$$\therefore\ M^5 = \left(c_0^5 + 10c_0^3|c|^2 + 5c_0|c|^4\right)\sigma_0 + (5c_0^4 + 10c_0^2|c|^2 + |c|^4)c \cdot \sigma$$

또는

$$\therefore\ M^5 = \left(c_0^5 + 10c_0^3|c|^2 + 5c_0|c|^4\right)\sigma_0 + \left(5c_0^4|c| + 10c_0^2|c|^3 + |c|^5\right)\hat{c} \cdot \sigma$$

> 4.6 $n \times n$ 실수 행렬 A는 대칭 행렬이며, B는 반 대칭 행렬이다.
> 임의의 $n \times n$ 실수 행렬 P에 대해 다음을 증명하라.
> (1) $P^T AP =$ 대칭 행렬, (2) $P^T BP =$ 반 대칭 행렬

[풀이]

(1) 행렬 $P^T AP \equiv X$라 두면 $X = P^T AP$의 전치 행렬을 구하자.

$X^T = (P^T AP)^T = (P^T(AP))^T = (AP)^T(P^T)^T = P^T A^T P$이다.

실수 행렬 A는 대칭 행렬이므로 $A^T = A$이다.

$X^T = P^T A^T P = P^T AP \equiv X$이므로 $P^T AP \equiv X$는 대칭 행렬이다.

즉, $X^T = X$이다.

(2) 행렬 $P^T BP \equiv Y$라 두면 $Y = P^T BP$의 전치 행렬을 구하자.

$Y^T = (P^T BP)^T = (P^T(BP))^T = (BP)^T(P^T)^T = P^T B^T P$이다.

실수 행렬 B는 반 대칭 행렬이므로 $B^T = -B$이다.

$Y^T = P^T B^T P = P^T(-B)P = -P^T BP \equiv -Y$이므로 $Y = P^T BP$는

반 대칭 행렬이다. 즉, $Y^T = -Y$이다.

4.7 회전 행렬 $R(\theta)=\begin{pmatrix}\cos\theta & \sin\theta \\ -\sin\theta & \cos\theta\end{pmatrix}$에 대해 다음의 관계식을 증명하라.

(1) $R(\alpha)R(\beta)=R(\alpha+\beta)$, [힌트: 오일러 공식을 이용]

(2) $R(\alpha)R(\beta)R(\gamma)$를 구하고 $\alpha+\beta+\gamma=\pi$일 때 $R(\alpha)R(\beta)R(\gamma)=-\begin{pmatrix}1 & 0 \\ 0 & 1\end{pmatrix}$,

(3) $R^n(\theta)=R(n\theta)$

[풀이]

(1) $R(\alpha)=\begin{pmatrix}\cos\alpha & \sin\alpha \\ -\sin\alpha & \cos\alpha\end{pmatrix}$, $R(\beta)=\begin{pmatrix}\cos\beta & \sin\beta \\ -\sin\beta & \cos\beta\end{pmatrix}$이므로 행렬 곱은 다음과 같다.

$$R(\alpha)R(\beta)=\begin{pmatrix}\cos\alpha & \sin\alpha \\ -\sin\alpha & \cos\alpha\end{pmatrix}\begin{pmatrix}\cos\beta & \sin\beta \\ -\sin\beta & \cos\beta\end{pmatrix}$$

$$=\begin{pmatrix}\cos\alpha\cos\beta-\sin\alpha\sin\beta & \cos\alpha\sin\beta+\sin\alpha\cos\beta \\ -\sin\alpha\cos\beta-\cos\alpha\sin\beta & -\sin\alpha\sin\beta+\cos\alpha\cos\beta\end{pmatrix}$$

오일러 공식을 이용하여 삼각 함수의 덧셈 공식을 유도하자.

$$\boxed{e^{i\alpha}e^{i\beta}=e^{i(\alpha+\beta)}}$$

$$\Rightarrow \text{좌변}=e^{i\alpha}e^{i\beta}=(\cos\alpha+i\sin\alpha)(\cos\beta+i\sin\beta)$$

$$=\underbrace{(\cos\alpha\cos\beta-\sin\alpha\sin\beta)}_{\text{실수부}}+i\underbrace{(\cos\alpha\sin\beta+\sin\alpha\cos\beta)}_{\text{허수부}}$$

$$\text{우변}=e^{i(\alpha+\beta)}=\underbrace{\cos(\alpha+\beta)}_{\text{실수부}}+i\underbrace{\sin(\alpha+\beta)}_{\text{허수부}}$$

$$\Rightarrow \therefore \begin{cases}\cos(\alpha+\beta)=\cos\alpha\cos\beta-\sin\alpha\sin\beta \\ \sin(\alpha+\beta)=\cos\alpha\sin\beta+\sin\alpha\cos\beta\end{cases}$$

$$\therefore R(\alpha)R(\beta)=\begin{pmatrix}\cos\alpha & \sin\alpha \\ -\sin\alpha & \cos\alpha\end{pmatrix}\begin{pmatrix}\cos\beta & \sin\beta \\ -\sin\beta & \cos\beta\end{pmatrix}$$

$$=\begin{pmatrix}\cos(\alpha+\beta) & \sin(\alpha+\beta) \\ -\sin(\alpha+\beta) & \cos(\alpha+\beta)\end{pmatrix}$$

(2) (1)의 결과를 연속으로 사용하면 다음과 같다.

$$R(\alpha)R(\beta)R(\gamma)=\begin{pmatrix}\cos(\alpha+\beta+\gamma) & \sin(\alpha+\beta+\gamma)\\ -\sin(\alpha+\beta+\gamma) & \cos(\alpha+\beta+\gamma)\end{pmatrix}$$

$\alpha+\beta+\gamma=\pi$를 대입하면 다음을 얻는다.

$$R(\alpha)R(\beta)R(\gamma)=\begin{pmatrix}-1 & 0\\ 0 & -1\end{pmatrix}=-\begin{pmatrix}1 & 0\\ 0 & 1\end{pmatrix}$$

(3) (1) 또는 (2)의 과정을 반복해서 적용하면 (즉, $\alpha=\beta=\gamma=\cdots\equiv\theta$)

$$R^n(\theta)=R^{n-2}(\theta)R^2(\theta)=R^{n-2}(\theta)R(2\theta)$$

$$=R^{n-3}(\theta)R(3\theta)=\cdots=R^0(\theta)R(n\theta)=R(n\theta)$$

여기서 $R^0(\theta)=I=\begin{pmatrix}1 & 0\\ 0 & 1\end{pmatrix}$이다.

$$\therefore\ R^n(\theta)=\begin{pmatrix}\cos\theta & \sin\theta\\ -\sin\theta & \cos\theta\end{pmatrix}^n=\begin{pmatrix}\cos n\theta & \sin n\theta\\ -\sin n\theta & \cos n\theta\end{pmatrix}\equiv R(n\theta)$$

4.8 다음 행렬 방정식을 만족하는 2×2 행렬 $A\sim F$를 구하라.

(1) $A\begin{pmatrix}1\\1\end{pmatrix}=\begin{pmatrix}1\\-1\end{pmatrix}$, $A\begin{pmatrix}1\\i\end{pmatrix}=\begin{pmatrix}1\\-i\end{pmatrix}$, (2) $B\begin{pmatrix}1\\1\end{pmatrix}=\begin{pmatrix}1\\+i\end{pmatrix}$, $B\begin{pmatrix}1\\-1\end{pmatrix}=\begin{pmatrix}1\\-i\end{pmatrix}$,

(3) $C\begin{pmatrix}1\\0\end{pmatrix}=\begin{pmatrix}1\\+i\end{pmatrix}$, $C\begin{pmatrix}0\\1\end{pmatrix}=i\begin{pmatrix}1\\-i\end{pmatrix}$, (4) $D\begin{pmatrix}1\\0\end{pmatrix}=\begin{pmatrix}0\\1\end{pmatrix}$, $D\begin{pmatrix}0\\1\end{pmatrix}=\begin{pmatrix}1\\0\end{pmatrix}$,

(5) $E\begin{pmatrix}1\\i\end{pmatrix}=\begin{pmatrix}1\\-i\end{pmatrix}$, $E\begin{pmatrix}1\\-i\end{pmatrix}=\begin{pmatrix}1\\i\end{pmatrix}$, (6) $F\begin{pmatrix}1\\i\end{pmatrix}=\begin{pmatrix}1\\i\end{pmatrix}$, $F\begin{pmatrix}1\\-i\end{pmatrix}=-\begin{pmatrix}1\\-i\end{pmatrix}$

[풀이] 2×2 행렬 $A\sim F$를 편의상 $A\sim F\equiv\begin{pmatrix}a & b\\ c & d\end{pmatrix}$라 두자.

(1) $A\begin{pmatrix}1\\1\end{pmatrix}=\begin{pmatrix}1\\-1\end{pmatrix}\ \Rightarrow\ \begin{pmatrix}a & b\\ c & d\end{pmatrix}\begin{pmatrix}1\\1\end{pmatrix}=\begin{pmatrix}a+b\\c+d\end{pmatrix}=\begin{pmatrix}1\\-1\end{pmatrix}$

$A\begin{pmatrix}1\\i\end{pmatrix}=\begin{pmatrix}1\\-i\end{pmatrix}\ \Rightarrow\ \begin{pmatrix}a & b\\ c & d\end{pmatrix}\begin{pmatrix}1\\i\end{pmatrix}=\begin{pmatrix}a+ib\\c+id\end{pmatrix}=\begin{pmatrix}1\\-i\end{pmatrix}$

$\Rightarrow a+b=1,\quad a+ib=1,$
$c+d=-1,\quad c+id=-i$

$\therefore\ a=1,\ b=0,\ c=0,\ d=-1$

$$\therefore\ A \equiv \begin{pmatrix} 1 & 0 \\ 0 & -1 \end{pmatrix}$$

(2) $B\begin{pmatrix} 1 \\ 1 \end{pmatrix} = \begin{pmatrix} 1 \\ +i \end{pmatrix} \Rightarrow \begin{pmatrix} a & b \\ c & d \end{pmatrix}\begin{pmatrix} 1 \\ 1 \end{pmatrix} = \begin{pmatrix} a+b \\ c+d \end{pmatrix} = \begin{pmatrix} 1 \\ +i \end{pmatrix}$

$B\begin{pmatrix} 1 \\ -1 \end{pmatrix} = \begin{pmatrix} 1 \\ -i \end{pmatrix} \Rightarrow \begin{pmatrix} a & b \\ c & d \end{pmatrix}\begin{pmatrix} 1 \\ -1 \end{pmatrix} = \begin{pmatrix} a-b \\ c-d \end{pmatrix} = \begin{pmatrix} 1 \\ -i \end{pmatrix}$

$\Rightarrow a+b=1,\quad a-b=1,$
$\quad c+d=+i,\quad c-d=-i$

$\Rightarrow\ \therefore\ a=1,\ b=0,\ c=0,\ d=+i$

$$\therefore\ B \equiv \begin{pmatrix} 1 & 0 \\ 0 & +i \end{pmatrix}$$

(3) $C\begin{pmatrix} 1 \\ 0 \end{pmatrix} = \begin{pmatrix} 1 \\ +i \end{pmatrix} \Rightarrow \begin{pmatrix} a & b \\ c & d \end{pmatrix}\begin{pmatrix} 1 \\ 0 \end{pmatrix} = \begin{pmatrix} a \\ c \end{pmatrix} = \begin{pmatrix} 1 \\ +i \end{pmatrix}$

$C\begin{pmatrix} 0 \\ 1 \end{pmatrix} = i\begin{pmatrix} 1 \\ -i \end{pmatrix} \Rightarrow \begin{pmatrix} a & b \\ c & d \end{pmatrix}\begin{pmatrix} 0 \\ 1 \end{pmatrix} = \begin{pmatrix} b \\ d \end{pmatrix} = i\begin{pmatrix} 1 \\ -i \end{pmatrix}$

$\Rightarrow\ \therefore\ a=1,\ b=+i,\ c=+i,\ d=1$

$$\therefore\ C \equiv \begin{pmatrix} 1 & i \\ i & 1 \end{pmatrix}$$

(4) $D\begin{pmatrix} 1 \\ 0 \end{pmatrix} = \begin{pmatrix} 0 \\ 1 \end{pmatrix} \Rightarrow \begin{pmatrix} a & b \\ c & d \end{pmatrix}\begin{pmatrix} 1 \\ 0 \end{pmatrix} = \begin{pmatrix} a \\ c \end{pmatrix} = \begin{pmatrix} 0 \\ 1 \end{pmatrix}$

$D\begin{pmatrix} 0 \\ 1 \end{pmatrix} = \begin{pmatrix} 1 \\ 0 \end{pmatrix} \Rightarrow \begin{pmatrix} a & b \\ c & d \end{pmatrix}\begin{pmatrix} 0 \\ 1 \end{pmatrix} = \begin{pmatrix} b \\ d \end{pmatrix} = \begin{pmatrix} 1 \\ 0 \end{pmatrix}$

$\Rightarrow\ \therefore\ a=0,\ b=1,\ c=1,\ d=0$

$$\therefore\ D \equiv \begin{pmatrix} 0 & 1 \\ 1 & 0 \end{pmatrix}$$

(5) $E\begin{pmatrix} 1 \\ i \end{pmatrix} = \begin{pmatrix} 1 \\ -i \end{pmatrix} \Rightarrow \begin{pmatrix} a & b \\ c & d \end{pmatrix}\begin{pmatrix} 1 \\ i \end{pmatrix} = \begin{pmatrix} a+ib \\ c+id \end{pmatrix} = \begin{pmatrix} 1 \\ -i \end{pmatrix}$

$E\begin{pmatrix} 1 \\ -i \end{pmatrix} = \begin{pmatrix} 1 \\ i \end{pmatrix} \Rightarrow \begin{pmatrix} a & b \\ c & d \end{pmatrix}\begin{pmatrix} 1 \\ -i \end{pmatrix} = \begin{pmatrix} a-ib \\ c-id \end{pmatrix} = \begin{pmatrix} 1 \\ +i \end{pmatrix}$

$\Rightarrow a+ib=1,\quad a-ib=1,$
$\quad c+id=-i,\quad c-id=+i$

$\Rightarrow\ \therefore\ a=1,\ b=0,\ c=0,\ d=-1$

$$\therefore\ E \equiv \begin{pmatrix} 1 & 0 \\ 0 & -1 \end{pmatrix}$$

(6) $F\begin{pmatrix} 1 \\ i \end{pmatrix} = \begin{pmatrix} 1 \\ i \end{pmatrix} \Rightarrow \begin{pmatrix} a & b \\ c & d \end{pmatrix}\begin{pmatrix} 1 \\ i \end{pmatrix} = \begin{pmatrix} a+ib \\ c+id \end{pmatrix} = \begin{pmatrix} 1 \\ +i \end{pmatrix}$

$F\begin{pmatrix} 1 \\ -i \end{pmatrix} = -\begin{pmatrix} 1 \\ -i \end{pmatrix} \Rightarrow \begin{pmatrix} a & b \\ c & d \end{pmatrix}\begin{pmatrix} 1 \\ -i \end{pmatrix} = \begin{pmatrix} a-ib \\ c-id \end{pmatrix} = -\begin{pmatrix} 1 \\ -i \end{pmatrix}$

$$\Rightarrow a+ib=1, \quad a-ib=-1, \\ c+id=+i, \quad c-id=+i$$

$$\Rightarrow \therefore a=0,\ b=-i,\ c=+i,\ d=0$$

$$\therefore\ F \equiv \begin{pmatrix} 0 & -i \\ +i & 0 \end{pmatrix}$$

> 4.9 $n \times n$ 행렬 A, B는 대칭 행렬이며, C, D는 반 대칭 행렬이다. 다음의 행렬 연산이 대칭 행렬인지 또는 반 대칭 행렬인지 판별하라.
>
> (1) $AB-BA$, (2) $AB+BA$, (3) $CD-DC$,
>
> (4) $CD+DC$, (5) $AC-CA$, (6) $AC+CA$

[풀이]

$n \times n$ 행렬 A, B는 대칭 행렬이므로 $A^T = A$, $B^T = B$이며, C, D는 반 대칭 행렬이므로 $C^T = -C$, $D^T = -D$이다.

(1) $(AB-BA)^T = (AB)^T - (BA)^T = B^T A^T - A^T B^T$
$= BA - AB = -(AB-BA)$

$\therefore$ $AB-BA$: 반대칭행렬

(2) $(AB+BA)^T = (AB)^T + (BA)^T = B^T A^T + A^T B^T$
$= BA + AB = AB + BA$

$\therefore$ $AB+BA$: 대칭행렬

(3) $(CD-DC)^T = (CD)^T - (DC)^T = D^T C^T - C^T D^T$
$= (-D)(-C) - (-C)(-D) = DC - CD = -(CD-DC)$

$\therefore$ $CD-DC$: 반대칭행렬

(4) $(CD+DC)^T=(CD)^T+(DC)^T=D^TC^T+C^TD^T$
$=(-D)(-C)+(-C)(-D)=DC+CD=CD+DC$

$\therefore\ CD+DC$: 대칭 행렬

(5) $(AC-CA)^T=(AC)^T-(CA)^T=C^TA^T-A^TC^T$
$=(-C)A-A(-C)=AC-CA$

$\therefore\ AC-CA$: 대칭 행렬

(6) $(AC+CA)^T=(AC)^T+(CA)^T=C^TA^T+A^TC^T$
$=(-C)A+A(-C)=-(AC\pm CA)$

$\therefore\ AC+CA$: 반대칭 행렬

4.10 $n\times n$ 행렬 A, B는 대칭 행렬이며, C, D는 반 대칭 행렬이다. 다음의 전치 행렬과 관련된 트레이스 (trace)를 전치 행렬이 아닌 행렬 A, B, C, D로 나타내어라.

(1) $tr\left[(AB)^T\right]$, (2) $tr\left[(CD)^T\right]$, (3) $tr\left[(AC)^T\right]$,

(4) $tr\left[(AB^T)^T\right]$, (5) $tr\left[(AC^T)^T\right]$, (6) $tr\left[(ABC)^T\right]$,

(7) $tr\left[(ACD)^T\right]$, (8) $tr\left[A(BC)^T\right]$, (9) $tr\left[A(CD)^T\right]$

[풀이]

임의의 $n\times n$ 행렬 (대칭이든 반 대칭 행렬이든) A, B의 곱은 일반적으로 $AB\neq BA$이지만 트레이스의 특성은 $tr(AB)=tr(BA)$, $tr\left[(AB)^T\right]=tr\left[B^TA^T\right]$와 대칭과 반 대칭 행렬의 특성 $A^T=A$, $B^T=B$, $C^T=-C$, $D^T=-D$을 이용한다.

(1) $tr\left[(AB)^T\right]=tr(B^TA^T)=tr(BA)=tr(AB)$,

$\therefore\ tr\left[(AB)^T\right]\equiv tr(BA)=tr(AB)$

(2) $tr\left[(CD)^T\right]=tr\left[D^TC^T\right]=tr\left[(-D)(-C)\right]=tr(DC)=tr(CD)$,

$\therefore\ tr\left[(CD)^T\right]=tr(DC)=tr(CD)$

(3) $tr\left[(AC)^T\right]=tr\left[C^TA^T\right]=tr[(-C)A]=-tr(CA)=-tr(AC),$

$\therefore\ tr\left[(AC)^T\right]=-tr(CA)=-tr(AC)$

(4) $tr\left[(AB^T)^T\right]=tr\left[B^{T^T}A^T\right]=tr(BA)=tr(AB),\ \Leftarrow (B^T)^T=B$

$\therefore\ tr\left[(AB^T)^T\right]=tr(BA)=tr(AB)$

(5) $tr\left[(AC^T)^T\right]=tr\left[C^{T^T}A^T\right]=tr(CA)=tr(AC),$

$\because\ (C^T)^T=(-C)^T=-C^T=C$

$\therefore\ tr\left[(AC^T)^T\right]=tr(CA)=tr(AC)$

(6) $tr\left[(ABC)^T\right]=tr\left[(BC)^TA^T\right]=tr\left[C^TB^TA^T\right]=tr[(-C)BA]$
$=-tr(CBA)=-tr(ACB)=-tr(BAC),$

$\therefore\ tr\left[(ABC)^T\right]=-tr(CBA)=-tr(ACB)=-tr(BAC)$

(7) $tr\left[(ACD)^T\right]=tr\left[(CD)^TA^T\right]=tr\left[D^TC^TA^T\right]=tr[(-D)(-C)A]$
$=tr(DCA)=tr(ADC)=tr(CAD),$

$\therefore\ tr\left[(ACD)^T\right]=tr(DCA)=tr(ADC)=tr(CAD)$

(8) $tr\left[A(BC)^T\right]=tr\left[AC^TB^T\right]=tr[A(-C)B]$
$=-tr(ACB)=-tr(BAC)=-tr(CBA),$

$\therefore\ tr\left[A(BC)^T\right]=-tr(ACB)=-tr(BAC)=-tr(CBA)$

(9) $tr\left[A(CD)^T\right]$

$tr\left[A(CD)^T\right]=tr\left[AD^TC^T\right]=tr[A(-D)(-C)]$
$=tr(ADC)=tr(CAD)=tr(DCA),$

$\therefore\ tr\left[A(CD)^T\right]=tr(ADC)=tr(CAD)=tr(DCA)$

4.11 곡선 직교 좌표계에서 벡터 함수 $\boldsymbol{A} = A_1\hat{q}_1 + A_2\hat{q}_2 + A_3\hat{q}_3$에 대해

$\nabla \times \boldsymbol{A} = \sum_{i=1}^{3}\epsilon_{ijk}\frac{\hat{q}_i}{h_jh_k}\frac{\partial}{\partial q_j}(h_kA_k)$, $(j, k=1, 2, 3)$로 주어진다.

$\nabla \times \boldsymbol{A}$를 행렬 관계식 $\nabla \times \boldsymbol{A} = M\begin{pmatrix} h_1A_1 \\ h_2A_2 \\ h_3A_3 \end{pmatrix}$으로 표현할 때

3×3 행렬 M을 구하라.

[풀이]

곡선 직교 좌표계에서 $\nabla \times \boldsymbol{A} = \sum_{i=1}^{3}\epsilon_{ijk}\frac{\hat{q}_i}{h_jh_k}\frac{\partial}{\partial q_j}(h_kA_k)$, $(j, k=1, 2, 3)$를 성분별로 나타내면 다음과 같이 주어진다.

$$\begin{aligned}
(\nabla \times \boldsymbol{A})_1 &= \frac{1}{h_2h_3}\left[\frac{\partial}{\partial q_2}(h_3A_3) - \frac{\partial}{\partial q_3}(h_2A_2)\right], \\
(\nabla \times \boldsymbol{A})_2 &= \frac{1}{h_1h_3}\left[\frac{\partial}{\partial q_3}(h_1A_1) - \frac{\partial}{\partial q_1}(h_3A_3)\right], \\
(\nabla \times \boldsymbol{A})_3 &= \frac{1}{h_1h_2}\left[\frac{\partial}{\partial q_1}(h_2A_2) - \frac{\partial}{\partial q_2}(h_1A_1)\right]
\end{aligned}$$

$\nabla \times \boldsymbol{A} = M\begin{pmatrix} h_1A_1 \\ h_2A_2 \\ h_3A_3 \end{pmatrix}$ 형식으로 나타내면 다음과 같다.

$$\begin{aligned}
\nabla \times \boldsymbol{A} &= \begin{pmatrix} 0 & -\frac{1}{h_2h_3}\frac{\partial}{\partial q_3} & \frac{1}{h_2h_3}\frac{\partial}{\partial q_2} \\ \frac{1}{h_1h_3}\frac{\partial}{\partial q_3} & 0 & -\frac{1}{h_1h_3}\frac{\partial}{\partial q_1} \\ -\frac{1}{h_1h_2}\frac{\partial}{\partial q_2} & \frac{1}{h_1h_2}\frac{\partial}{\partial q_1} & 0 \end{pmatrix}\begin{pmatrix} h_1A_1 \\ h_2A_2 \\ h_3A_3 \end{pmatrix} \\
&\equiv M\begin{pmatrix} h_1A_1 \\ h_2A_2 \\ h_3A_3 \end{pmatrix}
\end{aligned}$$

여기서 M은 대각 성분이 0인 3×3 행렬이다.

4.12 $n \times n$ 행렬 A, B, C에 대해 다음 교환자 관계식이 성립함을 보여라.

(1) $[A, A] = 0$, (2) $[A, B] = -[B, A]$,

(3) $[A, BC] = [A, B]C + B[A, C]$, (4) $[A, B^T] = [B, A^T]^T$

[풀이]

$n \times n$ 행렬 A, B, C에 대한 교환자 관계식은 행렬 곱의 결합 법칙 $A(BC) = (AB)C$와 전치 행렬의 특성 $(A+B)^T = A^T + B^T$와 $(AB)^T = B^T A^T$을 이용한다.

(1) $[A, A] = AA - AA = 0$,

(2) $[A, B] = AB - BA = -(BA - AB) = -[B, A]$,

(3) $$\begin{aligned}[A, BC] &= A(BC) - (BC)A = (AB)C - (BA)C + (BA)C - (BC)A \\ &= (AB)C - (BA)C + B(AC) - B(CA) \quad \Leftarrow \text{결합법칙} \\ &= [A, B]C + B[A, C],\end{aligned}$$

(4) $$\begin{aligned}[A, B^T] &= AB^T - B^T A = (BA^T)^T - (A^T B)^T \\ &= (BA^T - A^T B)^T = [B, A^T]^T\end{aligned}$$

4.2 행렬식 (Determinant of Square Matrix)

4.13 행렬 $A = \begin{pmatrix} a & b \\ c & d \end{pmatrix}$에 대한 행렬식이 $\begin{vmatrix} a-x & b \\ c & d-x \end{vmatrix} = 0$와 같이 주어진다. 미지수 x를 구하고 행렬 A의 $tr(A)$와 $\det(A)$로 나타내어라.

[풀이]

행렬식 $\begin{vmatrix} a-x & b \\ c & d-x \end{vmatrix} = 0$은 $(a-x)(d-x) - bc = x^2 - (a+d)x + ad - bc = 0$이다.

$tr(A) = a + d$이며 $\det(A) = ad - bc$이므로 2차 방정식으로 다음과 같이 표현된다.

$$x^2 - (a+d)x + ad - bc = x^2 - tr(A)x + \det(A) = 0$$

미지수 x는 근의 공식을 사용하면 다음과 같이 주어진다.

$$x = \frac{tr(A) \pm \sqrt{tr^2(A) - 4\det(A)}}{2}$$

4.14 $n\times n$ 행렬 A의 대칭 행렬 $\frac{1}{2}(A+A^T)$과 반 대칭 행렬 $\frac{1}{2}(A-A^T)$을 곱한 행렬의 trace를 구하라.

[풀이]

$n\times n$ 행렬 A의 대칭 행렬은 $\frac{1}{2}(A+A^T)$이며 반 대칭 행렬은 $\frac{1}{2}(A-A^T)$이다.

두 행렬의 곱을 계산하기 위해 전치 행렬의 특성 $(AB)^T=B^TA^T$와 $(A^T)^T=A$를 이용한다.

$$\frac{1}{2}(A+A^T)\frac{1}{2}(A-A^T)=\frac{1}{4}(AA-AA^T+A^TA-A^TA^T)$$

$$=\frac{1}{4}[(AA-A^TA^T)+(A^TA-AA^T)]$$

$$=\frac{1}{4}\underbrace{(AA-(AA)^T)}_{\text{반대칭행렬}}+\frac{1}{4}(A^TA-AA^T)$$

첫 번째 항은 반 대칭 행렬이므로 $tr\left[\frac{1}{4}(AA-(AA)^T)\right]=0$이다.

한편, trace의 특성 $tr(AB)=tr(BA)$에서 $B=A^T$라 두면 $tr(AA^T)=tr(A^TA)$가 되어 둘째 항의 trace도 0이 된다.

따라서 대칭 행렬 $\frac{1}{2}(A+A^T)$와 반 대칭 행렬 $\frac{1}{2}(A-A^T)$을 곱한 행렬의 trace는 항상 0이다.

4.15 행렬 $\begin{pmatrix} 1 & 2 & 1 \\ -1 & 0 & 3 \\ 1 & 2 & 2 \end{pmatrix}$의 행렬식을 여인수 전개로 구하라.

[풀이]

행렬 $\begin{pmatrix} 1 & 2 & 1 \\ -1 & 0 & 3 \\ 1 & 2 & 2 \end{pmatrix}$의 1행에 대한 여인수는 다음과 같이 주어진다.

$$C_{11} = + \begin{vmatrix} a_{22} & a_{23} \\ a_{32} & a_{33} \end{vmatrix} = + \begin{vmatrix} 0 & 3 \\ 2 & 2 \end{vmatrix} = -6,$$

$$C_{12} = - \begin{vmatrix} a_{21} & a_{23} \\ a_{31} & a_{33} \end{vmatrix} = - \begin{vmatrix} -1 & 3 \\ 1 & 2 \end{vmatrix} = +5,$$

$$C_{13} = - \begin{vmatrix} a_{21} & a_{22} \\ a_{31} & a_{32} \end{vmatrix} = + \begin{vmatrix} -1 & 0 \\ 1 & 2 \end{vmatrix} = -2$$

1행의 여인수 전개를 하면 행렬식은 다음과 같이 주어진다.

$$\det(A) = a_{11}C_{11} + a_{12}C_{12} + a_{13}C_{13} \quad \Leftarrow \text{1행 여인수 전개}$$

$$= 1 \times (-6) + 2 \times (5) + 1 \times (-2) = -2$$

4.16 (1) 연립 방정식 $\begin{cases} f(x)c_1 + g(x)c_2 = 0 \\ f'(x)c_1 + g'(x)c_2 = 0 \end{cases}$을 $A(f, g)\begin{pmatrix} c_1 \\ c_2 \end{pmatrix} = 0$ 형태의 행렬 방정식으로 나타낼 때 행렬 $A(f, g)$를 구하라.

여기서 $f'(x) = \dfrac{df}{dx}$, $g'(x) = \dfrac{dg}{dx}$ 이며 c_1, c_2는 상수이다.

(2) 함수 $f(x)$, $g(x)$와 상수 c_1, c_2 모두 0이 아닌 경우 연립 방정식을 풀어 함수 $f(x)$, $g(x)$와 미분 함수 $f'(x)$, $g'(x)$ 사이의 관계식을 구하고 행렬 $A(f, g)$의 행렬식 (determinant)으로 나타내어라.

(3) (2)의 결과로부터 열벡터 $c = \begin{pmatrix} c_1 \\ c_2 \end{pmatrix} \neq 0$ 인 경우 행렬식 $\det(A) = 0$ 이며 두 함수 $f(x)$, $g(x)$는 선형 종속임을 보여라.

[힌트: 특이 행렬 (singular matrix)과 론스키안 (Wronskian)]

[풀이]

(1) 연립 방정식 $\begin{cases} f(x)c_1 + g(x)c_2 = 0 \\ f'(x)c_1 + g'(x)c_2 = 0 \end{cases}$은 행렬 방정식으로 나타내면 다음과 같다.

$$\begin{pmatrix} f(x) & g(x) \\ f'(x) & g'(x) \end{pmatrix} \begin{pmatrix} c_1 \\ c_2 \end{pmatrix} \equiv A(f, g) \begin{pmatrix} c_1 \\ c_2 \end{pmatrix} = 0$$

$$\therefore A(f, g) = \begin{pmatrix} f(x) & g(x) \\ f'(x) & g'(x) \end{pmatrix}$$

(2) 함수 $f(x)$, $g(x)$와 상수 c_1, c_2 모두 0이 아니므로 연립 방정식을 풀어 상수 c_1, c_2를 소거하면 다음과 같이 주어진다.

$$c_1 = -\frac{g}{f}c_2 = -\frac{g'}{f'}c_2 \Rightarrow fg' = f'g$$

$\Rightarrow fg' - f'g = 0$ 이므로

$$\therefore \det(A) \equiv \begin{vmatrix} f & g \\ f' & g' \end{vmatrix} = 0$$

(3) (2)에서 열벡터 $c = \begin{pmatrix} c_1 \\ c_2 \end{pmatrix} \neq 0$ 인 경우는 다음과 같다.

$\det(A) = fg' - f'g = 0$ 이므로

$$g^2 \frac{d}{dx}\left(\frac{f}{g}\right) = 0 \Rightarrow \frac{d}{dx}\left(\frac{f}{g}\right) = 0 \quad (\because g(x) \neq 0)$$

또는

$$f^2 \frac{d}{dx}\left(\frac{g}{f}\right) = 0 \Rightarrow \frac{d}{dx}\left(\frac{g}{f}\right) = 0 \quad (\because f(x) \neq 0)$$

$$\therefore f(x) = const.\, g(x) \propto g(x)$$

즉, 행렬 방정식 $Ac = A\begin{pmatrix} c_1 \\ c_2 \end{pmatrix} = 0$에서 열벡터 $c = \begin{pmatrix} c_1 \\ c_2 \end{pmatrix} \neq 0$ 인 경우 론스키안 행렬식은 $W \equiv \det(A) = 0$ 인 특이 행렬이며 두 함수 $f(x)$, $g(x)$는 선형 종속이다.

4.17 벡터 함수 $\boldsymbol{A}$의 벡터 연산 $\nabla\times\boldsymbol{A}$는 직교 곡선 좌표계에서 다음과 같이 주어진다. 각 벡터 연산의 행렬식을 구하여 $\nabla\times\boldsymbol{A}$를 표현하라.

(1) $\nabla\times\boldsymbol{A}=\dfrac{1}{h_1h_2h_3}\begin{vmatrix} h_1\hat{q}_1 & h_2\hat{q}_2 & h_3\hat{q}_3 \\ \dfrac{\partial}{\partial q_1} & \dfrac{\partial}{\partial q_2} & \dfrac{\partial}{\partial q_3} \\ h_1A_1 & h_2A_2 & h_3A_3 \end{vmatrix}$,

(2) $\nabla\times\boldsymbol{A}=\dfrac{1}{\rho}\begin{vmatrix} \hat{\rho} & \rho\hat{\phi} & \hat{z} \\ \dfrac{\partial}{\partial\rho} & \dfrac{\partial}{\partial\phi} & \dfrac{\partial}{\partial z} \\ A_\rho & \rho A_\phi & A_z \end{vmatrix}$,

(3) $\nabla\times\boldsymbol{A}=\dfrac{1}{r^2\sin\theta}\begin{vmatrix} \hat{r} & r\hat{\theta} & r\sin\theta\,\hat{\phi} \\ \dfrac{\partial}{\partial r} & \dfrac{\partial}{\partial\theta} & \dfrac{\partial}{\partial\phi} \\ A_r & rA_\theta & r\sin\theta A_\phi \end{vmatrix}$

[풀이]

미분 연산자를 포함한 3×3 행렬의 행렬식은 Sarrus 규칙을 사용하면 편리하다.

$$(1)\ \nabla\times\boldsymbol{A}=\frac{1}{h_1h_2h_3}\begin{vmatrix} h_1\hat{q}_1 & h_2\hat{q}_2 & h_3\hat{q}_3 \\ \dfrac{\partial}{\partial q_1} & \dfrac{\partial}{\partial q_2} & \dfrac{\partial}{\partial q_3} \\ h_1A_1 & h_2A_2 & h_3A_3 \end{vmatrix}$$

$$=\frac{1}{h_1h_2h_3}\left[\begin{array}{l} h_1\hat{q}_1\left(\dfrac{\partial(h_3A_3)}{\partial q_2}-\dfrac{\partial(h_2A_2)}{\partial q_3}\right) \\ +h_2\hat{q}_2\left(\dfrac{\partial(h_1A_1)}{\partial q_3}-\dfrac{\partial(h_3A_3)}{\partial q_1}\right) \\ +h_3\hat{q}_3\left(\dfrac{\partial(h_2A_2)}{\partial q_1}-\dfrac{\partial(h_1A_1)}{\partial q_2}\right) \end{array}\right]$$

(2) $$\nabla\times\boldsymbol{A}=\frac{1}{\rho}\begin{vmatrix}\hat{\rho} & \rho\hat{\phi} & \hat{z}\\ \dfrac{\partial}{\partial\rho} & \dfrac{\partial}{\partial\phi} & \dfrac{\partial}{\partial z}\\ A_\rho & \rho A_\phi & A_z\end{vmatrix}$$

$$=\frac{1}{\rho}\left[\begin{array}{r}\hat{\rho}\left(\dfrac{\partial A_z}{\partial\phi}-\dfrac{\partial(\rho A_\phi)}{\partial z}\right)\\ +\rho\hat{\phi}\left(\dfrac{\partial A_\rho}{\partial z}-\dfrac{\partial A_z}{\partial\rho}\right)\\ +\hat{z}\left(\dfrac{\partial(\rho A_\phi)}{\partial\rho}-\dfrac{\partial A_\rho}{\partial\phi}\right)\end{array}\right]$$

(3) $$\nabla\times\boldsymbol{A}=\frac{1}{r^2\sin\theta}\begin{vmatrix}\hat{r} & r\hat{\theta} & r\sin\theta\hat{\phi}\\ \dfrac{\partial}{\partial r} & \dfrac{\partial}{\partial\theta} & \dfrac{\partial}{\partial\phi}\\ A_r & rA_\theta & r\sin\theta A_\phi\end{vmatrix}$$

$$=\frac{1}{r^2\sin\theta}\left[\begin{array}{r}\hat{r}\left(\dfrac{\partial(r\sin\theta A_\phi)}{\partial\theta}-\dfrac{\partial(rA_\theta)}{\partial\phi}\right)\\ +r\hat{\theta}\left(\dfrac{\partial A_r}{\partial\phi}-\dfrac{\partial(r\sin\theta A_\phi)}{\partial r}\right)\\ +r\sin\theta\hat{\phi}\left(\dfrac{\partial(rA_\theta)}{\partial r}-\dfrac{\partial A_r)}{\partial\theta}\right)\end{array}\right]$$

4.18 다음 자코비안 행렬의 행렬식을 구하라.

(1) $J_1 = \begin{pmatrix} \sin\theta\cos\phi & r\cos\theta\cos\phi & -r\sin\theta\sin\phi \\ \sin\theta\sin\phi & r\cos\theta\sin\phi & r\sin\theta\cos\phi \\ \cos\theta & -r\sin\theta & 0 \end{pmatrix}$,

(2) $J_2 = \begin{pmatrix} \sin\theta\cos\phi & \sin\theta\sin\phi & \cos\theta \\ \dfrac{\cos\theta\cos\phi}{r} & \dfrac{\cos\theta\sin\phi}{r} & -\dfrac{\sin\theta}{r} \\ -\dfrac{\sin\phi}{r\sin\theta} & \dfrac{\cos\phi}{r\sin\theta} & 0 \end{pmatrix}$,

(3) $J_3 = \begin{pmatrix} \cos\phi & -\rho\sin\phi & 0 \\ \sin\phi & \rho\cos\phi & 0 \\ 0 & 0 & 1 \end{pmatrix}$, (4) $J_4 = \begin{pmatrix} \cos\phi & \sin\phi & 0 \\ -\dfrac{\sin\phi}{\rho} & \dfrac{\cos\phi}{\rho} & 0 \\ 0 & 0 & 1 \end{pmatrix}$

(5) 두 자코비안 행렬의 곱 J_1J_2와 J_3J_4의 행렬식을 각각 구하라.

[풀이]

3×3 행렬의 행렬식은 Sarrus 규칙을 사용하면 편리하다.

(1) $\det(J_1) = \begin{vmatrix} \sin\theta\cos\phi & r\cos\theta\cos\phi & -r\sin\theta\sin\phi \\ \sin\theta\sin\phi & r\cos\theta\sin\phi & r\sin\theta\cos\phi \\ \cos\theta & -r\sin\theta & 0 \end{vmatrix}$

$$= \sin\theta\cos\phi(r^2\sin^2\theta\cos\phi) + r\cos\theta\cos\phi(r\sin\theta\cos\theta\cos\phi) - r\sin\theta\sin\phi(-r\sin^2\theta\sin\phi - r\cos^2\theta\sin\phi)$$

$$= r^2\sin^3\theta\cos^2\phi + r^2\sin\theta\cos^2\theta\cos^2\phi + r^2(\sin^3\theta\sin^2\phi + \sin\theta\cos^2\theta\sin^2\phi)$$

$$= r^2(\sin^3\theta + \sin\theta\cos^2\theta) = r^2\sin\theta$$

(2)

$$\det(J_2) = \begin{vmatrix} \sin\theta\cos\phi & \sin\theta\sin\phi & \cos\theta \\ \dfrac{\cos\theta\cos\phi}{r} & \dfrac{\cos\theta\sin\phi}{r} & -\dfrac{\sin\theta}{r} \\ -\dfrac{\sin\phi}{r\sin\theta} & \dfrac{\cos\phi}{r\sin\theta} & 0 \end{vmatrix}$$

$$= \sin\theta\cos\phi\left(\frac{\cos\phi}{r^2}\right) + \sin\theta\sin\phi\left(\frac{\sin\phi}{r^2}\right) + \cos\theta\left(\frac{\cos\theta\cos^2\phi}{r^2\sin\theta} + \frac{\cos\theta\sin^2\phi}{r^2\sin\theta}\right)$$

$$= \frac{\sin\theta}{r^2} + \frac{\cos^2\theta}{r^2\sin\theta} = \frac{1}{r^2\sin\theta}$$

(3) $\det(J_3) = \begin{vmatrix} \cos\phi & -\rho\sin\phi & 0 \\ \sin\phi & \rho\cos\phi & 0 \\ 0 & 0 & 1 \end{vmatrix}$

$$= \rho\cos^2\phi + \rho\sin^2\phi = \rho$$

(4) $\det(J_4) = \begin{vmatrix} \cos\phi & \sin\phi & 0 \\ -\dfrac{\sin\phi}{\rho} & \dfrac{\cos\phi}{\rho} & 0 \\ 0 & 0 & 1 \end{vmatrix} = \dfrac{\cos^2\phi + \sin^2\phi}{\rho} = \dfrac{1}{\rho}$

(5) (1)과 (2)의 행렬식은 각각 $\det(J_1) = r^2\sin\theta$, $\det(J_2) = \dfrac{1}{r^2\sin\theta}$ 이므로

두 자코비안 행렬의 곱 $J_1 J_2$ 의 행렬식은 $\det(J_1)\det(J_2) = 1$ 이다.

한편 행렬식의 특성 $\det(AB) = \det(A)\det(B)$ 을 이용하면

$\det(J_1 J_2) = \det(J_1)\det(J_2) = 1$ 가 된다. 즉, 두 자코비안 행렬의 곱 $J_1 J_2$ 의 행렬식은 1이 된다.

같은 방법으로 (3)과 (4)의 결과로부터 $J_3 J_4$ 의 행렬식 역시 $\det(J_3 J_4) = 1$ 임을 알 수 있다.

4.3 역행렬 (Inverse of Square Matrix)

> 4.19 다음 행렬의 역행렬을 구하고, 역행렬은 연습문제 4.18의 어떤 행렬과 같은가?
>
> (1) $A=\begin{pmatrix} \sin\theta\cos\phi & r\cos\theta\cos\phi & -r\sin\theta\sin\phi \\ \sin\theta\sin\phi & r\cos\theta\sin\phi & r\sin\theta\cos\phi \\ \cos\theta & -r\sin\theta & 0 \end{pmatrix}$,
>
> (2) $B=\begin{pmatrix} \cos\phi & -\rho\sin\phi & 0 \\ \sin\phi & \rho\cos\phi & 0 \\ 0 & 0 & 1 \end{pmatrix}$

[풀이]

(1) 행렬식은 연습문제 4.18 (1)에서 $\det(A)=r^2\sin\theta$ 이며 여인수 행렬을 구하여 역행렬

$A^{-1}=\dfrac{1}{\det(A)}Adj(A)=\dfrac{Cof(A)^T}{\det(A)}$ 를 구한다.

$$\therefore\ A^{-1}=\begin{pmatrix} \sin\theta\cos\phi & \sin\theta\sin\phi & \cos\theta \\ \dfrac{\cos\theta\cos\phi}{r} & \dfrac{\cos\theta\sin\phi}{r} & -\dfrac{\sin\theta}{r} \\ -\dfrac{\sin\phi}{r\sin\theta} & \dfrac{\cos\phi}{r\sin\theta} & 0 \end{pmatrix}$$

역행렬은 연습문제 4.18 (2)의 자코비안 행렬 J_2 와 같다.

(2) 같은 방법으로 4.18 (3)에서 $\det(B)=\rho$ 이며 수반 행렬을 계산하여 역행렬을 구한다.

$$\therefore\ B^{-1}=\begin{pmatrix} \cos\phi & \sin\phi & 0 \\ -\dfrac{\sin\phi}{\rho} & \dfrac{\cos\phi}{\rho} & 0 \\ 0 & 0 & 1 \end{pmatrix}$$

역행렬은 연습문제 4.18 (4)의 자코비안 행렬 J_4 와 같다.

4.20 비특이 행렬 $A=\begin{pmatrix} a_{11} & a_{12} \\ a_{21} & a_{22} \end{pmatrix}$가 있다.

(1) A^{-1}를 구하고 $|A^{-1}| = \dfrac{1}{|A|}$ 또는 $|A||A^{-1}|=1$ 임을 보여라.

(2) $(A^{-1})^{-1}=A$ 임을 보여라.

[풀이]

(1) 비특이 행렬이며 $\det(A)=|A|\neq 0$ 이므로 역행렬은 다음과 같이 주어진다.

$$A^{-1}=\frac{1}{a_{11}a_{22}-a_{12}a_{21}}\begin{pmatrix} a_{22} & -a_{12} \\ -a_{21} & a_{11} \end{pmatrix} = \begin{pmatrix} \dfrac{a_{22}}{|A|} & -\dfrac{a_{12}}{|A|} \\ -\dfrac{a_{21}}{|A|} & \dfrac{a_{11}}{|A|} \end{pmatrix}$$

여기서 $\det(A)=|A|=a_{11}a_{22}-a_{12}a_{21}$ 이다. 역행렬의 행렬식은

$$|A^{-1}| = \frac{a_{11}a_{22}-a_{12}a_{21}}{|A|^2}=\frac{a_{11}a_{22}-a_{12}a_{21}}{(a_{11}a_{22}-a_{12}a_{21})^2}$$

$$=\frac{1}{a_{11}a_{22}-a_{12}a_{21}}=\frac{1}{|A|}$$

따라서 $|A^{-1}| = \dfrac{1}{|A|}$ 또는 $|A||A^{-1}|=1$ 가 성립한다.

(2) (1)에서 구한 역행렬 A^{-1}의 여인수를 구하면 다음과 같다.

$$C_{11}=\frac{a_{11}}{a_{11}a_{22}-a_{12}a_{21}},\quad C_{12}=\frac{a_{21}}{a_{11}a_{22}-a_{12}a_{21}}$$
$$C_{21}=\frac{a_{12}}{a_{11}a_{22}-a_{12}a_{21}},\quad C_{22}=\frac{a_{22}}{a_{11}a_{22}-a_{12}a_{21}}$$

여인수를 사용하여 여인수 행렬과 수반 행렬을 계산하면 다음과 같다.

$$Cof(A^{-1}) = \begin{pmatrix} C_{11} & C_{12} \\ C_{21} & C_{22} \end{pmatrix} = \frac{1}{a_{11}a_{22} - a_{12}a_{21}} \begin{pmatrix} a_{11} & a_{21} \\ a_{12} & a_{22} \end{pmatrix}$$

$$Adj(A^{-1}) = \begin{pmatrix} C_{11} & C_{12} \\ C_{21} & C_{22} \end{pmatrix}^T = \frac{1}{|A|} \begin{pmatrix} a_{11} & a_{12} \\ a_{21} & a_{22} \end{pmatrix}$$

역행렬의 행렬식은 $|A^{-1}| = \dfrac{1}{|A|}$ 이므로

$$\therefore\ (A^{-1})^{-1} = \frac{Adj(A^{-1})}{\det(A^{-1})} = \begin{pmatrix} a_{11} & a_{12} \\ a_{21} & a_{22} \end{pmatrix} = A$$

4.21 비특이 행렬 $A = \begin{pmatrix} a & 0 & 0 \\ 0 & b & 0 \\ 0 & 0 & c \end{pmatrix}$의 자기 수반 행렬을 구하라. 단, $a, b, c \neq 0$ 이다.

[풀이]

비특이 행렬이므로 $\det(A) = abc \neq 0$ 이다. 자기 수반 행렬의 조건은 $Adj(A) = A$이므로 여인수를 구하여 수반 행렬 $Adj(A)$을 구하면 다음과 같이 주어진다.

$$Adj(A) = Cof(A)^T = \begin{pmatrix} bc & 0 & 0 \\ 0 & ac & 0 \\ 0 & 0 & ab \end{pmatrix} \equiv A = \begin{pmatrix} a & 0 & 0 \\ 0 & b & 0 \\ 0 & 0 & c \end{pmatrix}$$

따라서 $a = bc$, $b = ac$, $c = ab$를 얻는다. 연립 방정식을 풀면 $a^2 = b^2 = c^2 = 1$ 이므로 $a = \pm 1$, $b = \pm 1$, $c = \pm 1$가 된다.

<u>$(i)\ a = +1$</u>

$a = bc = +1$, $b = ac = +c$, $c = ab = +b$

$\therefore\ b = c = \pm 1$

$$\Rightarrow A = Adj(A) = \begin{pmatrix} +1 & 0 & 0 \\ 0 & +1 & 0 \\ 0 & 0 & +1 \end{pmatrix} \text{ for } b = c = +1$$

or

$$A = Adj(A) = \begin{pmatrix} +1 & 0 & 0 \\ 0 & -1 & 0 \\ 0 & 0 & -1 \end{pmatrix} \text{ for } b = c = -1$$

$\underline{(ii)\ a=-1}$

$a=bc=-1,\ \ b=ac=-c,\ \ c=ab=-b$

$\therefore\ b=-c=\pm 1$

$$\Rightarrow A=Adj(A)=\begin{pmatrix}-1 & 0 & 0\\ 0 & +1 & 0\\ 0 & 0 & -1\end{pmatrix}\ \text{for } b=-c=+1$$

or

$$A=Adj(A)=\begin{pmatrix}-1 & 0 & 0\\ 0 & -1 & 0\\ 0 & 0 & +1\end{pmatrix}\ \text{for } b=-c=-1$$

따라서 비특이 행렬 $A=\begin{pmatrix}a & 0 & 0\\ 0 & b & 0\\ 0 & 0 & c\end{pmatrix}$의 자기 수반 행렬은 4개의 기본 행렬이 존재한다.

자기 수반 행렬에 임의의 상수를 곱한 행렬 역시 자기 수반 행렬이 된다.

> 4.22 비특이 행렬 $A=\begin{pmatrix}a & 0\\ 0 & d\end{pmatrix}$와 $R=\begin{pmatrix}\cos\theta & \sin\theta\\ -\sin\theta & \cos\theta\end{pmatrix}$에 대해 다음을 구하라.
>
> (1) $B=RAR^T$, (2) $\det(A)=\det(B)$, (3) B^{-1},
>
> (4) $\det(B^{-1})=\dfrac{1}{\det(B)}$, (5) $tr(A)=tr(B)$, (6) $tr(A^{-1})=tr(B^{-1})$

[풀이]

(1) 결합 법칙 $B=RAR^T=(RA)R^T=R(AR^T)$을 사용하여 행렬 연산을 계산하면 다음과 같다.

$$B=RAR^T=\begin{pmatrix}\cos\theta & \sin\theta\\ -\sin\theta & \cos\theta\end{pmatrix}\begin{pmatrix}a & 0\\ 0 & d\end{pmatrix}\begin{pmatrix}\cos\theta & -\sin\theta\\ \sin\theta & \cos\theta\end{pmatrix}$$

$$=\begin{pmatrix}a\cos^2\theta+d\sin^2\theta & (d-a)\sin\theta\cos\theta\\ (d-a)\sin\theta\cos\theta & d\cos^2\theta+a\sin^2\theta\end{pmatrix}$$

(2) $\det(A)=ad\ (\neq 0)$ 이므로

$$\begin{aligned}\det(B) &= (a\cos^2\theta + d\sin^2\theta)(d\cos^2\theta + a\sin^2\theta) - (d-a)^2\sin^2\theta\cos^2\theta \\ &= ad(\cos^4\theta + \sin^4\theta + 2\cos^2\theta\sin^2\theta) = ad\,(\cos^2\theta + \sin^2\theta)^2 \\ &= ad \equiv \det(A)\end{aligned}$$

$$\therefore\ \det(A) = \det(B) = ad$$

(3) 2×2 행렬 B의 역행렬은 다음과 같이 주어진다.

$$\begin{aligned}B^{-1} &= \frac{Adj(B)}{\det(B)} = \frac{[Cof(B)]^T}{\det(B)} \\ &= \frac{1}{\det(B)}\begin{pmatrix} d\cos^2\theta + a\sin^2\theta & -(d-a)\sin\theta\cos\theta \\ -(d-a)\sin\theta\cos\theta & a\cos^2\theta + d\sin^2\theta \end{pmatrix} \\ &= \begin{pmatrix} \frac{1}{a}\cos^2\theta + \frac{1}{d}\sin^2\theta & -(\frac{1}{a} - \frac{1}{d})\sin\theta\cos\theta \\ -(\frac{1}{a} - \frac{1}{d})\sin\theta\cos\theta & \frac{1}{d}\cos^2\theta + \frac{1}{a}\sin^2\theta \end{pmatrix}\end{aligned}$$

(4) $$\begin{aligned}\det(B^{-1}) &= \left(\frac{1}{a}\cos^2\theta + \frac{1}{d}\sin^2\theta\right)\left(\frac{1}{d}\cos^2\theta + \frac{1}{a}\sin^2\theta\right) \\ &\quad - \left(\frac{1}{a} - \frac{1}{d}\right)^2\sin^2\theta\cos^2\theta \\ &= \frac{1}{ad}(\cos^4\theta + \sin^4\theta + 2\cos^2\theta\sin^2\theta) = \frac{1}{ad}\,(\cos^2\theta + \sin^2\theta)^2 \\ &= \frac{1}{ad} \equiv \frac{1}{\det(B)}\end{aligned}$$

$$\therefore\ \det(B^{-1}) = \frac{1}{\det(B)} = \frac{1}{ad}$$

[별해]

$BB^{-1} = I$ 이므로

$$\det(BB^{-1}) = \det(B)\det(B^{-1}) = \det(I) = 1$$

$$\therefore\ \det(B^{-1}) = \frac{1}{\det(B)} = \frac{1}{ad}$$

(5) $tr(B) = (a+d)\cos^2\theta + (a+d)\sin^2\theta = a+d \equiv tr(A)$

$\therefore\ tr(A) = tr(B) = a+d$

(6) $A = \begin{pmatrix} a & 0 \\ 0 & d \end{pmatrix}$의 역행렬은 $A^{-1} = \dfrac{Adj(A)}{\det(A)} = \dfrac{1}{ad}\begin{pmatrix} d & 0 \\ 0 & a \end{pmatrix} = \begin{pmatrix} \dfrac{1}{a} & 0 \\ 0 & \dfrac{1}{d} \end{pmatrix}$이므로

$tr(A^{-1}) = \dfrac{1}{a} + \dfrac{1}{d}$ 이다.

한편 $tr(B^{-1}) = \left(\dfrac{1}{a} + \dfrac{1}{d}\right)(\cos^2\theta + \sin^2\theta) = \dfrac{1}{a} + \dfrac{1}{d}$ 이므로 다음 식이 성립한다.

$\therefore\ tr(A^{-1}) = tr(B^{-1}) = \dfrac{1}{a} + \dfrac{1}{d}$

4.23 (1) 불투과성 텐서 (impermeability tensor) $\eta = \begin{pmatrix} 1/\epsilon_1 & 0 & 0 \\ 0 & 1/\epsilon_2 & 0 \\ 0 & 0 & 1/\epsilon_3 \end{pmatrix}$ 의

역행렬을 구하라. 단, ϵ_1, ϵ_2, ϵ_3는 0이 아닌 주축의 유전율 상수이다.

(2) $\boldsymbol{E} = \dfrac{1}{\epsilon_o}\eta\boldsymbol{D}$를 $\boldsymbol{D} = \epsilon\boldsymbol{E}$ 형태로 나타내어라. 여기서 $\eta = \epsilon_o\epsilon^{-1}$이며

ϵ_o은 진공의 유전율, ϵ은 유전율 텐서, $\boldsymbol{E}$는 전기장, $\boldsymbol{D}$는 전기 변위이다.

[풀이]

(1) 유전체의 불투과성 텐서의 행렬식은 다음과 같이 주어진다.

$$|\eta| = \begin{vmatrix} \dfrac{1}{\epsilon_1} & 0 & 0 \\ 0 & \dfrac{1}{\epsilon_2} & 0 \\ 0 & 0 & \dfrac{1}{\epsilon_3} \end{vmatrix} = \frac{1}{\epsilon_1\epsilon_2\epsilon_3} \ (\neq 0)$$

비특이 행렬이므로 역행렬이 존재한다. 여인수를 계산하면 다음과 같다.

$$C_{11} = + \begin{vmatrix} \dfrac{1}{\epsilon_2} & 0 \\ 0 & \dfrac{1}{\epsilon_3} \end{vmatrix} = \frac{1}{\epsilon_2\epsilon_3}, \quad C_{12} = - \begin{vmatrix} 0 & 0 \\ 0 & \dfrac{1}{\epsilon_3} \end{vmatrix} = 0, \quad C_{13} = + \begin{vmatrix} 0 & \dfrac{1}{\epsilon_2} \\ 0 & 0 \end{vmatrix} = 0$$

$$C_{21} = - \begin{vmatrix} 0 & 0 \\ 0 & \dfrac{1}{\epsilon_3} \end{vmatrix} = 0, \quad C_{22} = + \begin{vmatrix} \dfrac{1}{\epsilon_1} & 0 \\ 0 & \dfrac{1}{\epsilon_3} \end{vmatrix} = \frac{1}{\epsilon_1\epsilon_3}, \quad C_{23} = - \begin{vmatrix} \dfrac{1}{\epsilon_1} & 0 \\ 0 & 0 \end{vmatrix} = 0$$

$$C_{31} = + \begin{vmatrix} 0 & 0 \\ \dfrac{1}{\epsilon_2} & 0 \end{vmatrix} = 0, \quad C_{32} = - \begin{vmatrix} \dfrac{1}{\epsilon_1} & 0 \\ 0 & 0 \end{vmatrix} = 0, \quad C_{33} = + \begin{vmatrix} \dfrac{1}{\epsilon_1} & 0 \\ 0 & \dfrac{1}{\epsilon_2} \end{vmatrix} = \frac{1}{\epsilon_1\epsilon_2}$$

따라서 수반 행렬과 역행렬은 각각 다음과 같이 주어진다.

$$Adj(\eta) = Cof(\eta)^T = \begin{pmatrix} C_{11} & C_{21} & C_{31} \\ C_{12} & C_{22} & C_{32} \\ C_{13} & C_{23} & C_{33} \end{pmatrix} = \begin{pmatrix} \frac{1}{\epsilon_2\epsilon_3} & 0 & 0 \\ 0 & \frac{1}{\epsilon_1\epsilon_3} & 0 \\ 0 & 0 & \frac{1}{\epsilon_1\epsilon_2} \end{pmatrix}$$

$$\therefore \quad \eta^{-1} = \frac{Adj(\eta)}{\det(\eta)} = \epsilon_1\epsilon_2\epsilon_3 \begin{pmatrix} \frac{1}{\epsilon_2\epsilon_3} & 0 & 0 \\ 0 & \frac{1}{\epsilon_1\epsilon_3} & 0 \\ 0 & 0 & \frac{1}{\epsilon_1\epsilon_2} \end{pmatrix} = \begin{pmatrix} \epsilon_1 & 0 & 0 \\ 0 & \epsilon_2 & 0 \\ 0 & 0 & \epsilon_3 \end{pmatrix}$$

(2) 전기장 $\boldsymbol{E}$와 전기 변위 $\boldsymbol{D}$의 관계식 $\boldsymbol{E} = \frac{1}{\epsilon_o}\eta\boldsymbol{D}$에서 $\eta\boldsymbol{D} = \epsilon_o\boldsymbol{E}$ 이므로

$\boldsymbol{D} = \eta^{-1}\epsilon_o\boldsymbol{E} = \epsilon_o\eta^{-1}\boldsymbol{E}\,(\equiv \epsilon\boldsymbol{E})$이다. 한편 $\eta = \epsilon_o\epsilon^{-1}$을 사용하면

$\boldsymbol{E} = \frac{1}{\epsilon_o}\eta\boldsymbol{D} = \epsilon^{-1}\boldsymbol{D} \Rightarrow \boldsymbol{D} = \epsilon\boldsymbol{E}$ 이다. 위의 두 관계식을 비교하면

$\epsilon \equiv \epsilon_o\eta^{-1} = \epsilon_o \begin{pmatrix} \epsilon_1 & 0 & 0 \\ 0 & \epsilon_2 & 0 \\ 0 & 0 & \epsilon_3 \end{pmatrix}$가 된다.

즉, 전기 변위 $\boldsymbol{D}$와 전기장 $\boldsymbol{E}$의 (선형) 관계식은 다음과 같이 주어진다.

$$\boldsymbol{D} = \epsilon\boldsymbol{E} \equiv \epsilon_o \begin{pmatrix} \epsilon_1 & 0 & 0 \\ 0 & \epsilon_2 & 0 \\ 0 & 0 & \epsilon_3 \end{pmatrix}\boldsymbol{E}$$

4.4 연립 선형 방정식 (Simultaneous Linear equations)

4.24 그림과 같이 질량을 무시할 수 있는 세 개의 줄에 작용하는 세 힘 T_1, T_2, mg 이 정적 평형을 유지하고 있다.

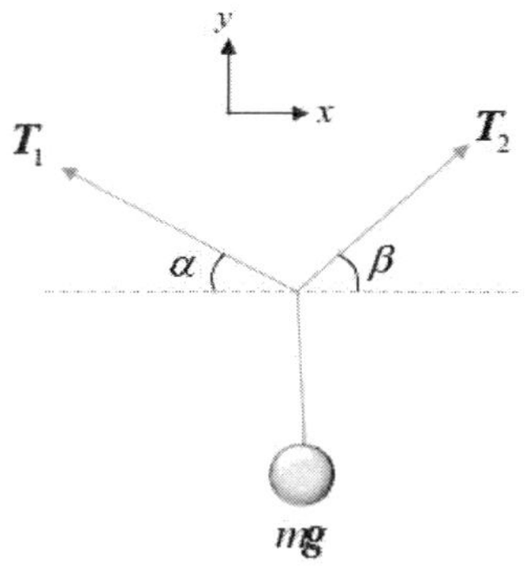

연습문제 4.24 그림.

(1) 뉴턴의 운동 법칙을 사용하여 운동 방정식에 대한 행렬 방정식 $AT=B$를 나타내어라. 장력 벡터는 $T=\begin{pmatrix}T_1\\T_2\end{pmatrix}$이다.

(2) 해를 $T=A^{-1}B$를 사용하여 구하라.

(3) $AT=B$에서 크래머 공식을 이용하여 장력 T_1, T_2를 구하라.

[풀이]

(1) 연습문제 4.24 그림의 좌표계를 이용하여 뉴턴의 운동 법칙을 적용한다.

$$\sum F_x=0 \Rightarrow T_2\cos\beta - T_1\cos\alpha=0$$

$$\sum F_y=0 \Rightarrow T_2\sin\beta + T_1\sin\alpha - mg=0$$

장력 벡터를 $T=\begin{pmatrix}T_1\\T_2\end{pmatrix}$라 두고 행렬 방정식으로 나타내면 다음과 같다.

$$\begin{pmatrix}-\cos\alpha & \cos\beta\\ \sin\alpha & \sin\beta\end{pmatrix}\begin{pmatrix}T_1\\T_2\end{pmatrix}=\begin{pmatrix}0\\mg\end{pmatrix} \Leftrightarrow \boxed{AT=B}$$

여기서 행렬 $A=\begin{pmatrix}-\cos\alpha & \cos\beta\\ \sin\alpha & \sin\beta\end{pmatrix}$이며 열벡터 $B=\begin{pmatrix}0\\mg\end{pmatrix}$이다.

(2) 행렬 방정식의 해는 $T=A^{-1}B$이므로 행렬식과 여인수 행렬은 각각 다음과 같이 주어진다.

$$\det(A)=|A|=-(\cos\alpha\sin\beta+\sin\alpha\cos\beta)$$

$$Cof(A)=\begin{pmatrix}\sin\beta & -\sin\alpha\\ -\cos\beta & -\cos\alpha\end{pmatrix}=-\begin{pmatrix}-\sin\beta & \sin\alpha\\ \cos\beta & \cos\alpha\end{pmatrix}$$

역행렬은 다음과 같이 계산한다.

$$A^{-1} = \frac{Cof(A)^T}{|A|} = \frac{1}{\cos\alpha\sin\beta + \sin\alpha\cos\beta}\begin{pmatrix} -\sin\beta & \cos\beta \\ \sin\alpha & \cos\alpha \end{pmatrix}$$

행렬 방정식의 해 $\boldsymbol{T} = A^{-1}\boldsymbol{B}$는 다음과 같이 주어진다.

$$\boldsymbol{T} = A^{-1}\boldsymbol{B} = \frac{1}{|A|}\begin{pmatrix} -\sin\beta & \cos\beta \\ \sin\alpha & \cos\alpha \end{pmatrix}\begin{pmatrix} 0 \\ mg \end{pmatrix} = \frac{mg}{|A|}\begin{pmatrix} \cos\beta \\ \cos\alpha \end{pmatrix} \equiv \begin{pmatrix} T_1 \\ T_2 \end{pmatrix}$$

$$\therefore \ T_1 = \frac{mg\cos\beta}{\cos\alpha\sin\beta + \sin\alpha\cos\beta}$$

$$T_2 = \frac{mg\cos\alpha}{\cos\alpha\sin\beta + \sin\alpha\cos\beta}$$

(3) 행렬 방정식 $A\boldsymbol{T} = \boldsymbol{B}$ 에서 크래머 공식을 사용하면 해는 다음과 같다.

$$T_1 = \frac{|A_1|}{|A|} = \frac{\begin{vmatrix} 0 & \cos\beta \\ mg & \sin\beta \end{vmatrix}}{|A|} = \frac{mg\cos\beta}{\cos\alpha\sin\beta + \sin\alpha\cos\beta}$$

$$T_2 = \frac{|A_2|}{|A|} = \frac{\begin{vmatrix} -\cos\alpha & 0 \\ \sin\alpha & mg \end{vmatrix}}{|A|} = \frac{mg\cos\alpha}{\cos\alpha\sin\beta + \sin\alpha\cos\beta}$$

(2)의 결과와 같다.

4.25 (1) 그림과 같은 회로에 키르히호프 법칙을 적용하여 회로 방정식을 옴의 법칙에 대한 행렬 방정식 $RI = V$ 로 나타내어라.

(2) 회로를 흐르는 전류 I_1, I_2, I_3 를 크래머 공식을 사용하여 구하라.

(3) 전류 I_1, I_2, I_3 를 $\boldsymbol{I} = R^{-1}\boldsymbol{V}$ 를 사용하여 구하라.

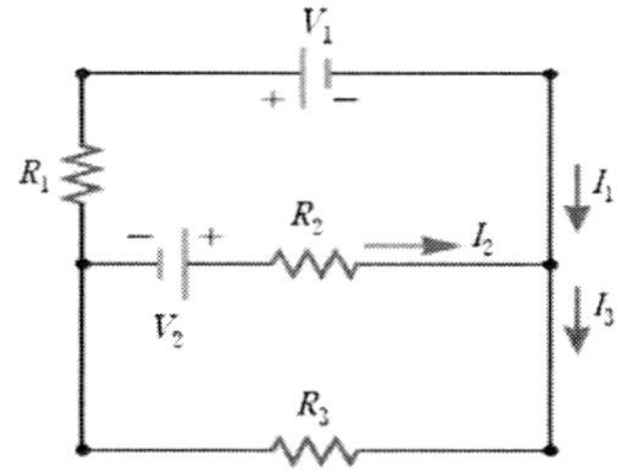

연습문제 4.25 그림.

[풀이]

(1) 키르히호프의 전류 법칙과 전압 법칙을 적용하면 회로 방정식은 다음과 같다.

$$I_1 + I_2 - I_3 = 0$$
$$V_1 - V_2 - R_1 I_1 + R_2 I_2 = 0$$
$$V_2 - R_2 I_2 - R_3 I_3 = 0$$

$$\Rightarrow \begin{cases} I_1 + I_2 - I_3 = 0 \\ R_1 I_1 - R_2 I_2 = V_1 - V_2 \\ R_2 I_2 + R_3 I_3 = V_2 \end{cases}$$

옴의 법칙의 행렬 방정식 $RI = V$ 으로 나타내면 다음과 같다.

$$\begin{pmatrix} 1 & 1 & -1 \\ R_1 & -R_2 & 0 \\ 0 & R_2 & R_3 \end{pmatrix}\begin{pmatrix} I_1 \\ I_2 \\ I_3 \end{pmatrix} = \begin{pmatrix} 0 \\ V_1 - V_2 \\ V_2 \end{pmatrix}$$

여기서 저항 행렬 R, 전류 벡터 I, 전압 벡터 V 는 다음 행렬로 주어진다.

$$R = \begin{pmatrix} 1 & 1 & -1 \\ R_1 & -R_2 & 0 \\ 0 & R_2 & R_3 \end{pmatrix}, \quad I = \begin{pmatrix} I_1 \\ I_2 \\ I_3 \end{pmatrix}, \quad V = \begin{pmatrix} 0 \\ V_1 - V_2 \\ V_2 \end{pmatrix}$$

(2) 전류 I_1, I_2, I_3 를 크래머 공식을 사용하여 구하자.

저항 행렬 R 의 행렬식은 $\det(R) = -(R_1R_2 + R_2R_3 + R_3R_1)$ 이므로 전류는 다음과 같이 구할 수 있다.

$$I_1 = \frac{\begin{vmatrix} 0 & 1 & -1 \\ V_1 - V_2 & -R_2 & 0 \\ V_2 & R_2 & R_3 \end{vmatrix}}{\det(R)} = \frac{R_2V_1 + R_3(V_1 - V_2)}{R_1R_2 + R_2R_3 + R_3R_1}$$

$$I_2 = \frac{\begin{vmatrix} 1 & 0 & -1 \\ R_1 & V_1 - V_2 & 0 \\ 0 & V_2 & R_3 \end{vmatrix}}{\det(R)} = \frac{R_1V_2 - R_3(V_1 - V_2)}{R_1R_2 + R_2R_3 + R_3R_1}$$

$$I_3 = \frac{\begin{vmatrix} 1 & 1 & 0 \\ R_1 & -R_2 & V_1 - V_2 \\ 0 & R_2 & V_2 \end{vmatrix}}{\det(R)} = \frac{R_1V_2 + R_2V_1}{R_1R_2 + R_2R_3 + R_3R_1}$$

(3) $\boldsymbol{I} = R^{-1}\boldsymbol{V}$ 를 사용하여 전류 I_1, I_2, I_3 을 구하자.

저항 행렬 R 의 여인수 행렬의 전치 행렬은 다음과 같다.

$$Cof(R)^T = \begin{pmatrix} -R_1R_2 & -(R_2 + R_3) & -R_2 \\ -R_1R_3 & R_3 & -R_2 \\ R_1R_2 & -R_2 & -(R_1 + R_2) \end{pmatrix}$$

행렬식은 $\det(R) = -(R_1R_2 + R_2R_3 + R_3R_1)$ 이므로 역행렬은

$R^{-1} = \dfrac{Adj(R)}{\det(R)} = \dfrac{Cof R)^T}{\det(R)}$ 이다. 따라서 $\boldsymbol{I} = R^{-1}\boldsymbol{V}$ 를 사용하여 전류를 구한다.

$$\begin{pmatrix} I_1 \\ I_2 \\ I_3 \end{pmatrix} = \frac{1}{\det(R)} \begin{pmatrix} -R_1R_2 & -(R_2 + R_3) & -R_2 \\ -R_1R_3 & R_3 & -R_2 \\ R_1R_2 & -R_2 & -(R_1 + R_2) \end{pmatrix} \begin{pmatrix} 0 \\ V_1 - V_2 \\ V_2 \end{pmatrix}$$

행렬 곱으로 전류 I_1, I_2, I_3 을 구하면 (2)에서 크래머 공식으로 구한 결과와 같음을 알 수 있다.

4.5 선형 변환과 고유치 문제 (Linear Transformation and Eigenvalue Problem)

4.26 행렬 $A=\begin{pmatrix} a & b \\ -b & a \end{pmatrix}$가 있다. 단, a, b는 실수이며 $b \neq 0$이다. (1) 고윳값과 (2) 규격화된 고유 벡터들을 구하라. (3) $Tr(A)$와 $\det(A)$를 고윳값으로 나타내어라.

[풀이]

고유치 방정식 $|A-\lambda I|=0 \Rightarrow \begin{vmatrix} a-\lambda & b \\ -b & a-\lambda \end{vmatrix}=0$에서 특성 방정식은

$(a-\lambda)^2+b^2=0$로 주어진다.

(1) 고윳값은 $\lambda_1=a+ib,\ \lambda_2=a-ib$이다.

(2) 고유 벡터를 $\boldsymbol{X}=\begin{pmatrix} x \\ y \end{pmatrix}$라 두고 각각의 고윳값에 대해 고유치 방정식 $A\boldsymbol{X}=\lambda\boldsymbol{X}$를 적용한다.

$\underline{(i)\ \lambda_1=a+ib}$

$$\begin{pmatrix} a & b \\ -b & a \end{pmatrix}\begin{pmatrix} x \\ y \end{pmatrix}=(a+ib)\begin{pmatrix} x \\ y \end{pmatrix} \Rightarrow y=ix$$

$$\therefore\ \boldsymbol{X}_1=\frac{1}{\sqrt{2}}\begin{pmatrix} 1 \\ i \end{pmatrix}$$

$\underline{(ii)\ \lambda_2=a-ib}$

$$\begin{pmatrix} a & b \\ -b & a \end{pmatrix}\begin{pmatrix} x \\ y \end{pmatrix}=(a-ib)\begin{pmatrix} x \\ y \end{pmatrix} \Rightarrow y=-ix$$

$$\therefore\ \boldsymbol{X}_2=\frac{1}{\sqrt{2}}\begin{pmatrix} 1 \\ -i \end{pmatrix}$$

(3) $Tr(A)=2a$와 $\det(A)=a^2+b^2$을 고윳값으로 나타내면 다음과 같다.

$$\lambda_1+\lambda_2=(a+ib)+(a-ib)=2a \quad \therefore\ Tr(A)=2a\equiv\lambda_1+\lambda_2,$$
$$\lambda_1\lambda_2=(a+ib)(a-ib)=a^2+b^2 \quad \therefore\ \det(A)=a^2+b^2\equiv\lambda_1\lambda_2$$

4.27 행렬 $A=\begin{pmatrix} a & b \\ -b & a \end{pmatrix}$에 대한 제차 행렬 방정식 $AX=0$가 있다.

단, a, b는 실수이며 $b\neq 0$이다. $X\neq 0$인 조건을 구하라.

[풀이]

$X=\begin{pmatrix} x \\ y \end{pmatrix}$ 라 두면 제차 행렬 방정식 $AX=0$은 다음과 같이 주어진다.

$$\begin{pmatrix} a & b \\ -b & a \end{pmatrix}\begin{pmatrix} x \\ y \end{pmatrix}=0 \ \Rightarrow \ \begin{cases} ax+by=0 \\ -bx+ay=0 \end{cases}$$

연립 방정식을 풀면 해는 $x=-\dfrac{b}{a}y=\dfrac{a}{b}y$ 가 된다.

$X\neq 0$에 대해 $a^2+b^2=0$을 얻으며 행렬식 $\det(A)=a^2+b^2=0$과 같다.

즉, 제차 행렬 방정식 $AX=0$에서 $X\neq 0$인 조건은 $\det(A)=0$이다.

4.28 비특이 (회전) 행렬 $A=\begin{pmatrix} \cos\theta & \sin\theta & 0 \\ -\sin\theta & \cos\theta & 0 \\ 0 & 0 & 1 \end{pmatrix}$가 있다.

(1) 고윳값을 구하라. (2) 고윳값에 대한 고유 벡터를 구하라.

(3) 고윳값들의 합과 곱은 각각 $Tr(A)$와 $\det(A)$와 같음을 보여라.

[풀이]

(1) 고유치 문제 $AX=\lambda IX$에서 고유 벡터 X가 물리적으로 의미 있는 해인 $X\neq 0$이 되기 위해 특성 방정식 $|A-\lambda I|=0$ 이어야 한다.

$$|A-\lambda I|=\begin{vmatrix} \cos\theta-\lambda & \sin\theta & 0 \\ -\sin\theta & \cos\theta-\lambda & 0 \\ 0 & 0 & 1-\lambda \end{vmatrix}=0$$

$$\Rightarrow (\cos\theta-\lambda)^2(1-\lambda)+\sin^2\theta(1-\lambda)=(\lambda^2-2\cos\theta\lambda+1)(1-\lambda)=0$$

고윳값 λ에 대한 특성 방정식으로부터 고윳값은 다음 세 개가 주어진다.

$$\lambda_1=\cos\theta+i\sin\theta\equiv e^{i\theta},$$
$$\lambda_2=\cos\theta-i\sin\theta\equiv e^{-i\theta},$$
$$\lambda_3=1$$

(2) 고유 벡터 $X=\begin{pmatrix}x\\y\\z\end{pmatrix}$를 구하기 위해 각각의 고윳값을 고유치 방정식 $AX=\lambda IX$에 대입한다.

(i) $\lambda_1=\cos\theta+i\sin\theta\equiv e^{i\theta}$인 경우

$$\begin{pmatrix}\cos\theta & \sin\theta & 0\\ -\sin\theta & \cos\theta & 0\\ 0 & 0 & 1\end{pmatrix}\begin{pmatrix}x\\y\\z\end{pmatrix}-\lambda_1\begin{pmatrix}1&0&0\\0&1&0\\0&0&1\end{pmatrix}\begin{pmatrix}x\\y\\z\end{pmatrix}=0$$

$$\Rightarrow\begin{pmatrix}-i\sin\theta & \sin\theta & 0\\ -\sin\theta & -i\sin\theta & 0\\ 0 & 0 & 1-e^{i\theta}\end{pmatrix}\begin{pmatrix}x\\y\\z\end{pmatrix}=0$$

$$\Rightarrow\begin{cases}-i\sin\theta x+\sin\theta y=0\\ -\sin\theta x-i\sin\theta y=0\\ (1-e^{i\theta})z=0\end{cases}$$

임의의 θ에 대하여

$$\Rightarrow y=ix,\ \ x=-iy,\ \ z=0$$

편의상, $x=1$로 두면 $y=ix=i$가 된다.

따라서 고윳값 $\lambda_1=\cos\theta+i\sin\theta\equiv e^{i\theta}$에 대한 규격화된 고유 벡터는 다음과 같다.

$$X_1=\frac{1}{\sqrt{2}}\begin{pmatrix}1\\i\\0\end{pmatrix}$$

(ii) $\lambda_2=\cos\theta-i\sin\theta\equiv e^{-i\theta}$인 경우

$$\begin{pmatrix}\cos\theta & \sin\theta & 0\\ -\sin\theta & \cos\theta & 0\\ 0 & 0 & 1\end{pmatrix}\begin{pmatrix}x\\y\\z\end{pmatrix}-\lambda_2\begin{pmatrix}1&0&0\\0&1&0\\0&0&1\end{pmatrix}\begin{pmatrix}x\\y\\z\end{pmatrix}=0$$

$$\Rightarrow\begin{pmatrix}i\sin\theta & \sin\theta & 0\\ -\sin\theta & i\sin\theta & 0\\ 0 & 0 & 1-e^{-i\theta}\end{pmatrix}\begin{pmatrix}x\\y\\z\end{pmatrix}=0$$

$$\Rightarrow \begin{cases} i\sin\theta x + \sin\theta y = 0 \\ -\sin\theta x + i\sin\theta y = 0 \\ (1-e^{-i\theta})z = 0 \end{cases}$$

임의의 θ에 대하여

$$\Rightarrow y = -ix,\ \ x = iy,\ \ z = 0$$

편의상, $x=1$로 두면 $y=-ix=-i$가 된다. 따라서 고윳값 $\lambda_2 = \cos\theta - i\sin\theta \equiv e^{-i\theta}$에 대한 규격화된 고유 벡터는 다음과 같다.

$$X_2 = \frac{1}{\sqrt{2}}\begin{pmatrix} 1 \\ -i \\ 0 \end{pmatrix}$$

(iii) $\lambda_3 = 1$인 경우

$$\begin{pmatrix} \cos\theta & \sin\theta & 0 \\ -\sin\theta & \cos\theta & 0 \\ 0 & 0 & 1 \end{pmatrix}\begin{pmatrix} x \\ y \\ z \end{pmatrix} - \lambda_3\begin{pmatrix} 1 & 0 & 0 \\ 0 & 1 & 0 \\ 0 & 0 & 1 \end{pmatrix}\begin{pmatrix} x \\ y \\ z \end{pmatrix} = 0$$

$$\Rightarrow \begin{pmatrix} \cos\theta - 1 & \sin\theta & 0 \\ -\sin\theta & \cos\theta - 1 & 0 \\ 0 & 0 & 0 \end{pmatrix}\begin{pmatrix} x \\ y \\ z \end{pmatrix} = 0$$

$$\Rightarrow \begin{cases} (1-\cos\theta)x + \sin\theta y = 0 \\ -\sin\theta x + (1-\cos\theta)y = 0 \end{cases}$$

미지수 벡터 $\boldsymbol{r} = \begin{pmatrix} x \\ y \end{pmatrix}$에 대해 행렬 방정식으로 나타내면

$$\begin{pmatrix} 1-\cos\theta & \sin\theta \\ -\sin\theta & 1-\cos\theta \end{pmatrix}\begin{pmatrix} x \\ y \end{pmatrix} = 0 \Rightarrow B\boldsymbol{r} = 0$$

이 된다. 행렬식은 $\det(B) = (1-\cos\theta)^2 + \sin^2\theta = 2(1-\cos\theta)$이며 $\cos\theta = 1$일 때 즉, $\theta = \pm 2n\pi\ (n = 0, 1, 2, \cdots)$를 제외한 임의의 모든 θ에 대해 행렬식 $\det(B) \neq 0$이므로 미지수 벡터는 $\boldsymbol{r} = \begin{pmatrix} x \\ y \end{pmatrix} = 0$이다.

회전 행렬 A는 z축을 회전축으로 xy평면에서 반시계방향 $(\theta > 0)$ 또는 시계방향

$(\theta < 0)$으로 회전하는 행렬이므로 xy 평면에 2개의 고윳값 (λ_1, λ_2)와 고유 벡터 (좌향과 우향의 회전 벡터) $\boldsymbol{X}_1, \boldsymbol{X}_2$가 존재한다.

그러나 z축은 회전축이므로 회전 행렬 A의 연산에 대해 불변 (invariant)이므로 (규격화) 고유 벡터는 회전축의 방향이 된다.

즉, $A\boldsymbol{X}_3 = \boldsymbol{X}_3 \;\Rightarrow\; \therefore\; \boldsymbol{X}_3 = \begin{pmatrix} 0 \\ 0 \\ 1 \end{pmatrix}$이다.

(3) 회전 행렬 A의 $Tr(A)$와 $\det(A)$는 각각 다음과 같다.

$$Tr(A) = 1 + 2\cos\theta$$

$$\det(A) = \cos^2\theta + \sin^2\theta = 1$$

고윳값들의 합과 곱은

$$\sum_{j=1}^{3}\lambda_j = (\cos\theta + i\sin\theta) + (\cos\theta - i\sin\theta) + 1 = 1 + 2\cos\theta$$

$$\prod_{j=1}^{3}\lambda_j = (\cos\theta + i\sin\theta)(\cos\theta - i\sin\theta) \times 1 = \cos^2\theta + \sin^2\theta = 1$$

이므로 다음 관계식이 성립한다.

$$\sum_{j=1}^{3}\lambda_j = 1 + 2\cos\theta \equiv Tr(A)$$

$$\prod_{j=1}^{3}\lambda_j = 1 \equiv \det(A)$$

4.29 어떤 강체의 관성 모멘트 텐서가 $J=\frac{1}{2}\begin{pmatrix} J_1+J_2 & J_1-J_2 & 0 \\ J_1-J_2 & J_1+J_2 & 0 \\ 0 & 0 & 2J_3 \end{pmatrix}$로

주어진다. 단, $J_1 \neq J_2$, $(J_1, J_2 > 0)$이다.

(1) 고윳값과 (2) 고유 벡터를 구하라. [힌트: 수직축 정리에 따라 $J_3 = J_1 + J_2$ 이다.]

(3) 고윳값들의 합과 곱은 각각 $Tr(J)$와 $\det(J)$와 같음을 보여라.

[풀이]

(1) 강체의 관성 모멘트가 $J=\frac{1}{2}\begin{pmatrix} J_1+J_2 & J_1-J_2 & 0 \\ J_1-J_2 & J_1+J_2 & 0 \\ 0 & 0 & 2J_3 \end{pmatrix}$일 때 고유치 문제는

$JX = \lambda IX$ 이며, 고유 벡터 X가 물리적으로 의미 있는 해인 $X \neq 0$이 되기 위해 특성 방정식 $|J-\lambda I|=0$ 이어야 한다.

$$|J-\lambda I| = \begin{vmatrix} \frac{J_1+J_2}{2}-\lambda & \frac{J_1-J_2}{2} & 0 \\ \frac{J_1-J_2}{2} & \frac{J_1+J_2}{2}-\lambda & 0 \\ 0 & 0 & J_3-\lambda \end{vmatrix} = 0$$

$$\begin{aligned} \Rightarrow & \left(\frac{J_1+J_2}{2}-\lambda\right)^2 (J_3-\lambda) - \left(\frac{J_1-J_2}{2}\right)^2 (J_3-\lambda) \\ &= \left[\left(\frac{J_1+J_2}{2}-\lambda\right)^2 - \left(\frac{J_1-J_2}{2}\right)^2\right](J_3-\lambda) \\ &= \left[\lambda^2-(J_1+J_2)\lambda+J_1J_2\right](J_3-\lambda) \\ &= (J_1-\lambda)(J_2-\lambda)(J_3-\lambda)=0 \end{aligned}$$

고윳값 λ에 대한 특성 방정식으로부터 고윳값은 다음과 같다.

$$\therefore\ \lambda_1 = J_1,\ \lambda_2 = J_2,\ \lambda_3 = J_3$$

(2) 고유 벡터 $\boldsymbol{X}=\begin{pmatrix}x\\y\\z\end{pmatrix}$를 구하기 위해 각각의 고윳값을 고유치 방정식 $JX=\lambda IX$에 대입한다.

<u>(i) $\lambda_1=J_1$인 경우</u>

$$\frac{1}{2}\begin{pmatrix}J_1+J_2 & J_1-J_2 & 0\\ J_1-J_2 & J_1+J_2 & 0\\ 0 & 0 & 2J_3\end{pmatrix}\begin{pmatrix}x\\y\\z\end{pmatrix}-\lambda_1\begin{pmatrix}1&0&0\\0&1&0\\0&0&1\end{pmatrix}\begin{pmatrix}x\\y\\z\end{pmatrix}=0$$

$$\Rightarrow\begin{pmatrix}-\dfrac{J_1-J_2}{2} & \dfrac{J_1-J_2}{2} & 0\\ \dfrac{J_1-J_2}{2} & -\dfrac{J_1-J_2}{2} & 0\\ 0 & 0 & J_3-J_1\end{pmatrix}\begin{pmatrix}x\\y\\z\end{pmatrix}=0$$

$$\Rightarrow\begin{cases}\mp\dfrac{J_1-J_2}{2}x\pm\dfrac{J_1-J_2}{2}y=0\Rightarrow x=y\\(J_3-J_1)z=0\quad\Rightarrow z=0\end{cases}$$

편의상, $x=y=1$로 두면 고윳값 $\lambda_1=J_1$에 대한 규격화된 고유 벡터는 다음과 같다.

$$\boldsymbol{X}_1=\frac{1}{\sqrt{2}}\begin{pmatrix}1\\1\\0\end{pmatrix}$$

<u>(ii) $\lambda_2=J_2$인 경우</u>

$$\frac{1}{2}\begin{pmatrix}J_1+J_2 & J_1-J_2 & 0\\ J_1-J_2 & J_1+J_2 & 0\\ 0 & 0 & 2J_3\end{pmatrix}\begin{pmatrix}x\\y\\z\end{pmatrix}-\lambda_2\begin{pmatrix}1&0&0\\0&1&0\\0&0&1\end{pmatrix}\begin{pmatrix}x\\y\\z\end{pmatrix}=0$$

$$\Rightarrow \begin{pmatrix} \dfrac{J_1 - J_2}{2} & \dfrac{J_1 - J_2}{2} & 0 \\ \dfrac{J_1 - J_2}{2} & \dfrac{J_1 - J_2}{2} & 0 \\ 0 & 0 & J_3 - J_2 \end{pmatrix} \begin{pmatrix} x \\ y \\ z \end{pmatrix} = 0$$

$$\Rightarrow \begin{cases} \dfrac{J_1 - J_2}{2} x + \dfrac{J_1 - J_2}{2} y = 0 \Rightarrow x = -y \\ (J_3 - J_2) z = 0 \quad \Rightarrow z = 0 \end{cases}$$

$x = -y = 1$로 두면 고윳값 $\lambda_2 = J_2$에 대한 규격화된 고유 벡터는 다음과 같다.

$$\boldsymbol{X}_2 = \frac{1}{\sqrt{2}} \begin{pmatrix} 1 \\ -1 \\ 0 \end{pmatrix}$$

<u>(iii) $\lambda_3 = J_3$인 경우</u>

$$\frac{1}{2} \begin{pmatrix} J_1 + J_2 & J_1 - J_2 & 0 \\ J_1 - J_2 & J_1 + J_2 & 0 \\ 0 & 0 & 2J_3 \end{pmatrix} \begin{pmatrix} x \\ y \\ z \end{pmatrix} - \lambda_3 \begin{pmatrix} 1 & 0 & 0 \\ 0 & 1 & 0 \\ 0 & 0 & 1 \end{pmatrix} \begin{pmatrix} x \\ y \\ z \end{pmatrix} = 0$$

$$\Rightarrow \begin{pmatrix} \dfrac{J_1 + J_2 - 2J_3}{2} & \dfrac{J_1 - J_2}{2} & 0 \\ \dfrac{J_1 - J_2}{2} & \dfrac{J_1 + J_2 - 2J_3}{2} & 0 \\ 0 & 0 & 0 \end{pmatrix} \begin{pmatrix} x \\ y \\ z \end{pmatrix} = 0$$

또는 수직축 정리 $J_3 = J_1 + J_2$를 사용하면 특성 방정식은 다음과 같다.

$$\Rightarrow \begin{pmatrix} -\dfrac{J_3}{2} & \dfrac{J_1 - J_2}{2} & 0 \\ \dfrac{J_1 - J_2}{2} & -\dfrac{J_3}{2} & 0 \\ 0 & 0 & 0 \end{pmatrix} \begin{pmatrix} x \\ y \\ z \end{pmatrix} = 0$$

$$\Rightarrow \begin{cases} -\dfrac{J_3}{2}x + \dfrac{J_1 - J_2}{2}y = 0 \\ \dfrac{J_1 - J_2}{2}x - \dfrac{J_3}{2}y = 0 \\ 0z = 0 \qquad\qquad\qquad (\text{부정형}) \end{cases}$$

연립 방정식을 풀면 $x = y = 0$ 이며 z는 부정형 방정식이므로 임의의 값을 갖는다. 따라서 고윳값 $\lambda_3 = J_3$에 대한 규격화된 고유 벡터는 다음과 같다.

$$\boldsymbol{X}_3 = \begin{pmatrix} 0 \\ 0 \\ 1 \end{pmatrix}$$

(3) 고윳값은 $\lambda_1 = J_1$, $\lambda_2 = J_2$, $\lambda_3 = J_3$ 이다.

$$Tr(J) = J_1 + J_2 + J_3 \equiv \lambda_1 + \lambda_2 + \lambda_3$$

$$\begin{aligned} \det(J) &= \left(\frac{J_1 + J_2}{2}\right)^2 J_3 - \left(\frac{J_1 - J_2}{2}\right)^2 J_3 \\ &= \left[\left(\frac{J_1 + J_2}{2}\right)^2 - \left(\frac{J_1 - J_2}{2}\right)^2\right] J_3 \\ &= J_1 J_2 J_3 \equiv \lambda_1 \lambda_2 \lambda_3 \end{aligned}$$

즉, 관성 모멘트 텐서 J 의 $Tr(J)$와 $\det(J)$는 각각 고윳값들의 합과 곱과 같다.

4.30 케일리-해밀턴 정리의 응용:

2×2 행렬 $A=\begin{pmatrix} a & b \\ c & d \end{pmatrix}$이 있다. 여기서 행렬 요소 a, b, c, d는 실수 또는 복소수이며 비특이 행렬 $(\det(A)=|A|\neq 0)$을 가정한다.

(1) 역행렬 A^{-1}과 $(A^{-1})^2$을 케일리-해밀턴 정리를 사용하지 않고 직접 계산하여 구하라.

(2) 역행렬 A^{-1}의 고윳값을 μ라 하면 특성 방정식

$$p(\mu)=\det(\mu I-A^{-1})=0$$ 은 $$\mu^2-\frac{Tr(A)}{|A|}\mu+\frac{1}{|A|}=0$$ 임을 보여라.

(3) 역행렬 A^{-1}의 고윳값이 $\mu(A^{-1})=\dfrac{Tr(A)\pm\sqrt{Tr^2(A)-4|A|}}{2|A|}=\dfrac{\lambda(A)}{|A|}$ 임을 보여라. 여기서 $\lambda(A)$는 행렬 A의 고윳값이다.

(4) 역행렬 A^{-1}에 대해 케일리-해밀턴 정리

$$p(A^{-1})=(A^{-1})^2-\frac{Tr(A)}{|A|}A^{-1}+\frac{I}{|A|}=0$$ 가 성립함을 보여라.

여기서 I는 2×2 단위행렬이며 우변의 0은 영 행렬이다.

(5) 케일리-해밀턴 정리로부터 $(A^{-1})^2$을 구하여 (1) 또는 (4)에서 구한 결과와 같음을 보여라. [힌트: 예제 4.38을 참고하라.]

[풀이]

(1) 케일리-해밀턴 정리를 사용하지 않고 역행렬 A^{-1}과 $(A^{-1})^2$을 구하면 다음과 같다.

$$A^{-1}=\frac{Adj(A)}{|A|}=\frac{1}{|A|}\begin{pmatrix} d & -b \\ -c & a \end{pmatrix}=\frac{1}{ad-bc}\begin{pmatrix} d & -b \\ -c & a \end{pmatrix}$$

$$\begin{aligned}(A^{-1})^2 &= A^{-1}A^{-1}=\frac{1}{|A|^2}\begin{pmatrix} d & -b \\ -c & a \end{pmatrix}\begin{pmatrix} d & -b \\ -c & a \end{pmatrix}\\ &=\frac{1}{|A|^2}\begin{pmatrix} d^2+bc & -b(a+d) \\ -c(a+d) & a^2+bc \end{pmatrix}\\ &=\frac{1}{(ad-bc)^2}\begin{pmatrix} d^2+bc & -b(a+d) \\ -c(a+d) & a^2+bc \end{pmatrix}\end{aligned}$$

(2) 역행렬 A^{-1}의 고윳값을 μ라 하면 특성 방정식은 다음과 같이 주어진다.

$$\begin{aligned}
p(\mu) &= \det(\mu I - A^{-1}) = \left| \begin{pmatrix} \mu & 0 \\ 0 & \mu \end{pmatrix} - \frac{1}{|A|} \begin{pmatrix} d & -b \\ -c & a \end{pmatrix} \right| \\
&= \frac{1}{|A|} \begin{vmatrix} \mu|A| - d & b \\ c & \mu|A| - a \end{vmatrix} \\
&= \frac{1}{|A|} [(\mu|A| - d)(\mu|A| - a) - bc] \\
&= \frac{1}{|A|} [|A|^2 \mu^2 - |A|(a+d)\mu + (ad - bc)] \\
&= |A| \left[\mu^2 - \frac{Tr(A)}{|A|}\mu + \frac{1}{|A|} \right] = 0
\end{aligned}$$

$$\therefore \ \mu^2 - \frac{Tr(A)}{|A|}\mu + \frac{1}{|A|} = 0$$

(3) 역행렬 A^{-1}의 고윳값은 (2)의 특성 방정식의 근이므로 다음과 같다.

$$\mu(A^{-1}) = \frac{Tr(A) \pm \sqrt{Tr^2(A) - 4|A|}}{2|A|}$$

한편, 행렬 A의 특성 방정식 $p(\lambda) = \lambda^2 - Tr(A)\lambda + \det(A) = 0$ 에서 고윳값은 $\lambda(A) = \dfrac{Tr(A) \pm \sqrt{Tr^2(A) - 4|A|}}{2}$ 이므로 $\mu(A^{-1})$는 다음과 같이 주어진다.

$$\therefore \ \mu(A^{-1}) = \frac{Tr(A) \pm \sqrt{Tr^2(A) - 4|A|}}{2|A|} = \frac{\lambda(A)}{|A|}$$

여기서 $\lambda(A)$는 행렬 A의 고윳값이다.

(4) 행렬 A의 역행렬을 $A^{-1} \equiv B$라 두면 (1)에서 구한 역행렬은 $B \equiv A^{-1} = \dfrac{1}{|A|}\begin{pmatrix} d & -b \\ -c & a \end{pmatrix}$ 이므로 다음 관계식이 성립한다.

$$Tr(B) = Tr(A^{-1}) = \frac{a+d}{|A|} = \frac{Tr(A)}{|A|},$$
$$|B| = |A^{-1}| = \frac{ad-bc}{|A|^2} = \frac{1}{|A|}$$

역행렬 $B \equiv A^{-1}$ 에 대한 특성 방정식은 다음과 같다.

$$p(\mu) = |\mu I - B| = \mu^2 - Tr(B)\mu + \det(B) = 0$$

케일리-해밀턴 정리를 사용하면 역행렬 $B \equiv A^{-1}$ 의 특성 방정식은 0이 된다.

$$\begin{aligned} p(B) &= B^2 - Tr(B)B + \det(B)I \\ &= B^2 - \frac{Tr(A)}{|A|}B + \frac{I}{|A|} = 0 \end{aligned}$$

$$\therefore\ p(A^{-1}) = (A^{-1})^2 - \frac{Tr(A)}{|A|}A^{-1} + \frac{I}{|A|} = 0$$

(5) (4)에서 구한 역행렬 A^{-1}에 대한 케일리-해밀턴 정리 $p(A^{-1}) = 0$ 를 사용하여 $(A^{-1})^2$ 을 구하면 다음과 같다.

$$\begin{aligned} \therefore\ (A^{-1})^2 &= \frac{Tr(A)}{|A|}A^{-1} - \frac{I}{|A|} \\ &= \frac{1}{|A|^2}\begin{pmatrix} d^2+bc & -b(a+d) \\ -c(a+d) & a^2+bc \end{pmatrix} \end{aligned}$$

한편, 행렬 A에 대한 케일리-해밀턴 정리 $p(A) = A^2 - Tr(A)A + \det(A)I = 0$ 을 사용하여 구할 수도 있다. 양변의 왼쪽에 A^{-2}을 연산하면 다음과 같다.

$$\begin{aligned} A^{-2}p(A) &= A^{-2}A^2 - Tr(A)A^{-2}A + |A|A^{-2}I \\ &= I - Tr(A)A^{-1} + |A|A^{-2} = 0 \end{aligned}$$

$$\begin{aligned} \therefore\ (A^{-1})^2 &= \frac{Tr(A)}{|A|}A^{-1} - \frac{I}{|A|} \\ &= \frac{1}{|A|^2}\begin{pmatrix} d^2+bc & -b(a+d) \\ -c(a+d) & a^2+bc \end{pmatrix} \end{aligned}$$

(1)과 같이 직접 계산하여 구할 수도 있으며 케일리-해밀턴 정리 $p(A)$ 또는 $p(A^{-1})$를 사용하여 구할 수도 있다.

4.31 체비셰프 다항식 (Chebyshev polynomials)

행렬 $A=\begin{pmatrix} a & b \\ c & d \end{pmatrix}$의 $Tr(A)=a+d\equiv 2x$와 $\det(A)=ad-bc\equiv 1$인 행렬이 있다. 여기서 $x\equiv\cos\theta$, $(-1\le x\le 1)$이다.

(1) 고윳값 λ의 특성 방정식을 쓰고 고윳값을 구하라.

(2) 케일리-해밀턴 정리를 이용하여 $A^N=U_{N-1}(x)A-U_{N-2}I$임을 증명하라. 여기서 $U_N(x)$은 제2종의 체비셰프 다항식 (second kind of Chebyshev polynomials)이며 $N=0,1,2,3,\cdots$이며 처음 몇 개의 다항식은 다음과 같다.

$$U_0(x)=1,\quad U_1(x)=2x,\quad U_2(x)=4x^2-1,\quad U_3(x)=8x^3-4x,$$
$$U_4(x)=16x^4-12x^2+1,\quad U_5(x)=32x^5-32x^3+6x,\ \cdots$$

(3) (2)에서 구한 제2종의 체비셰프 다항식은 $U_N(x)=\dfrac{\sin(N+1)\theta}{\sin\theta}$와 같음을 보여라.

(4) 제2종의 체비셰프 다항식의 회귀 관계식(recurrence relation)은 $U_N(x)=2x\,U_{N-1}(x)-U_{N-2}(x)$, $(N=2,3,4,\cdots)$임을 보여라. 단, 초기조건은 $U_0(x)=1$, $U_1(x)=2x$이다.

[풀이]

(1) 고유치 문제 $AX=\lambda IX$의 특성 방정식 $|A-\lambda I|=0$이다.

$$|A-\lambda I|=0\Rightarrow\begin{vmatrix} a-\lambda & b \\ c & d-\lambda \end{vmatrix}=(a-\lambda)(d-\lambda)-bc=0$$

$$\Rightarrow\lambda^2-(a+d)\lambda+(ad-bc)=\lambda^2-Tr(A)\lambda+\det(A)=0$$

$Tr(A)=a+d\equiv 2x=2\cos\theta$와 $\det(A)=ad-bc\equiv 1$을 사용하면 특성 방정식은 $\lambda^2-2x\lambda+1=0$ 또는 $\lambda^2-2\cos\theta\lambda+1=0$이다.

$$\therefore\ \lambda=\frac{Tr(A)}{2}\pm\sqrt{\left(\frac{Tr(A)}{2}\right)^2-|A|}=\cos\theta\pm\sqrt{\cos^2\theta-1}$$
$$=\cos\theta\pm i\sin\theta\equiv e^{\pm i\theta}$$

(2) 케일리-해밀턴 정리에 따르면 고유치 λ 대신 행렬 A를 대입한 특성 방정식은 다음과 같이 주어진다.

$$A^2 - Tr(A)A + \det(A)I = 0 \quad \text{또는} \quad A^2 - 2xA + I = 0$$

회귀적 방법 (recursive method)으로 A^2, $A^3 = AA^2$, $A^4 = AA^3$, $A^5 = AA^4$, 등을 구한다.

$$\therefore\ A^2 = 2xA - I \equiv U_1(x)A - U_0(x)I$$

$$\begin{aligned}\Rightarrow A^3 &= AA^2 = A(2xA - I) = 2xA^2 - A \\ &= 2x(2xA - I) - A = (4x^2 - 1)A - 2xI\end{aligned}$$

$$\therefore\ A^3 = (4x^2 - 1)A - 2xI \equiv U_2(x)A - U_1(x)I$$

$$\begin{aligned}\Rightarrow A^4 &= AA^3 = A\left[(4x^2 - 1)A - 2xI\right] \\ &= (4x^2 - 1)A^2 - 2xA = (4x^2 - 1)(2xA - I) - 2xA \\ &= (8x^3 - 4x)A - (4x^2 - 1)I\end{aligned}$$

$$\therefore\ A^4 = (8x^3 - 4x)A - (4x^2 - 1)I \equiv U_3(x)A - U_2(x)I$$

$$\begin{aligned}A^5 &= AA^4 = A\left[(8x^3 - 4x)A - (4x^2 - 1)I\right] \\ &= (8x^3 - 4x)A^2 - (4x^2 - 1)A \\ &= (8x^3 - 4x)(2xA - I) - (4x^2 - 1)A \\ &= (16x^4 - 12x^2 + 1)A - (8x^3 - 4x)I\end{aligned}$$

$$\therefore\ A^5 = (16x^4 - 12x^2 + 1)A - (8x^3 - 4x)I = U_4(x)A - U_3(x)I$$

$$\vdots$$

여기서 $U_N(x)$은 제2종의 체비셰프 다항식으로 위의 회귀 식에서 처음 몇 개의 다항식은 다음과 같이 정의된다.

$$\begin{aligned}&U_0(x) = 1,\quad U_1(x) = 2x,\quad U_2(x) = 4x^2 - 1,\quad U_3(x) = 8x^3 - 4x, \\ &U_4(x) = 16x^4 - 12x^2 + 1,\quad U_5(x) = 32x^5 - 32x^3 + 6x,\ \cdots\end{aligned}$$

(3) $x \equiv \cos\theta$, $(-1 \le x \le 1)$ 이므로 사인 함수의 배 각 공식을 사용하자.

$$
\begin{aligned}
N=0:&\quad \sin 1\theta = \sin\theta, \\
N=1:&\quad \sin 2\theta = 2\sin\theta\cos\theta \equiv 2x\sin\theta, \\
N=2:&\quad \sin 3\theta = \sin\theta(4\cos^2\theta - 1) \equiv (4x^2 - 1)\sin\theta, \\
N=3:&\quad \sin 4\theta = \sin\theta(8\cos^3\theta - 4\cos\theta) \equiv (8x^3 - 4x)\sin\theta, \\
N=4:&\quad \sin 5\theta = \sin\theta(16\cos^4\theta - 12\cos^2\theta + 1) \equiv (16x^4 - 12x^4 + 1)\sin\theta \\
&\quad \vdots
\end{aligned}
$$

양변을 $\sin\theta$로 나누면 위의 식들은 (2)에서 구한 제2종의 체비셰프 다항식과 같으므로 일반화하면 다음과 같이 쓸 수 있다.

$$\therefore\ U_N(x) = \frac{\sin(N+1)\theta}{\sin\theta}$$

(4) 삼각 함수 관계식을 이용한다.

$$
\begin{aligned}
\sin(N+1)\theta &= \sin(N\theta)\cos\theta + \cos(N\theta)\sin\theta, \\
\sin(N-1)\theta &= \sin(N\theta)\cos\theta - \cos(N\theta)\sin\theta
\end{aligned}
$$

두 식을 더하고 $\sin\theta$로 양변을 나누면 다음과 같다.

$$\sin(N+1)\theta + \sin(N-1)\theta = 2\cos\theta\sin(N\theta)$$

$$\Rightarrow \frac{\sin(N+1)\theta}{\sin\theta} + \frac{\sin(N-1)\theta}{\sin\theta} = 2\cos\theta\,\frac{\sin(N\theta)}{\sin\theta}$$

$$\Rightarrow U_N(x) + U_{N-2}(x) = 2x\,U_{N-1}(x)$$

제2종의 체비셰프 다항식의 회귀 관계식은 다음과 같이 주어진다.

$$\therefore\ U_N(x) = 2x\,U_{N-1}(x) - U_{N-2}(x), \quad (N=2, 3, 4, \cdots)$$

단, 초기 조건은 $U_0(x) = 1$, $U_1(x) = 2x$이다.

4.32 연습문제 4.32 그림은 결합 조화 진동자를 나타낸다.

용수철 상수는 $k_1 = k_2 = k$ 이며, 질량은 $m_1 = m_2 = m$ 이다.

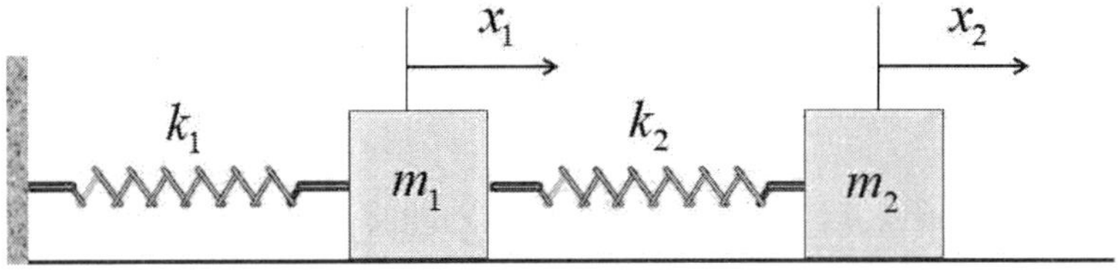

연습문제 4.32 그림.

(1) 결합 진동자의 운동 방정식을 라그랑지 운동 방정식 $\frac{d}{dt}\left(\frac{\partial L}{\partial \dot{x}_i}\right) - \frac{\partial L}{\partial x_i} = 0 \quad (i = 1, 2)$ 을 사용하여 구하라.

여기서 $\dot{x}_i \equiv \frac{dx_i}{dt}$ 이며 $L = T - V$ 는 계의 라그랑지안, T 는 운동 에너지, V 는 위치 에너지이다.

(2) (1)에서 구한 운동 방정식을 행렬 방정식 $\frac{d^2\boldsymbol{X}}{dt^2} = A\boldsymbol{X}$ 로 나타내고 고유치 방정식을 사용하여 고윳값과 고유 벡터를 구하라.

여기서 $\boldsymbol{X} = \begin{pmatrix} x_1 \\ x_2 \end{pmatrix}$ 는 열벡터이며 x_1, x_2 는 두 해이다.

(3) 고윳값들의 합과 곱은 각각 $Tr(A)$ 와 $\det(A)$ 와 같음을 보여라.

[풀이]

(1) 결합 진동자의 운동 에너지 T 와 탄성 위치 에너지 V 는 다음과 같다.

$$T = \frac{1}{2}m_1\dot{x}_1^2 + \frac{1}{2}m_2\dot{x}_2^2$$
$$V = \frac{1}{2}k_1x_1^2 + \frac{1}{2}k_2(x_2 - x_1)^2$$

따라서 라그랑지안은 다음과 같이 주어진다.

$$\begin{aligned} L &= T - V \\ &= \frac{1}{2}m_1\dot{x}_1^2 + \frac{1}{2}m_2\dot{x}_2^2 - \frac{1}{2}k_1x_1^2 - \frac{1}{2}k_2(x_2 - x_1)^2 \end{aligned}$$

라그랑지 운동 방정식 $\frac{d}{dt}\left(\frac{\partial L}{\partial \dot{x}_i}\right)-\frac{\partial L}{\partial x_i}=0,\quad (i=1,2)$을 사용하면 운동 방정식은 다음과 같이 쓸 수 있다.

$$m_1\ddot{x}_1=-k_1x_1+k_2(x_2-x_1)=-(k_1+k_2)x_1+k_2x_2,$$
$$m_2\ddot{x}_2=-k_2(x_2-x_1)=k_2x_1-k_2x_2$$

여기서 $\ddot{x}_j\ (j=1,2)$는 시간에 대한 2계 미분을 뜻한다.

(2) (1)에서 구한 운동 방정식을 행렬 방정식 $\frac{d^2\boldsymbol{X}}{dt^2}=A\boldsymbol{X}$로 나타내면 다음과 같다.

$$\frac{d^2X}{dt^2}=\begin{pmatrix}\ddot{x}_1\\ \ddot{x}_2\end{pmatrix}=\begin{pmatrix}-\frac{k_1+k_2}{m_1} & \frac{k_2}{m_1}\\ \frac{k_2}{m_2} & -\frac{k_2}{m_2}\end{pmatrix}\begin{pmatrix}x_1\\ x_2\end{pmatrix}$$

여기서 $\boldsymbol{X}=\begin{pmatrix}x_1\\ x_2\end{pmatrix}$는 열벡터이며 x_1, x_2는 두 해이다. 편의상 용수철 상수를 $k_1=k_2=k$, 질량을 $m_1=m_2=m$라 두면 행렬 방정식은 다음과 같이 주어진다.

$$\frac{d^2X}{dt^2}=\begin{pmatrix}\ddot{x}_1\\ \ddot{x}_2\end{pmatrix}=\begin{pmatrix}-\frac{2k}{m} & \frac{k}{m}\\ \frac{k}{m} & -\frac{k}{m}\end{pmatrix}\begin{pmatrix}x_1\\ x_2\end{pmatrix}\equiv AX$$

여기서 행렬 $A=\begin{pmatrix}-\frac{2k}{m} & \frac{k}{m}\\ \frac{k}{m} & -\frac{k}{m}\end{pmatrix}$이다

결합 용수철-질량 계의 시도 해를 $\boldsymbol{X}(t)=\begin{pmatrix}x_{10}\\ x_{20}\end{pmatrix}e^{i\omega t}\equiv\boldsymbol{X}_0\,e^{i\omega t}$라 두자. 여기서 ω는 고유치와 관계되는 각 진동수이며, $\boldsymbol{X}_0$는 고유 벡터이다.

시도 해를 행렬 방정식에 대입하면 다음을 얻는다.

$$\text{좌변}=\frac{d^2\boldsymbol{X}}{dt^2}=\begin{pmatrix}\ddot{x}_1\\ \ddot{x}_2\end{pmatrix}=-\omega^2\begin{pmatrix}x_{10}\\ x_{20}\end{pmatrix}e^{i\omega t}=-\omega^2\boldsymbol{X}_0\,e^{i\omega t},$$

$$\text{우변} = AX = \begin{pmatrix} -\dfrac{2k}{m} & \dfrac{k}{m} \\ \dfrac{k}{m} & -\dfrac{k}{m} \end{pmatrix} \begin{pmatrix} x_{10} \\ x_{20} \end{pmatrix} e^{i\omega t} = AX_0\, e^{i\omega t}$$

양변의 공통 인자 $e^{i\omega t}$를 소거하면 $AX_0 = -\omega^2 X_0 \equiv \lambda X_0$가 되어 고유치 문제가 된다. 여기서 $X_0 = \begin{pmatrix} x_{10} \\ x_{20} \end{pmatrix}$는 고유 벡터이며, 고윳값은 $\lambda = -\omega^2$ 이다.

특성 방정식 $|A - \lambda I| = 0$을 사용하여 고윳값을 구하면 다음과 같다.

$$|A - \lambda I| = \begin{vmatrix} -\dfrac{2k}{m} - \lambda & \dfrac{k}{m} \\ \dfrac{k}{m} & -\dfrac{k}{m} - \lambda \end{vmatrix} = 0$$

$$\Rightarrow \lambda^2 + \frac{3k}{m}\lambda + \left(\frac{k}{m}\right)^2 = 0$$

$$\therefore\ \lambda = \frac{-3 \pm \sqrt{5}}{2} \frac{k}{m}$$

$\lambda = -\omega^2$ 임을 염두에 두면 두 개의 고윳값은 다음과 같이 쓸 수 있다.

$$\lambda_1 = -\frac{3 - \sqrt{5}}{2} \frac{k}{m} = -\omega_1^2 \ \Rightarrow \qquad \therefore\ \omega_1^{\pm} = \pm \sqrt{\frac{3 - \sqrt{5}}{2}} \sqrt{\frac{k}{m}}$$

$$\lambda_2 = -\frac{3 + \sqrt{5}}{2} \frac{k}{m} = -\omega_2^2 \ \Rightarrow \qquad \therefore\ \omega_2^{\pm} = \pm \sqrt{\frac{3 + \sqrt{5}}{2}} \sqrt{\frac{k}{m}}$$

두 개의 고윳값 λ_1, λ_2에 대해 부호가 다른 네 개의 (고유) 각 진동수 $\omega_1^{\pm}$, $\omega_2^{\pm}$를 얻는다.

[※ **주의**] 약간의 대수 관계식을 사용하면 $\omega_1^{\pm}$, $\omega_2^{\pm}$는 다음과 같이 바꿀 수 있다.

$\sqrt{\dfrac{3 \mp \sqrt{5}}{2}} = \dfrac{1}{2}\sqrt{6 \mp 2\sqrt{5}} = \dfrac{1}{2}\sqrt{(\sqrt{5} \mp 1)^2} = \dfrac{\sqrt{5} \mp 1}{2}$ 가 되므로 각 진동수 $\omega_1^{\pm}$, $\omega_2^{\pm}$는 다음과 같이 쓸 수 있다.

$$\omega_1^{\pm} = \pm\sqrt{\frac{3-\sqrt{5}}{2}}\sqrt{\frac{k}{m}} \equiv \pm\frac{\sqrt{5}-1}{2}\sqrt{\frac{k}{m}}$$
$$\omega_2^{\pm} = \pm\sqrt{\frac{3+\sqrt{5}}{2}}\sqrt{\frac{k}{m}} \equiv \pm\frac{\sqrt{5}+1}{2}\sqrt{\frac{k}{m}}$$

이제 고유 벡터를 구하자.

고유치 방정식 $AX_0 = -\omega^2 X_0 = \lambda X_0$ 에서 운동 방정식은 다음과 같다.

$$\begin{pmatrix} -\frac{2k}{m} & \frac{k}{m} \\ \frac{k}{m} & -\frac{k}{m} \end{pmatrix}\begin{pmatrix} x_{10} \\ x_{20} \end{pmatrix} = -\omega^2\begin{pmatrix} x_{10} \\ x_{20} \end{pmatrix} = \lambda\begin{pmatrix} x_{10} \\ x_{20} \end{pmatrix}$$

또는
$$\begin{cases} -\frac{2k}{m}x_{10} + \frac{k}{m}x_{20} = -\omega^2 x_{10} \equiv \lambda x_{10} \\ \frac{k}{m}x_{10} - \frac{k}{m}x_{20} = -\omega^2 x_{20} \equiv \lambda x_{20} \end{cases}$$

(i) $\lambda_1 = -\frac{3-\sqrt{5}}{2}\frac{k}{m} = -\omega_1^2$ 인 경우

$$\begin{cases} -2x_{10} + x_{20} = -\frac{3-\sqrt{5}}{2}x_{10} \Rightarrow x_2 = \frac{\sqrt{5}+1}{2}x_{10} \\ x_{10} - x_{20} = -\frac{3-\sqrt{5}}{2}x_{20} \Rightarrow x_1 = \frac{\sqrt{5}-1}{2}x_{20} \end{cases}$$

$$\Rightarrow \frac{x_{20}}{x_{10}} = \frac{\sqrt{5}+1}{2} = \frac{2}{\sqrt{5}-1} \simeq 1.272$$

$$\therefore x_{20} \simeq +1.272\,x_{10}$$

고유 벡터를 $x_{10} = 1$ 로 두면 고유 벡터는 근사적으로 다음과 같이 주어진다.

$$\therefore \boxed{X_0^{(1)} = \begin{pmatrix} x_{10} \\ x_{10} \end{pmatrix} \simeq \begin{pmatrix} 1 \\ 1.272 \end{pmatrix}}$$

즉, 두 물체의 변위는 같은 방향 (같은 위상)으로 운동을 한다.

$(ii)\ \lambda_2 = -\dfrac{3+\sqrt{5}}{2}\dfrac{k}{m} = -\omega_2^2$ 인 경우

$$\begin{cases} -2x_{10} + x_{20} = -\dfrac{3+\sqrt{5}}{2}x_{10} & \Rightarrow x_2 = -\dfrac{\sqrt{5}-1}{2}x_{10} \\ x_{10} - x_{20} = -\dfrac{3+\sqrt{5}}{2}x_{20} & \Rightarrow x_1 = -\dfrac{\sqrt{5}+1}{2}x_{20} \end{cases}$$

$$\Rightarrow \frac{x_{20}}{x_{10}} = -\frac{\sqrt{5}-1}{2} = -\frac{2}{\sqrt{5}+1} \simeq -0.786$$

$$\therefore\ x_{20} \simeq -0.786x_{10}$$

고유 벡터를 $x_{10} = 1$로 두면 고유 벡터는 근사적으로 다음과 같이 주어진다.

$$\therefore\ \boxed{X_0^{(2)} = \begin{pmatrix} x_{10} \\ x_{10} \end{pmatrix} \simeq \begin{pmatrix} 1 \\ -0.786 \end{pmatrix}}$$

즉, 두 물체의 변위는 서로 반대 방향 (180° 위상)의 운동을 한다.

(3) 행렬 $A = \begin{pmatrix} -\dfrac{2k}{m} & \dfrac{k}{m} \\ \dfrac{k}{m} & -\dfrac{k}{m} \end{pmatrix}$에 대해 $Tr(A) = -\dfrac{3k}{m}$, $\det(A) = \left(\dfrac{k}{m}\right)^2$ 이다.

한편, 고윳값들은 $\lambda_1 = -\dfrac{3-\sqrt{5}}{2}\dfrac{k}{m}$ 와 $\lambda_2 = -\dfrac{3+\sqrt{5}}{2}\dfrac{k}{m}$ 이므로 고윳값의 합과 곱은 각각 다음과 같다.

$$\sum_{i=1}^{2}\lambda_i = \left(-\frac{3-\sqrt{5}}{2}\frac{k}{m}\right) + \left(-\frac{3+\sqrt{5}}{2}\frac{k}{m}\right) = -\frac{3k}{m} \equiv Tr(A)$$

$$\prod_{i=1}^{2}\lambda_i = \left(-\frac{3-\sqrt{5}}{2}\frac{k}{m}\right)\left(-\frac{3+\sqrt{5}}{2}\frac{k}{m}\right) = \frac{k^{(2)}}{m^2} \equiv \det(A)$$

4.6 직교 행렬 (Orthogonal Matrices)

4.33 $n\times n$ 직교 행렬 A의 행렬식은 $\det(A)=\pm 1$임을 보여라.

[풀이]

$n\times n$ 행렬 A, B의 곱에 대한 행렬식의 특성 $\det(AB)=\det(A)\det(B)$를 이용하자. 직교 행렬은 $AA^T=I$, (즉, $A^T=A^{-1}$)이며 $\det(A)=\det(A^T)$이므로 다음 관계식이 성립한다.

$$\det(AA^T)=\begin{cases}\det(A)\det(A^T)=(\det(A))^2\\ \det(I)=1\end{cases}$$

$$\Rightarrow (\det(A))^2=1$$

$$\therefore \det(A)=\pm 1$$

4.34 (1) 행렬 $A=\begin{pmatrix}\cos\theta & \sin\theta & 0\\ -\sin\theta & \cos\theta & 0\\ 0 & 0 & 1\end{pmatrix}$가 비특이 행렬임을 보여라.

(2) 역행렬 A^{-1}와 전치 행렬 A^T를 구하고 서로 같음을 보여라.

[힌트: 직교 행렬]

(3) 행렬 A에 대해 A^TA와 AA^T를 직접 계산하여 직교 조건

$\sum_{i=1}^{3}a_{ij}a_{ik}=\sum_{i=1}^{3}a_{ji}a_{ki}=\delta_{jk}\,(j,k=1,2,3)$이 성립하는지 보여라.

여기서 $a_{ij}\,(i,j=1,2,3)$는 행렬 A의 성분이다.

[풀이]

(1) 행렬 A의 행렬식은 다음과 같다.

$$|A|=\begin{vmatrix}\cos\theta & \sin\theta & 0\\ -\sin\theta & \cos\theta & 0\\ 0 & 0 & 1\end{vmatrix}=\cos^2\theta+\sin^2\theta=1\,(\neq 0)$$

즉, 행렬 A는 비특이 행렬 (non-singular matrix)이다.

(2) 여인수 행렬을 구하면 다음과 같이 주어진다.

$$C=\begin{pmatrix} \cos\theta & \sin\theta & 0 \\ -\sin\theta & \cos\theta & 0 \\ 0 & 0 & 1 \end{pmatrix}$$

역행렬 A^{-1}과 전치 행렬 A^T는 각각 다음과 같이 주어진다.

$$A^{-1}=\frac{Adj(A)}{|A|}=\frac{Cof(A)^T}{|A|}=\begin{pmatrix} \cos\theta & -\sin\theta & 0 \\ \sin\theta & \cos\theta & 0 \\ 0 & 0 & 1 \end{pmatrix},$$

$$A^T=\begin{pmatrix} \cos\theta & -\sin\theta & 0 \\ \sin\theta & \cos\theta & 0 \\ 0 & 0 & 1 \end{pmatrix}$$

따라서 역행렬 A^{-1}와 전치 행렬 A^T는 서로 같다. 즉, $A^{-1}=A^T$이므로 행렬 A는 직교 행렬 (orthogonal matrix)이다.

(3) 행렬 $A=\begin{pmatrix} a_{11} & a_{12} & a_{13} \\ a_{21} & a_{22} & a_{23} \\ a_{31} & a_{32} & a_{33} \end{pmatrix}$와 전치 행렬 $\widetilde{A}=A^T=\begin{pmatrix} a_{11} & a_{21} & a_{31} \\ a_{12} & a_{22} & a_{32} \\ a_{13} & a_{23} & a_{33} \end{pmatrix}$의 행렬 곱 A^TA를 연산하자.

$$A^TA=\begin{pmatrix} a_{11} & a_{21} & a_{31} \\ a_{12} & a_{22} & a_{32} \\ a_{13} & a_{23} & a_{33} \end{pmatrix}\begin{pmatrix} a_{11} & a_{12} & a_{13} \\ a_{21} & a_{22} & a_{23} \\ a_{31} & a_{32} & a_{33} \end{pmatrix}\equiv(c_{jk})_{3\times 3}$$

여기서 행렬 요소 c_{jk} $(j,k=1,2,3)$는 $c_{jk}=\sum_{i=1}^{3}a_{ij}a_{ik}$이다.

$$\begin{aligned} A^TA&=\begin{pmatrix} \cos\theta & -\sin\theta & 0 \\ +\sin\theta & \cos\theta & 0 \\ 0 & 0 & 1 \end{pmatrix}\begin{pmatrix} \cos\theta & \sin\theta & 0 \\ -\sin\theta & \cos\theta & 0 \\ 0 & 0 & 1 \end{pmatrix} \\ &=\begin{pmatrix} \cos^2\theta+\sin^2\theta & \cos\theta\sin\theta-\sin\theta\cos\theta & 0 \\ \sin\theta\cos\theta-\cos\theta\sin\theta & \cos^2\theta+\sin^2\theta & 0 \\ 0 & 0 & 1 \end{pmatrix} \\ &=\begin{pmatrix} 1 & 0 & 0 \\ 0 & 1 & 0 \\ 0 & 0 & 1 \end{pmatrix}=I \end{aligned}$$

$$\therefore \ c_{jk} = \sum_{i=1}^{3} a_{ij} a_{ik} = \delta_{jk}$$

같은 방법으로 AA^T을 연산하면 다음과 같이 쓸 수 있다.

$$AA^T = \begin{pmatrix} a_{11} & a_{12} & a_{13} \\ a_{21} & a_{22} & a_{23} \\ a_{31} & a_{32} & a_{33} \end{pmatrix} \begin{pmatrix} a_{11} & a_{21} & a_{31} \\ a_{12} & a_{22} & a_{32} \\ a_{13} & a_{23} & a_{33} \end{pmatrix} \equiv (d_{jk})_{3 \times 3}$$

여기서 행렬 요소 d_{jk} $(j,k=1,2,3)$는 $d_{jk} = \sum_{i=1}^{3} a_{ji} a_{ki}$ 이다.

두 행렬의 곱 AA^T은 다음과 같이 주어진다.

$$\begin{aligned} AA^T &= \begin{pmatrix} \cos\theta & \sin\theta & 0 \\ -\sin\theta & \cos\theta & 0 \\ 0 & 0 & 1 \end{pmatrix} \begin{pmatrix} \cos\theta & -\sin\theta & 0 \\ +\sin\theta & \cos\theta & 0 \\ 0 & 0 & 1 \end{pmatrix} \\ &= \begin{pmatrix} \cos^2\theta + \sin^2\theta & -\cos\theta\sin\theta + \sin\theta\cos\theta & 0 \\ -\sin\theta\cos\theta + \cos\theta\sin\theta & \sin^2\theta + \cos^2\theta & 0 \\ 0 & 0 & 1 \end{pmatrix} \\ &= \begin{pmatrix} 1 & 0 & 0 \\ 0 & 1 & 0 \\ 0 & 0 & 1 \end{pmatrix} = I \end{aligned}$$

$$\therefore \ d_{jk} = \sum_{i=1}^{3} a_{ji} a_{ki} = \delta_{jk}, \quad (j,k=1,2,3)$$

따라서 직교 조건 $\boxed{\sum_{i=1}^{3} a_{ij} a_{ik} = \sum_{i=1}^{3} a_{ji} a_{ki} = \delta_{jk}}$ $(j, k=1,2,3)$ $(j, k=1,2,3)$이 성립한다.

4.35 구 좌표계의 자코비안 행렬은 $J=\begin{pmatrix} \sin\theta\cos\phi & r\cos\theta\cos\phi & -r\sin\theta\sin\phi \\ \sin\theta\sin\phi & r\cos\theta\sin\phi & r\sin\theta\cos\phi \\ \cos\theta & -r\sin\theta & 0 \end{pmatrix}$

로 주어진다. [힌트: 예제 3.34 참고]

(1) 역행렬 J^{-1}와 전치 행렬 J^T를 구하라.

(2) (1)의 결과를 사용하여 자코비안 행렬의 직교 행렬 여부를 판별하라.

(3) J^TJ를 계량 텐서 $g=(g_{ij}\delta_{ij})=(h_{ij}^2\delta_{ij})$, $(i, j=1, 2, 3)$로 구하라.

여기서 직교 곡선 좌표계에서 길이 인자는 $h_{ii}=h_i\,(i=1, 2, 3)$이다.

[힌트: 연습문제 3.6~3.8 참고.]

(4) J^T와 J^{-1}의 관계식을 g 또는 g^{-1}로 표현하라.

[풀이]

(1) 구 좌표계의 자코비안 J의 행렬식과 여인수 행렬 C는 다음과 같이 주어진다.

$$\det(J)=\begin{vmatrix} \sin\theta\cos\phi & r\cos\theta\cos\phi & -r\sin\theta\sin\phi \\ \sin\theta\sin\phi & r\cos\theta\sin\phi & r\sin\theta\cos\phi \\ \cos\theta & -r\sin\theta & 0 \end{vmatrix}$$
$$=r^2\sin\theta$$

$$C=\begin{pmatrix} r^2\sin^2\theta\cos\phi & r\sin\theta\cos\theta\cos\phi & -r\sin\phi \\ r^2\sin^2\theta\sin\phi & r\sin\theta\cos\theta\sin\phi & r\cos\phi \\ r^2\sin\theta\cos\theta & -r\sin^2\theta & 0 \end{pmatrix}$$

따라서 역행렬 J^{-1}와 전치 행렬 J^T는 다음과 같이 쓸 수 있다.

$$J^{-1}=\frac{Adj(J)}{\det(J)}=\frac{Cof(J)^T}{\det(J)}$$
$$=\begin{pmatrix} \sin\theta\cos\phi & \sin\theta\sin\phi & \cos\theta \\ \dfrac{\cos\theta\cos\phi}{r} & \dfrac{\cos\theta\sin\phi}{r} & -\dfrac{\sin\theta}{r} \\ -\dfrac{\sin\phi}{r\sin\theta} & \dfrac{\cos\phi}{r\sin\theta} & 0 \end{pmatrix}$$

$$J^T=\begin{pmatrix} \sin\theta\cos\phi & \sin\theta\sin\phi & \cos\theta \\ r\cos\theta\cos\phi & r\cos\theta\sin\phi & -r\sin\theta \\ -r\sin\theta\sin\phi & r\sin\theta\cos\phi & 0 \end{pmatrix}$$

(2) (1)의 결과에서 자코비안 행렬 J의 역행렬 J^{-1}와 전치 행렬 J^T는 같지 않다. 즉, 회전 행렬의 조건 $J^T = J^{-1}$가 성립하지 않으므로 구 좌표계의 자코비안 행렬 J는 직교 행렬이 아니다.

(3) $J^T J$를 계산하면 다음과 같이 주어진다.

$$J^T J = \begin{pmatrix} \sin\theta\cos\phi & \sin\theta\sin\phi & \cos\theta \\ r\cos\theta\cos\phi & r\cos\theta\sin\phi & -r\sin\theta \\ -r\sin\theta\sin\phi & r\sin\theta\cos\phi & 0 \end{pmatrix}$$
$$\times \begin{pmatrix} \sin\theta\cos\phi & r\cos\theta\cos\phi & -r\sin\theta\sin\phi \\ \sin\theta\sin\phi & r\cos\theta\sin\phi & r\sin\theta\cos\phi \\ \cos\theta & -r\sin\theta & 0 \end{pmatrix}$$
$$= \begin{pmatrix} 1 & 0 & 0 \\ 0 & r^2 & 0 \\ 0 & 0 & r^2\sin^2\theta \end{pmatrix}$$

구 좌표계의 길이 인자는 $h_1 = 1,\ h_2 = r,\ h_3 = r\sin\theta$이므로 $J^T J$를 계량 텐서 $g = (g_{ij}\delta_{ij}) = (h_{ij}^2\delta_{ij})$로 나타내면 다음과 같다.

$$\therefore\ J^T J = \begin{pmatrix} 1 & 0 & 0 \\ 0 & r^2 & 0 \\ 0 & 0 & r^2\sin^2\theta \end{pmatrix} \equiv \begin{pmatrix} h_1^2 & 0 & 0 \\ 0 & h_2^2 & 0 \\ 0 & 0 & h_3^2 \end{pmatrix} \equiv g$$

(4) $J^T J = g$이므로 양변의 우측에 J^{-1}를 연산하면 $J^T J = g \Rightarrow J^T \underbrace{JJ^{-1}}_{I} = gJ^{-1}$가 되어 $\boxed{J^T = gJ^{-1}}$ 이다. 한편 $J^T = gJ^{-1}$이므로 양변의 좌측에 g^{-1}를 연산하면 $J^T = gJ^{-1} \Rightarrow g^{-1}J^T = \underbrace{g^{-1}g}_{I} J^{-1}$가 되어 $\boxed{J^{-1} = g^{-1}J^T}$ 이다.

계량 텐서 g의 역행렬은 $g^{-1} = \begin{pmatrix} 1/h_1^2 & 0 & 0 \\ 0 & 1/h_2^2 & 0 \\ 0 & 0 & 1/h_3^2 \end{pmatrix}$이므로 위의 관계식을 쉽게 증명할 수 있다.

4.7 에르미트 행렬과 유니터리 행렬

4.8 행렬지수와 선형 연립 미분방정식

4.36 행렬 $A=\begin{pmatrix} a & b \\ c & d \end{pmatrix}$가 하나 행렬 (unitary matrix)이다.

여기서 행렬 요소 a, b, c, d는 복소수이다.

(1) $AA^{\dagger}=A^{\dagger}A=I$을 사용하여 $|a|^2=|d|^2$, $|b|^2=|c|^2$와 $\mathrm{Im}[ac^*+bd^*]=\mathrm{Im}[ab^*+cd^*]=0$임을 보여라.

(2) $A^{\dagger}=A^{-1}$ 관계식을 사용하여 $a=\det(A)d^*$, $b=-\det(A)c^*$, $c=-\det(A)b^*$, $d=\det(A)a^*$임을 보여라. 단, $\det(A)\neq 0$이다.

(3) (2)의 결과를 사용하여 $|\det(A)|^2=1$임을 보여라.

여기서, $|\bullet|$는 행렬식이 아니라 절댓값을 나타낸다.

[풀이]

(1) 행렬 $A=\begin{pmatrix} a & b \\ c & d \end{pmatrix}$가 하나 행렬인 조건은 $A^{\dagger}=A^{-1}$이므로 $AA^{\dagger}=A^{\dagger}A=I$ 또는 $AA^{-1}=A^{-1}A=I$이다.

에르미트 수반 행렬 (Hermite adjoint matrix) $A^{\dagger}$를 구하면 다음과 같다.

$$A^{\dagger}=\begin{pmatrix} a^* & c^* \\ b^* & d^* \end{pmatrix}$$

$AA^{\dagger}$, $A^{\dagger}A$ 구하면 각각 단위행렬이 된다.

$$A^{\dagger}A=\begin{pmatrix} a^* & c^* \\ b^* & d^* \end{pmatrix}\begin{pmatrix} a & b \\ c & d \end{pmatrix}=\begin{pmatrix} |a|^2+|c|^2 & a^*b+c^*d \\ ab^*+cd^* & |b|^2+|d|^2 \end{pmatrix}\equiv\begin{pmatrix} 1 & 0 \\ 0 & 1 \end{pmatrix}$$

$$AA^{\dagger}=\begin{pmatrix} a & b \\ c & d \end{pmatrix}\begin{pmatrix} a^* & c^* \\ b^* & d^* \end{pmatrix}=\begin{pmatrix} |a|^2+|b|^2 & ac^*+bd^* \\ ca^*+db^* & |c|^2+|d|^2 \end{pmatrix}\equiv\begin{pmatrix} 1 & 0 \\ 0 & 1 \end{pmatrix}$$

위 행렬 곱 연산의 대각 성분은 각각 1이 되어야 한다. 즉,

$$|a|^2+|c|^2=|a|^2+|b|^2=|b|^2+|d|^2=|c|^2+|d|^2=1$$

각 항을 비교하면 다음 관계를 얻는다.

$$\therefore\ |a|^2=|d|^2,\quad |b|^2=|c|^2$$

한편, 비 대각 성분은 0이 되어야 한다. 즉,

$$\underbrace{a^*b+c^*d=ab^*+cd^*}_{\text{켤레복소수}}=\underbrace{ac^*+bd^*=a^*c+b^*d}_{\text{켤레복소수}}=0$$

첫째 항과 둘째 항 그리고 셋째 항과 넷째 항은 각각 켤레 복소수이므로 다음 관계식이 성립한다.

$$\therefore\ \text{Im}[ac^*+bd^*]=\text{Im}[a^*b+c^*d]=0$$

(2) 역행렬 A^{-1}과 에르미트 수반 행렬은 각각 다음과 같이 주어진다.

$$A^{-1}=\frac{1}{\det(A)}\begin{pmatrix} d & -b \\ -c & a \end{pmatrix},\qquad A^{\dagger}=\begin{pmatrix} a^* & c^* \\ b^* & d^* \end{pmatrix}$$

여기서 $\det(A)=ad-bc$ 이며 $\det(A)\neq 0$ 이다.

$A^{\dagger}=A^{-1}$ 이므로 각 행렬 요소를 비교하면 다음 관계식을 얻는다.

$$a=\det(A)d^*,\qquad b=-\det(A)c^*,$$

$$c=-\det(A)b^*,\qquad d=\det(A)a^*$$

(3) (2)의 결과를 사용하여 행렬식을 계산하면 다음과 같다.

$$\det(A)=ad-bc=[\det(A)]^2(a^*d^*-b^*c^*)$$

$$=[\det(A)]^2(ad-bc)^*=[\det(A)]^2[\det(A)]^*$$

한편, $\det(A)\neq 0$ 이므로 양변을 $\det(A)$로 나누어 주면 다음 관계식이 성립한다.

$$\therefore\ [\det(A)][\det(A)]^*=|\det(A)|^2=1$$

여기서 $|\cdot|$는 행렬식이 아니라 절댓값을 나타낸다.

4.37 파울리 스핀 행렬에 대한 행렬지수 $e^{\alpha\sigma_j}$ 구하기

파울리 스핀 행렬에 대한 행렬지수 $e^{\alpha\sigma_j}$ $(j=0,1,2,3)$가 다음과 같음을 보여라. 단, α는 실수이다. [힌트: 예제 4.49 참고]

(1) $\sigma_0=\begin{pmatrix}1 & 0\\ 0 & 1\end{pmatrix}\equiv I \Rightarrow e^{\alpha\sigma_0}=\begin{pmatrix}e^{\alpha} & 0\\ 0 & e^{\alpha}\end{pmatrix}$,

(2) $\sigma_1=\begin{pmatrix}0 & 1\\ 1 & 0\end{pmatrix}\Rightarrow e^{\alpha\sigma_1}=\begin{pmatrix}\cosh\alpha & \sinh\alpha\\ \sinh\alpha & \cosh\alpha\end{pmatrix}$,

(3) $\sigma_2=\begin{pmatrix}0 & -i\\ +i & 0\end{pmatrix}\Rightarrow e^{\alpha\sigma_2}=\begin{pmatrix}\cosh\alpha & -i\sinh\alpha\\ i\sinh\alpha & \cosh\alpha\end{pmatrix}$,

(4) $\sigma_3=\begin{pmatrix}1 & 0\\ 0 & -1\end{pmatrix}\Rightarrow e^{\alpha\sigma_3}=\begin{pmatrix}e^{\alpha} & 0\\ 0 & e^{-\alpha}\end{pmatrix}$.

[풀이]

파울리 행렬지수 $e^{\alpha\sigma_j}$ $(j=0,1,2,3)$를 맥크로린 전개하자.

For $n=0$

$$\begin{aligned}e^{\alpha\sigma_0}&=\sigma_0+\frac{\alpha\sigma_0}{1!}+\frac{(\alpha\sigma_0)^2}{2!}+\frac{(\alpha\sigma_0)^3}{3!}+\frac{(\alpha\sigma_0)^4}{4!}+\cdots\\&=\sigma_0\left[1+\frac{\alpha}{1!}+\frac{\alpha^2}{2!}+\frac{\alpha^3}{3!}+\frac{\alpha^4}{4!}+\cdots\right]=\sigma_0 e^{\alpha}\end{aligned}$$

For $j=1, 2, 3$

$$\begin{aligned}e^{\alpha\sigma_j}&=\sigma_0+\alpha\sigma_j+\frac{(\alpha\sigma_j)^2}{2!}+\frac{(\alpha\sigma_j)^3}{3!}+\frac{(\alpha\sigma_j)^4}{4!}+\cdots\\&=\sigma_0+\alpha\sigma_j+\frac{\alpha^2}{2!}\sigma_0+\frac{\alpha^3}{3!}\sigma_j+\frac{\alpha^4}{4!}\sigma_0+\frac{\alpha^5}{5!}\sigma_j+\cdots\\&=\sigma_0\left(1+\frac{\alpha^2}{2!}+\frac{\alpha^4}{4!}+\cdots\right)+\sigma_j\left(\alpha+\frac{\alpha^3}{3!}+\frac{\alpha^5}{5!}+\cdots\right)\\&=\sigma_0\cosh\alpha+\sigma_j\sinh\alpha\end{aligned}$$

여기서 $\sigma_0^n=\sigma_0$, $\sigma_{j(\neq 0)}^{2n}=\sigma_0$, $\sigma_{j(\neq 0)}^{2n+1}=\sigma_j$ $(j=1,2,3;\ n=0,1,2,3,\cdots)$을 사용하였다.

(1) $\sigma_0=\begin{pmatrix}1 & 0\\ 0 & 1\end{pmatrix} \Rightarrow \therefore\ e^{\alpha\sigma_0}=\sigma_0\, e^{\alpha}=\begin{pmatrix}e^{\alpha} & 0\\ 0 & e^{\alpha}\end{pmatrix}$

(2) $\sigma_1=\begin{pmatrix}0 & 1\\ 1 & 0\end{pmatrix} \Rightarrow \therefore\ e^{\alpha\sigma_1}=\sigma_0\cosh\alpha+\sigma_1\sinh\alpha=\begin{pmatrix}\cosh\alpha & \sinh\alpha\\ \sinh\alpha & \cosh\alpha\end{pmatrix}$

(3) $\sigma_2=\begin{pmatrix}0 & -i\\ +i & 0\end{pmatrix} \Rightarrow \therefore\ e^{\alpha\sigma_2}=\sigma_0\cosh\alpha+\sigma_2\sinh\alpha=\begin{pmatrix}\cosh\alpha & -i\sinh\alpha\\ i\sinh\alpha & \cosh\alpha\end{pmatrix}$

(4) $\sigma_3=\begin{pmatrix}1 & 0\\ 0 & -1\end{pmatrix} \Rightarrow$

$$\begin{aligned}e^{\alpha\sigma_3}&=\sigma_0\cosh\alpha+\sigma_3\sinh\alpha\\ &=\begin{pmatrix}\cosh\alpha+\sinh\alpha & 0\\ 0 & \cosh\alpha-\sinh\alpha\end{pmatrix}=\begin{pmatrix}e^{\alpha} & 0\\ 0 & e^{-\alpha}\end{pmatrix}\end{aligned}$$

$\therefore\ e^{\alpha\sigma_3}=\begin{pmatrix}e^{\alpha} & 0\\ 0 & e^{-\alpha}\end{pmatrix}$

> 4.38 $P=i\omega\begin{pmatrix}0 & 1\\ 1 & 0\end{pmatrix}$에 대해 $\dfrac{dX}{dt}=PX$인 연립 미분방정식의 해를 구하라.
>
> 여기서 ω는 상수이며 해는 $X=\begin{pmatrix}x\\ y\end{pmatrix}$이며, 초기조건은 $X(0)=\begin{pmatrix}x_o\\ y_o\end{pmatrix}$이다.

[풀이]

연립 미분방정식은 변수 분리형이므로 형식 해 (formal solution)는 다음과 같다.

$$X(t)=e^{Pt}X(0)=\exp\left[i\omega t\begin{pmatrix}0 & 1\\ 1 & 0\end{pmatrix}\right]X(0)\equiv\exp\left[i\omega t\,\sigma_1\right]X(0)$$

여기서 $\sigma_1=\begin{pmatrix}0 & 1\\ 1 & 0\end{pmatrix}$은 파울리 스핀 행렬이다.

행렬지수 $e^{Pt}=\exp\left[i\omega t\,\sigma_1\right]$의 맥크로린 전개하기 위해 $(Pt)^n$을 구하자.

$$Pt=i\omega t\begin{pmatrix}0 & 1\\ 1 & 0\end{pmatrix}\equiv i\omega t\sigma_1,$$

$$(Pt)^2=(i\omega t)^2\begin{pmatrix}0 & 1\\ 1 & 0\end{pmatrix}\begin{pmatrix}0 & 1\\ 1 & 0\end{pmatrix}=-(\omega t)^2\begin{pmatrix}1 & 0\\ 0 & 1\end{pmatrix}=-(\omega t)^2\sigma_0,\quad \Leftarrow \sigma_1^2=\sigma_0$$

$$(Pt)^3=(Pt)(Pt)^2=(i\omega t)^3\sigma_1\sigma_1^2=-i(\omega t)^3\sigma_1,$$

$$(Pt)^4=(Pt)Pt)^3=(\omega t)^4\sigma_1^2=(\omega t)^4\sigma_0$$

$$\vdots$$

$$\Rightarrow \boxed{\begin{array}{l}(Pt)^{2n}=(-1)^n(\omega t)^{2n}\sigma_0, \\ (Pt)^{2n+1}=(-1)^n i(\omega t)^{2n+1}\sigma_1\ \ (n=0,1,2,\cdots)\end{array}}$$

행렬지수는 다음과 같이 주어진다.

$$\begin{aligned} e^{Pt} &= \sigma_0+Pt+\frac{(Pt)^2}{2!}+\frac{(Pt)^3}{3!}+\frac{(Pt)^4}{4!}+\cdots \\ &= \sigma_0+i\omega t\sigma_1-\frac{(\omega t)^2}{2!}\sigma_0-i\frac{(\omega t)^3}{3!}\sigma_1+\frac{(\omega t)^4}{4!}\sigma_0+\cdots \\ &= \sigma_0\left[1-\frac{(\omega t)^2}{2!}+\frac{(\omega t)^4}{4!}-\cdots\right]+i\sigma_1\left[(\omega t)-\frac{(\omega t)^3}{3!}+\frac{(\omega t)^5}{5!}-\cdots\right]\end{aligned}$$

실수부와 허수부를 분리하고 오일러 공식을 사용한다.

$$\begin{aligned} e^{Pt} &= \sigma_0\left[1-\frac{(\omega t)^2}{2!}+\frac{(\omega t)^4}{4!}-\cdots\right]+i\sigma_1\left[(\omega t)-\frac{(\omega t)^3}{3!}+\frac{(\omega t)^5}{5!}-\cdots\right] \\ &= \sigma_0\cos\omega t+i\sigma_1\sin\omega t=\cos\omega t\begin{pmatrix}1&0\\0&1\end{pmatrix}+i\sin\omega t\begin{pmatrix}0&1\\1&0\end{pmatrix} \\ &= \begin{pmatrix}\cos\omega t & i\sin\omega t\\ i\sin\omega t & \cos\omega t\end{pmatrix}\end{aligned}$$

일반 해는 $\boldsymbol{X}(t)=e^{Pt}\boldsymbol{X}(0) \Leftrightarrow \begin{pmatrix}x(t)\\y(t)\end{pmatrix}=e^{Pt}\begin{pmatrix}x(0)\\y(0)\end{pmatrix}$ 이므로 다음과 같이 주어진다.

$$\therefore\ \begin{cases}x(t)=x(0)\cos\omega t+iy(0)\sin\omega t\\ y(t)=ix(0)\sin\omega t+y(0)\cos\omega t\end{cases}$$

여기서 $x(0)$와 $y(0)$는 $t=0$에서 초기조건이다.

4.39 행렬 $P=\begin{pmatrix} a & b \\ -b & a \end{pmatrix}$에 대해 미분방정식 $\dfrac{dX}{dt}=PX$의 해 $X=\begin{pmatrix} x \\ y \end{pmatrix}$를 구하라. 단, a, b는 실수이며 $b \neq 0$ 이다. 단, 초기조건은 $X(0)=\begin{pmatrix} x_o \\ y_o \end{pmatrix}$이다.

[힌트: $e^{i\theta\sigma_j}=\sigma_0 \cos\theta + i\sigma_j \sin\theta \quad (j=0,1,2,3)$]

[풀이]

미분 방정식 $\dfrac{dX}{dt}=PX$의 형식 해는 다음과 같이 주어진다.

$$\frac{dX}{X}=P\,dt \Rightarrow \int_{X(0)}^{X(t)} \frac{dX}{X}=\int_0^t P\,dt \Rightarrow \ln\left[\frac{X(t)}{X(0)}\right]=Pt$$
$$\Rightarrow X(t)=e^{Pt}X(0)$$

한편 $Pt=\begin{pmatrix} a & b \\ -b & a \end{pmatrix}t=at\begin{pmatrix} 1 & 0 \\ 0 & 1 \end{pmatrix}+ibt\begin{pmatrix} 0 & -i \\ +i & 0 \end{pmatrix}=at\sigma_0+ibt\sigma_2$ 이다.

$e^{i\theta\sigma_j}=\sigma_0 \cos\theta + i\sigma_j \sin\theta \quad (j=0,1,2,3)$를 이용하자.

$$e^{i\theta\sigma_0}=\sigma_0\cos\theta+i\sigma_0\sin\theta=e^{i\theta}\sigma_0 \ \Rightarrow i\theta\equiv at \ \Rightarrow e^{at\sigma_0}=e^{at}\begin{pmatrix} 1 & 0 \\ 0 & 1 \end{pmatrix} \text{이며}$$

$$e^{ibt\sigma_2}=\exp\left[ibt\begin{pmatrix} 0 & -i \\ i & 0 \end{pmatrix}\right]=\sigma_0\cos bt+i\sigma_2\sin bt=\begin{pmatrix} \cos bt & \sin bt \\ -\sin bt & \cos bt \end{pmatrix} \text{이다.}$$

σ_0 와 σ_2 는 교환적이므로 BCH (Baker-Campbell-Hausdorff) 정리에 따라 지수 함수의 대수 관계식 $e^{at\sigma_0+ibt\sigma_2}=e^{at\sigma_0}e^{ibt\sigma_2}$이 성립한다. 일반 해는 다음과 같다.

$$\begin{aligned} X(t) &= e^{Pt}X(0)=e^{at\sigma_0}e^{ibt\sigma_2}X(0) \\ &= e^{at}\begin{pmatrix} 1 & 0 \\ 0 & 1 \end{pmatrix}\begin{pmatrix} \cos bt & \sin bt \\ -\sin bt & \cos bt \end{pmatrix}\begin{pmatrix} x_o \\ y_o \end{pmatrix} \end{aligned}$$

$$\therefore \begin{cases} x=e^{at}(+x_o\cos bt+y_o\sin bt) \\ y=e^{at}(-x_o\sin bt+y_o\cos bt) \end{cases}$$

4.40 $P=\begin{pmatrix}-\alpha & i\omega \\ i\omega & -\alpha\end{pmatrix}$에 대해 $\dfrac{dX}{dt}=PX$ 인 연립 미분방정식의 해를 구하라.

여기서 α, $\omega\ (>0)$ 는 상수이며 해는 $X=\begin{pmatrix}x \\ y\end{pmatrix}$이며, $x(0)$와 $y(0)$는 $t=0$ 에서 초기조건이다.

[풀이]

미분방정식 $\dfrac{dX}{dt}=PX$의 해는 $X(t)=e^{Pt}X(0)$ 이다.

한편 $Pt=\begin{pmatrix}-\alpha & i\omega \\ i\omega & -\alpha\end{pmatrix}t=-\alpha t\begin{pmatrix}1 & 0 \\ 0 & 1\end{pmatrix}+i\omega t\begin{pmatrix}0 & 1 \\ 1 & 0\end{pmatrix}=-\alpha t\sigma_0+i\omega t\sigma_1$ 이다.

$e^{i\theta\sigma_j}=\sigma_0\cos\theta+i\sigma_j\sin\theta\quad(j=0,1,2,3)$를 이용한다.

$$e^{i\theta\sigma_0}=\sigma_0\cos\theta+i\sigma_0\sin\theta=e^{i\theta}\sigma_0\ \Rightarrow i\theta\equiv-\alpha t\ \Rightarrow e^{-\alpha t\sigma_0}=e^{-\alpha t}\begin{pmatrix}1 & 0 \\ 0 & 1\end{pmatrix}$$

$$e^{i\omega t\sigma_1}=\exp\left[i\omega t\begin{pmatrix}0 & 1 \\ 1 & 0\end{pmatrix}\right]=\sigma_0\cos\omega t+i\sigma_1\sin\omega t=\begin{pmatrix}\cos\omega t & i\sin\omega t \\ i\sin\omega t & \cos\omega t\end{pmatrix}$$

σ_0 와 σ_1 은 교환적이므로 BCH (Baker-Campbell-Hausdorff) 정리에 따라 지수 함수의 대수 관계식 $e^{-\alpha t\sigma_0+i\omega t\sigma_1}=e^{-\alpha t\sigma_0}e^{i\omega t\sigma_1}$이 성립한다.

일반 해는 다음과 같이 주어진다.

$$\begin{aligned}X(t)&=e^{Pt}X(0)=e^{-\alpha t\sigma_0+i\omega t\sigma_1}X(0)=e^{-\alpha t\sigma_0}e^{i\omega t\sigma_1}X(0)\\&=e^{-\alpha t}\begin{pmatrix}1 & 0 \\ 0 & 1\end{pmatrix}\begin{pmatrix}\cos\omega t & i\sin\omega t \\ i\sin\omega t & \cos\omega t\end{pmatrix}X(0)\end{aligned}$$

$$\therefore\ \begin{cases}x=e^{-\alpha t}\left(x_o\cos\omega t+iy_o\sin\omega t\right)\\ y=e^{-\alpha t}\left(ix_o\sin\omega t+y_o\cos\omega t\right)\end{cases}$$

4.41 2 상태 계 (two state system)의 해밀토니안 연산자 H는

$H=\begin{pmatrix}\epsilon_1 & \beta-i\gamma \\ \beta+i\gamma & \epsilon_2\end{pmatrix}$로 주어진다. 여기서 ϵ_1, ϵ_2, β, γ는 에너지 차원의 실수이다.

(1) 해밀토니안 H는 에르미트 행렬이며, 행렬식은 실수임을 보여라.

(2) 해밀토니안을 파울리 행렬 $\sigma_i\,(i=0,1,2,3)$의 선형 결합으로

$H=\alpha\sigma_0+\beta\sigma_1+\gamma\sigma_2+\delta\sigma_3$ 와 같이 쓸 때 실수의 상수 α, δ를 구하라.

(3) 시간 독립 슈뢰딩거 방정식이 $H\boldsymbol{\Psi}=E\boldsymbol{\Psi}$ 일 때 2 상태 계의 허용 에너지 준위인 고윳값 E를 $\alpha, \beta, \gamma, \delta$로 구하고 실수임을 보여라.

여기서 $\boldsymbol{\Psi}=\begin{pmatrix}\Psi_1 \\ \Psi_2\end{pmatrix}$는 파동함수 Ψ_1, Ψ_2로 구성한 고유 벡터이다.

(4) $Tr(H)$와 $\det(H)$를 (3)에서 구한 고윳값 E로 나타내어라.

[풀이]

(1) $H^\dagger\ (=H^{*T})$를 연산하면 $H^\dagger=\begin{pmatrix}\epsilon_1 & \beta-i\gamma \\ \beta+i\gamma & \epsilon_2\end{pmatrix}\equiv H$이므로 에르미트 행렬이다. 행렬식을 구하면 다음과 같다.

$$\begin{aligned}\det(H)&=\begin{vmatrix}\epsilon_1 & \beta-i\gamma \\ \beta+i\gamma & \epsilon_2\end{vmatrix}=\epsilon_1\epsilon_2-(\beta-i\gamma)(\beta+i\gamma)\\&=\epsilon_1\epsilon_2-(\beta^2+\gamma^2)=\text{실수}\quad\Leftarrow(\because \epsilon_1,\ \epsilon_2,\ \beta,\ \gamma:\text{실수})\end{aligned}$$

즉, 에르미트 행렬의 행렬식은 실수이다.

(2) 해밀토니안을 파울리 행렬의 선형 결합으로 나타내면 다음과 같다.

$$H=\begin{pmatrix}\epsilon_1 & \beta-i\gamma \\ \beta+i\gamma & \epsilon_2\end{pmatrix}\equiv\alpha\begin{pmatrix}1 & 0 \\ 0 & 1\end{pmatrix}+\beta\begin{pmatrix}0 & 1 \\ 1 & 0\end{pmatrix}+\gamma\begin{pmatrix}0 & -i \\ +i & 0\end{pmatrix}+\delta\begin{pmatrix}1 & 0 \\ 0 & -1\end{pmatrix}$$

$$=\begin{pmatrix}\alpha+\delta & \beta-i\gamma \\ \beta+i\gamma & \alpha-\delta\end{pmatrix}$$

$$\Rightarrow\ \therefore\ \alpha=\frac{\epsilon_1+\epsilon_2}{2},\quad \delta=\frac{\epsilon_1-\epsilon_2}{2}$$

(3) 시간 독립 슈뢰딩거 방정식 $H\boldsymbol{\Psi} = E\boldsymbol{\Psi}$ 는 고유치 문제와 같다.

여기서 E는 고윳값이며 $\boldsymbol{\Psi} = \begin{pmatrix}\Psi_1 \\ \Psi_2\end{pmatrix}$ 는 파동함수 Ψ_1, Ψ_2 로 구성한 고유 벡터이다.

특성 방정식 $|H - E\sigma_0| = 0$을 계산하면 다음과 같이 고윳값 E를 얻는다.

$$|H - E\sigma_0| = \begin{vmatrix} \epsilon_1 - E & \beta - i\gamma \\ \beta + i\gamma & \epsilon_2 - E \end{vmatrix} = 0$$

$$E^2 - (\epsilon_1 + \epsilon_2)E + \epsilon_1\epsilon_2 - (\beta^2 + \gamma^2) = 0$$

$$\Rightarrow E = \frac{\epsilon_1 + \epsilon_2}{2} \pm \sqrt{\left(\frac{\epsilon_1 - \epsilon_2}{2}\right)^2 + \beta^2 + \gamma^2}$$

(1)에서 구한 $\alpha = \dfrac{\epsilon_1 + \epsilon_2}{2}$, $\delta = \dfrac{\epsilon_1 - \epsilon_2}{2}$ 를 대입하면 고윳값은 다음과 같다.

$$\therefore\ E = \frac{\epsilon_1 + \epsilon_2}{2} \pm \sqrt{\left(\frac{\epsilon_1 - \epsilon_2}{2}\right)^2 + \beta^2 + \gamma^2}$$
$$\equiv \alpha \pm \sqrt{\beta^2 + \gamma^2 + \delta^2}$$

2 상태 계의 허용 에너지 준위인 고윳값 E는 두 개의 고윳값 $E_{\pm}$ 로 주어진다.

$$\Rightarrow \begin{cases} E_+ = \alpha + \sqrt{\beta^2 + \gamma^2 + \delta^2} \\ E_- = \alpha - \sqrt{\beta^2 + \gamma^2 + \delta^2} \end{cases}$$

따라서 두 개의 고윳값 $E_{\pm}$ 식에서 $\sqrt{\ }$ 안은 양수이므로 고윳값 (에너지)는 항상 실수이다.

(4) $Tr(H)$와 $\det(H)$를 (3)에서 구한 고윳값 $E_{\pm}$로 나타내면 다음과 같다.

$$Tr(H) = \epsilon_1 + \epsilon_2 = 2\alpha = E_+ + E_-$$

$$\therefore\ Tr(H) \equiv E_+ + E_-$$

$$\det(H) = \epsilon_1\epsilon_2 - (\beta^2 + \gamma^2) \quad \Leftarrow (\epsilon_1\epsilon_2 = \alpha^2 - \delta^2)$$
$$= \alpha^2 - (\beta^2 + \gamma^2 + \delta^2)$$
$$\equiv E_+E_-$$

$$\therefore\ \det(H) = E_+E_-$$

4.42 2 상태 계의 시간 종속 슈뢰딩거 방정식은 $i\hbar\dfrac{d\boldsymbol{\Psi}}{dt}=H\boldsymbol{\Psi}$ 이다.

여기서 해밀토니안 연산자 H는 $H=\begin{pmatrix}\alpha+\delta & \beta-i\gamma\\ \beta+i\gamma & \alpha-\delta\end{pmatrix}$ 이며 α, β, γ, δ는 에너지 차원의 상수 (실수)이다. [연습문제 4.41 참고]

(1) 초기조건 $\boldsymbol{\Psi}(0)$을 사용하면 형식 해 (formal solution)는

$$\boldsymbol{\Psi}(t)=e^{-i\frac{H}{\hbar}t}\boldsymbol{\Psi}(0)\equiv U(t)\boldsymbol{\Psi}(0)$$

로 주어짐을 보여라. 여기서 $U(t)$는 시간 진화 연산자 (time evolution operator)이며 지수 연산자이다.

(2) 에르미트 행렬 H에 대해 $U(t)$는 하나 행렬임을 보여라.

(3) [**선택 문제**] Sylvester **정리**:

$n\times n$ 행렬 H가 서로 다른 고윳값 λ_j, $(j=1,2,3,\cdots,n)$을 갖는 경우 행렬함수 $f(H)$는

$$f(H)=\sum_{i=1}^{n}f(\lambda_i)\prod_{\substack{j=1\\ j\neq i}}^{n}\frac{H-\lambda_j\sigma_0}{\lambda_i-\lambda_j}$$

로 주어진다. Sylvester 정리를 사용하여 $U(t)=\begin{pmatrix}U_{11}(t) & U_{12}(t)\\ U_{21}(t) & U_{22}(t)\end{pmatrix}$를 구하라. 여기서 $U_{ij}(t)$, $(i,j=1,2)$는 행렬 요소이다.

계산의 편의를 위해 $\sqrt{\beta^2+\gamma^2+\delta^2}\equiv\hbar\Omega$로 둔다.

(4) (3)에서 구한 $U(t)=\begin{pmatrix}U_{11}(t) & U_{12}(t)\\ U_{21}(t) & U_{22}(t)\end{pmatrix}$가 하나 행렬임을 보여라.

(5) $U(t)$의 고유치 Λ_1, Λ_2를 구하고 $Tr(U)$와 $\det(U)$를 행렬 H의 고윳값 λ_1, λ_2 또는 Λ_1, Λ_2로 나타내어라.

[풀이]

(1) 시간 종속 슈뢰딩거 방정식 $i\hbar\dfrac{d\boldsymbol{\Psi}}{dt}=H\boldsymbol{\Psi}$은 변수 분리형 미분방정식이며

$H=\begin{pmatrix}\epsilon_1 & \beta-i\gamma\\ \beta+i\gamma & \epsilon_2\end{pmatrix}$는 상수이다.

변수 분리한 후 양변을 적분하면 형식 해는 다음과 같이 주어진다.

$$\frac{d\boldsymbol{\Psi}}{\boldsymbol{\Psi}} = -i\frac{H}{\hbar}\,dt \Rightarrow \int_{\boldsymbol{\Psi}(0)}^{\boldsymbol{\Psi}(t)} \frac{d\boldsymbol{\Psi}}{\boldsymbol{\Psi}} = -i\int_0^t \frac{H}{\hbar}\,dt$$

$$\Rightarrow \ln\left[\frac{\boldsymbol{\Psi}(t)}{\boldsymbol{\Psi}(0)}\right] = -i\frac{H}{\hbar}\,t$$

$$\Rightarrow \boxed{\boldsymbol{\Psi}(t) = e^{-i\frac{H}{\hbar}t}\boldsymbol{\Psi}(0) \equiv U(t)\boldsymbol{\Psi}(0)}$$

$$\therefore\ U(t) = e^{-i\frac{H}{\hbar}t} = \exp\left[-i\frac{t}{\hbar}\begin{pmatrix}\epsilon_1 & \beta - i\gamma \\ \beta + i\gamma & \epsilon_2\end{pmatrix}\right]$$

여기서 $U(t)$는 시간 진화 연산자 time evolution operator)이며 지수 연산자이다.

(2) 해밀토니안 행렬 H는 에르미트이므로 $H^\dagger = H$이며 $U(t)$가 하나 행렬인 조건은 $U^\dagger(t) = U^{-1}(t)$ 또는 $U^\dagger(t)U(t) = 1$ 이다.

$$U^\dagger(t) = e^{+i\frac{H^\dagger}{\hbar}t} = e^{+i\frac{H}{\hbar}t} \quad (\because\ H^\dagger = H)$$

$$\Downarrow$$

$$U^\dagger(t)\,U(t) = e^{+i\frac{H}{\hbar}t}e^{-i\frac{H}{\hbar}t} = e^0 \equiv 1$$

따라서 시간 진화 연산자 $U(t)$는 하나 행렬이다.[2)]

(3) $f(H) \equiv U(t) = e^{-i\frac{H}{\hbar}t}$라 두면 Sylvester 정리에 따라 $f(H)$는 다음과 같다.

$$\begin{aligned} f(H) &= U(t) = e^{-i\frac{H}{\hbar}t} \\ &= \sum_{i=1}^{2} f(\lambda_i)\prod_{\substack{j=1 \\ j\neq i}}^{2}\frac{H - \lambda_j\sigma_0}{\lambda_i - \lambda_j} \\ &= f(\lambda_1)\left(\frac{H - \lambda_2\sigma_0}{\lambda_1 - \lambda_2}\right) + f(\lambda_2)\left(\frac{H - \lambda_1\sigma_0}{\lambda_2 - \lambda_1}\right) \end{aligned}$$

---

2) $[H^\dagger, -H] = [H, -H] = 0$이므로 지수 함수의 대수 법칙이 성립한다. (BCH 관계식 참고)

여기서 $f(\lambda_1)$, $f(\lambda_2)$는 $f(H) \equiv U(t) = e^{-i\frac{H}{\hbar}t}$ 이므로 다음과 같이 주어진다.

$$f(\lambda_1) = e^{-i\frac{\lambda_1}{\hbar}t} = e^{-i\frac{\alpha + \hbar\Omega}{\hbar}t} = e^{-i\left(\frac{\alpha}{\hbar} + \Omega\right)t},$$
$$f(\lambda_2) = e^{-i\frac{\lambda_2}{\hbar}t} = e^{-i\frac{\alpha - \hbar\Omega}{\hbar}t} = e^{-i\left(\frac{\alpha}{\hbar} - \Omega\right)t}$$

2 상태 계의 허용 에너지 준위인 고윳값은 각각 다음과 같다.

$$\lambda_1 \equiv E_+ = \alpha + \sqrt{\beta^2 + \gamma^2 + \delta^2} \equiv \alpha + \hbar\Omega,$$
$$\lambda_2 \equiv E_- = \alpha - \sqrt{\beta^2 + \gamma^2 + \delta^2} \equiv \alpha - \hbar\Omega$$

여기서 $\sqrt{\beta^2 + \gamma^2 + \delta^2} \equiv \hbar\Omega$ 이다.

$\lambda_1 - \lambda_2 = 2\hbar\Omega$ 이므로 $f(\lambda_1)$, $f(\lambda_2)$와 고윳값을 Sylvester 정리에 대입하면 다음과 같은 식을 얻는다.

$$\begin{aligned}
f(H) &= U(t) = e^{-i\frac{H}{\hbar}t} \\
&= \sum_{i=1}^{2} f(\lambda_i) \prod_{\substack{j=1 \\ j \neq i}}^{2} \frac{H - \lambda_j \sigma_0}{\lambda_i - \lambda_j} \\
&= f(\lambda_1)\left(\frac{H - \lambda_2 \sigma_0}{\lambda_1 - \lambda_2}\right) + f(\lambda_2)\left(\frac{H - \lambda_1 \sigma_0}{\lambda_2 - \lambda_1}\right) \\
&= \frac{e^{-i\left(\frac{\alpha}{\hbar} + \Omega\right)t}}{2\hbar\Omega}\left[H - (\alpha - \hbar\Omega)\sigma_0\right] - \frac{e^{-i\left(\frac{\alpha}{\hbar} - \Omega\right)t}}{2\hbar\Omega}\left[H - (\alpha + \hbar\Omega)\sigma_0\right] \\
&= e^{-i\frac{\alpha}{\hbar}t}\left[\sigma_0 \cos\Omega t - i\frac{H - \alpha\sigma_0}{\hbar\Omega}\sin\Omega t\right]
\end{aligned}$$

따라서 시간 진화 연산자 $U(t)$는 다음과 같이 주어진다.

$$U(t) = e^{-i\frac{H}{\hbar}t} = e^{-i\frac{\alpha}{\hbar}t}\left[\sigma_0 \cos\Omega t - i\frac{H - \alpha\sigma_0}{\hbar\Omega}\sin\Omega t\right]$$

한편 $H - \alpha\sigma_0$ 항을 계산하면 다음과 같다.

$$H - \alpha\sigma_0 = \begin{pmatrix} \alpha + \delta & \beta - i\gamma \\ \beta + i\gamma & \alpha - \delta \end{pmatrix} - \alpha\begin{pmatrix} 1 & 0 \\ 0 & 1 \end{pmatrix} = \begin{pmatrix} \delta & \beta - i\gamma \\ \beta + i\gamma & -\delta \end{pmatrix}$$

$H - \alpha\sigma_0$를 $U(t)$에 대입하고 정리하여 행렬로 나타내면 다음과 같다.

$$U(t)=e^{-i\frac{H}{\hbar}t}=e^{-i\frac{\alpha}{\hbar}t}\left[\sigma_0\cos\Omega t-i\frac{H-\alpha\sigma_0}{\hbar\Omega}\sin\Omega t\right]$$
$$=e^{-i\frac{\alpha}{\hbar}t}\left[\begin{pmatrix}\cos\Omega t & 0\\ 0 & \cos\Omega t\end{pmatrix}-\frac{i}{\hbar\Omega}\begin{pmatrix}\delta & \beta-i\gamma\\ \beta+i\gamma & -\delta\end{pmatrix}\sin\Omega t\right]$$
$$\equiv\begin{pmatrix}U_{11}(t) & U_{12}(t)\\ U_{21}(t) & U_{22}(t)\end{pmatrix}$$

여기서 시간 진화 연산자 $U(t)$의 행렬 요소들은 아래와 같다.

$$U_{11}(t)=e^{-i\frac{\alpha}{\hbar}t}\left(\cos\Omega t-i\frac{\delta}{\hbar\Omega}\sin\Omega t\right),$$
$$U_{12}(t)=-i\frac{\beta-i\gamma}{\hbar\Omega}e^{-i\frac{\alpha}{\hbar}t}\sin\Omega t,$$
$$U_{21}(t)=-i\frac{\beta+i\gamma}{\hbar\Omega}e^{-i\frac{\alpha}{\hbar}t}\sin\Omega t,$$
$$U_{22}(t)=e^{-i\frac{\alpha}{\hbar}t}\left(\cos\Omega t+i\frac{\delta}{\hbar\Omega}\sin\Omega t\right)$$

(4) (3)에서 구한 행렬 $U(t)$와 에르미트 수반 행렬 $U^\dagger(t)$의 행렬 곱이 $U^\dagger(t)U(t)=\sigma_0$ 이면 $U(t)$는 하나 행렬이다. 즉, $U^\dagger(t)=U^{-1}(t)$ 이다.

$$U^\dagger(t)U(t)=\begin{pmatrix}U_{11}^*(t) & U_{21}^*(t)\\ U_{12}^*(t) & U_{22}^*(t)\end{pmatrix}\begin{pmatrix}U_{11}(t) & U_{12}(t)\\ U_{21}(t) & U_{22}(t)\end{pmatrix}\equiv\begin{pmatrix}M_{11} & M_{12}\\ M_{21} & M_{22}\end{pmatrix}$$

행렬 요소 M_{ij} $(i,j=1,2)$는 약간의 대수 계산을 하면 다음과 같이 주어진다.

$$M_{11}=U_{11}^*U_{11}+U_{21}^*U_{21}=|U_{11}|^2+|U_{21}|^2$$
$$=\cos^2\Omega t+\frac{\beta^2+\gamma^2+\delta^2}{(\hbar\Omega)^2}\sin^2\Omega t=1,$$
$$M_{12}=U_{11}^*U_{12}+U_{21}^*U_{22}=0,$$
$$M_{21}=U_{12}^*U_{11}+U_{22}^*U_{21}=0,$$
$$M_{22}=U_{12}^*U_{12}+U_{22}^*U_{22}=|U_{12}|^2+|U_{22}|^2$$
$$=\cos^2\Omega t+\frac{\beta^2+\gamma^2+\delta^2}{(\hbar\Omega)^2}\sin^2\Omega t=1$$

여기서 $\hbar\Omega=\sqrt{\beta^2+\gamma^2+\delta^2}$ 이다.

즉, $U^\dagger(t)U(t)=\begin{pmatrix}1 & 0\\0 & 1\end{pmatrix}=\sigma_0$ 이므로 $U(t)$는 하나 행렬이다.

(5) 시간 진화 연산자 $U(t)$의 고유치 Λ는 특성 방정식 $\det(U-\Lambda I)=0$에서 구한다.

$$\begin{vmatrix}U_{11}-\Lambda & U_{12}\\ U_{21} & U_{22}-\Lambda\end{vmatrix}=0$$

$$\Rightarrow\ \Lambda^2-(U_{11}+U_{22})\Lambda+U_{11}U_{22}-U_{12}U_{21}=0$$

$$\Rightarrow\ \Lambda=\frac{Tr(U)}{2}\pm\sqrt{\left(\frac{Tr(U)}{2}\right)^2-|U|}$$

여기서 $Tr(U)$와 $\det(U)=|U|$는 다음과 같다.

$$Tr(U)=U_{11}+U_{22}=2e^{-i\alpha t/\hbar}\cos\Omega t,$$
$$|U|=U_{11}U_{22}-U_{12}U_{21}=e^{-i2\alpha t/\hbar}$$

따라서 고유치 Λ_1, Λ_2는 다음과 같이 주어진다.

$$\Lambda_1=e^{-i\left(\frac{\alpha}{\hbar}+\Omega\right)t},\quad \Lambda_2=e^{-i\left(\frac{\alpha}{\hbar}-\Omega\right)t}$$

한편, 해밀토니안 H의 고윳값은 다음과 같다. (연습문제 4.41 참고)

$$\lambda_1\equiv E_+=\alpha+\sqrt{\beta^2+\gamma^2+\delta^2}\equiv\alpha+\hbar\Omega,$$
$$\lambda_2\equiv E_-=\alpha-\sqrt{\beta^2+\gamma^2+\delta^2}\equiv\alpha-\hbar\Omega$$

이들을 $U(t)=e^{-i\frac{H}{\hbar}t}$의 고유치 Λ_1, Λ_2에 대입하면 $\Lambda_1=e^{-i\frac{\lambda_1}{\hbar}t}$, $\Lambda_2=e^{-i\frac{\lambda_2}{\hbar}t}$ 이다.

$$\Rightarrow \Lambda_1+\Lambda_2=e^{-i\frac{\lambda_1}{\hbar}t}+e^{-i\frac{\lambda_2}{\hbar}t}=e^{-i\frac{\alpha}{\hbar}t}\left(e^{+i\Omega t}+e^{-i\Omega t}\right)$$
$$=2e^{-i\frac{\alpha}{\hbar}t}\cos\Omega t\equiv Tr(U)$$
$$\Lambda_1\Lambda_2=e^{-i\frac{\lambda_1+\lambda_2}{\hbar}t}=e^{-i2\frac{\alpha}{\hbar}t}\equiv\det(U)$$

$$\therefore\quad \boxed{\begin{aligned}Tr(U)&=\Lambda_1+\Lambda_2\\ \det(U)&=\Lambda_1\Lambda_2\end{aligned}}$$

4.43 연습문제 4.42에 다룬 2 상태 계의 시간 종속 슈뢰딩거 방정식

$i\hbar\dfrac{d\boldsymbol{\Psi}}{dt}=H\boldsymbol{\Psi}$ 이다. 여기서 해밀토니안 연산자 H는 $H=\begin{pmatrix}\alpha+\delta & \beta-i\gamma\\ \beta+i\gamma & \alpha-\delta\end{pmatrix}$

이며 α, β, γ, δ는 에너지 차원의 상수 (실수)이다.

(1) 파울리 스핀 행렬지수를 도입하여 닫힌 해석해 $\boldsymbol{\Psi}(t)$를 구하고, 연습문제 4.42 (3)에서 Sylvester 정리를 사용하여 구한 해와 비교하라.

(2) 시간 $t=0$에서의 초기조건이 $\boldsymbol{\Psi}(0)=\begin{pmatrix}\Psi_1(0)\\ \Psi_2(0)\end{pmatrix}=\begin{pmatrix}1\\0\end{pmatrix}$일 때 각 준위에서 확률 $P_1(t)=|\Psi_1(t)|^2$, $P_2(t)=|\Psi_2(t)|^2$을 구하여 $P_1(t)+P_2(t)=1$이 됨을 보여라.

[풀이]

(1) 해밀토니안 연산자 $H=\begin{pmatrix}\alpha+\delta & \beta-i\gamma\\ \beta+i\gamma & \alpha-\delta\end{pmatrix}$를 파울리 스핀 행렬로 나타내면

$H=\begin{pmatrix}\alpha+\delta & \beta-i\gamma\\ \beta+i\gamma & \alpha-\delta\end{pmatrix}=\alpha\sigma_0+\beta\sigma_1+\gamma\sigma_2+\delta\sigma_3$ 가 된다.

2 상태 계의 시간 종속 슈뢰딩거 방정식 $i\hbar\dfrac{d\boldsymbol{\Psi}}{dt}=H\boldsymbol{\Psi}$의 형식 해는 다음과 같다.

$$\boldsymbol{\Psi}(t)=e^{-i\frac{H}{\hbar}t}\boldsymbol{\Psi}(0)\equiv U(t)\boldsymbol{\Psi}(0)$$

여기서 시간 진화 연산자 $U(t)$는 다음과 같이 주어진다.

$$\begin{aligned}U(t)=e^{-i\frac{H}{\hbar}t}&=\exp\left[-i\frac{t}{\hbar}\begin{pmatrix}\alpha+\delta & \beta-i\gamma\\ \beta+i\gamma & \alpha-\delta\end{pmatrix}\right]\\ &=\exp\left[-i\frac{t}{\hbar}\left(\alpha\sigma_0+\beta\sigma_1+\gamma\sigma_2+\delta\sigma_3\right)\right]\end{aligned}$$

닫힌 해석 해를 얻기 위해 파울리 스핀 행렬과 관련된 물리량을 정의하자.

- 파울리 (스핀) 벡터: $\boldsymbol{\sigma}\equiv(\sigma_1,\ \sigma_2,\ \sigma_3)=\sigma_1\hat{x}+\sigma_2\hat{y}+\sigma_3\hat{z}$,
- 파울리 축 벡터: $\boldsymbol{c}\equiv(\beta,\ \gamma,\ \delta)=\beta\hat{x}+\gamma\hat{y}+\delta\hat{z}\equiv|\boldsymbol{c}|\hat{c}$,
- 파울리 축 벡터 $\boldsymbol{c}$의 크기: $c=|\boldsymbol{c}|=\sqrt{\beta^2+\gamma^2+\delta^2}\equiv\hbar\Omega$,
- 단위 벡터: $\hat{c}\equiv\dfrac{\boldsymbol{c}}{|\boldsymbol{c}|}$ 이다.

$\beta\sigma_1 + \gamma\sigma_2 + \delta\sigma_3 \equiv \boldsymbol{c} \cdot \boldsymbol{\sigma}$ 이므로 시간 진화 연산자는 다음과 같다.

$$U(t) \equiv \exp\left[-i\frac{t}{\hbar}(\alpha\sigma_0 + \boldsymbol{c} \cdot \boldsymbol{\sigma})\right]$$

$\alpha\sigma_0$ 와 $\boldsymbol{c} \cdot \boldsymbol{\sigma}$ 는 교환적 (즉, $[\alpha\sigma_0, \boldsymbol{c} \cdot \boldsymbol{\sigma}] = 0$)이므로 지수 함수의 대수 법칙이 성립한다. 즉,

$$\exp\left[-i\frac{t}{\hbar}(\alpha\sigma_0 + \boldsymbol{c} \cdot \boldsymbol{\sigma})\right] \equiv \exp\left[-i\frac{\alpha t}{\hbar}\sigma_0\right]\exp\left[-i\frac{t}{\hbar}(\boldsymbol{c} \cdot \boldsymbol{\sigma})\right]$$

행렬지수 $\exp\left[-i\frac{\alpha t}{\hbar}\sigma_0\right]$ 에 대한 맥크로린 전개는 다음과 같다.

$$\begin{aligned}
e^{-i\frac{\alpha t}{\hbar}\sigma_0} &= \sigma_0 - i\frac{\alpha t}{\hbar}\sigma_0 + \frac{1}{2!}\left(-i\frac{\alpha t}{\hbar}\sigma_0\right)^2 + \frac{1}{3!}\left(-i\frac{\alpha t}{\hbar}\sigma_0\right)^3 + \cdots \\
&= \sigma_0\left\{\begin{array}{l}\left[1 - \frac{1}{2!}\left(\frac{\alpha t}{\hbar}\right)^2 + \frac{1}{4!}\left(\frac{\alpha t}{\hbar}\right)^4 - \frac{1}{6!}\left(\frac{\alpha t}{\hbar}\right)^6 + \cdots\right] \\ -i\left[\frac{\alpha t}{\hbar} - \frac{1}{3!}\left(\frac{\alpha t}{\hbar}\right)^3 + \frac{1}{5!}\left(\frac{\alpha t}{\hbar}\right)^5 + \cdots\right]\end{array}\right\} \\
&= \sigma_0\left[\cos\left(\frac{\alpha t}{\hbar}\right) - i\sin\left(\frac{\alpha t}{\hbar}\right)\right] \equiv \sigma_0 e^{-i\frac{\alpha t}{\hbar}}
\end{aligned}$$

한편, $\exp\left[-i\frac{t}{\hbar}(\boldsymbol{c} \cdot \boldsymbol{\sigma})\right]$ 에 대한 맥크로린 전개는 연습문제 4.5 (2)의 식 $(\boldsymbol{c} \cdot \boldsymbol{\sigma})^{2n} = |\boldsymbol{c}|^{2n}\sigma_0$, $(\boldsymbol{c} \cdot \boldsymbol{\sigma})^{2n+1} = |\boldsymbol{c}|^{2n+1}(\hat{c} \cdot \boldsymbol{\sigma})$을 이용하면 다음과 같다.

$$\begin{aligned}
e^{-i\frac{t}{\hbar}(\boldsymbol{c} \cdot \boldsymbol{\sigma})} &= \sum_{n=0}^{\infty}\frac{1}{n!}\left(-i\frac{t}{\hbar}(\boldsymbol{c} \cdot \boldsymbol{\sigma})\right)^n \\
&= \sigma_0\left[1 - \frac{1}{2!}\left(\frac{ct}{\hbar}\right)^2 + \frac{1}{4!}\left(\frac{ct}{\hbar}\right)^4 - \frac{1}{6!}\left(\frac{ct}{\hbar}\right)^6 + \cdots\right] \\
&\quad -i(\hat{c} \cdot \boldsymbol{\sigma})\left[\frac{ct}{\hbar} - \frac{1}{3!}\left(\frac{ct}{\hbar}\right)^3 + \frac{1}{5!}\left(\frac{ct}{\hbar}\right)^5 - \cdots\right] \\
&\equiv \sigma_0\cos\left(\frac{ct}{\hbar}\right) - i(\hat{c} \cdot \boldsymbol{\sigma})\sin\left(\frac{ct}{\hbar}\right)
\end{aligned}$$

$$\therefore\ e^{-i\frac{t}{\hbar}(\boldsymbol{c} \cdot \boldsymbol{\sigma})} = \sigma_0\cos(\Omega t) - i\frac{\boldsymbol{c} \cdot \boldsymbol{\sigma}}{\hbar\Omega}\sin(\Omega t)$$

여기서 파울리 축 벡터 $\boldsymbol{c}$ 의 크기는 $c = |\boldsymbol{c}| = \sqrt{\beta^2 + \gamma^2 + \delta^2} \equiv \hbar\Omega$ 이다.

따라서 시간 진화 연산자는 다음과 같이 쓸 수 있다.

$$U(t)=\exp\left[-i\frac{\alpha t}{\hbar}\sigma_0\right]\exp\left[-i\frac{t}{\hbar}(\boldsymbol{c}\cdot\boldsymbol{\sigma})\right]$$
$$=e^{-i\frac{\alpha t}{\hbar}}\left[\sigma_0\cos(\Omega t)-i\frac{\boldsymbol{c}\cdot\boldsymbol{\sigma}}{\hbar\Omega}\sin(\Omega t)\right]$$

한편, $\boldsymbol{c}\cdot\boldsymbol{\sigma}=\beta\sigma_1+\gamma\sigma_2+\delta\sigma_3=\begin{pmatrix}\delta & \beta-i\gamma\\ \beta+i\gamma & -\delta\end{pmatrix}$ 이므로 $U(t)$ 를 행렬로 나타내면 다음과 같다.

$$U(t)=e^{-i\frac{H}{\hbar}t}=e^{-i\frac{\alpha}{\hbar}t}\left[\begin{pmatrix}\cos\Omega t & 0\\ 0 & \cos\Omega t\end{pmatrix}-\frac{i}{\hbar\Omega}\begin{pmatrix}\delta & \beta-i\gamma\\ \beta+i\gamma & -\delta\end{pmatrix}\sin\Omega t\right]$$
$$\equiv\begin{pmatrix}U_{11}(t) & U_{12}(t)\\ U_{21}(t) & U_{22}(t)\end{pmatrix}$$

여기서 시간 진화 연산자 $U(t)$ 의 행렬 요소들은 다음과 같다.

$$U_{11}(t)=e^{-i\frac{\alpha}{\hbar}t}\left(\cos\Omega t-i\frac{\delta}{\hbar\Omega}\sin\Omega t\right),$$
$$U_{12}(t)=-i\frac{\beta-i\gamma}{\hbar\Omega}e^{-i\frac{\alpha}{\hbar}t}\sin\Omega t,$$
$$U_{21}(t)=-i\frac{\beta+i\gamma}{\hbar\Omega}e^{-i\frac{\alpha}{\hbar}t}\sin\Omega t,$$
$$U_{22}(t)=e^{-i\frac{\alpha}{\hbar}t}\left(\cos\Omega t+i\frac{\delta}{\hbar\Omega}\sin\Omega t\right)$$

파울리 스핀 행렬지수로 구한 시간 진화 연산자 $U(t)$ 는 연습문제 4.42 (3)에서 Sylvester 정리를 사용하여 구한 해와 정확히 일치한다.

따라서 2 상태 계의 시간 종속 슈뢰딩거 방정식 $i\hbar\frac{d\boldsymbol{\Psi}}{dt}=H\boldsymbol{\Psi}$ 의 닫힌 해석해(closed analytic solutions)는 다음과 같다.

$$\boldsymbol{\Psi}(t)=e^{-i\frac{H}{\hbar}t}\boldsymbol{\Psi}(0)\equiv U(t)\boldsymbol{\Psi}(0)$$
$$\Rightarrow\begin{pmatrix}\Psi_1(t)\\ \Psi_2(t)\end{pmatrix}=\begin{pmatrix}U_{11} & U_{12}\\ U_{21} & U_{22}\end{pmatrix}\begin{pmatrix}\Psi_1(0)\\ \Psi_2(0)\end{pmatrix}$$

$$\therefore \ \Psi_1(t) = U_{11}(t)\Psi_1(0) + U_{12}(t)\Psi_2(0),$$

$$\Psi_2(t) = U_{21}(t)\Psi_1(0) + U_{22}(t)\Psi_2(0)$$

(2) 초기조건이 $\Psi(0) = \begin{pmatrix} \Psi_1(0) \\ \Psi_2(0) \end{pmatrix} = \begin{pmatrix} 1 \\ 0 \end{pmatrix}$ 일 때 파동함수는 다음과 같다.

$$\Psi_1(t) = U_{11}(t)\Psi_1(0) = U_{11}(t),$$
$$\Psi_2(t) = U_{21}(t)\Psi_1(0) = U_{21}(t)$$

따라서 각 준위에서 확률은 다음과 같이 쓸 수 있다.

$$P_1(t) = |\Psi_1(t)|^2 = |U_{11}(t)|^2 = \cos^2 \Omega t + \left(\frac{\delta}{\hbar\Omega}\right)^2 \sin^2 \Omega t,$$
$$P_2(t) = |\Psi_2(t)|^2 = |U_{12}(t)|^2 = \left[1 - \left(\frac{\delta}{\hbar\Omega}\right)^2\right] \sin^2 \Omega t$$

각 준위에서 확률의 합은 $P_1(t) + P_2(t) = 1$ 이 된다.

연습문제 4.43 그림은 시간 Ωt에 따라 변화하는 확률 $P(t)$을 그린 그림이다. $\Delta = \left(\frac{\delta}{\hbar\Omega}\right)^2$ 값에 따라 $\Delta = 0$인 경우 $P_1 = \cos^2 \Omega t$, $P_2 = \sin^2 \Omega t$로 최대 확률값과 최소 확률값이 각각 0과 1 사이에서 진동한다. 그러나 $\Delta = 0.2$에서 $\Delta = 0.6$으로 커질수록 확률 $P_1(t)$과 $P_2(t)$의 최대, 최소 확률값이 점차 분리되어 진동한다. [참고: 2 준위 원자 계의 라비 진동 (Rabi oscillation)]

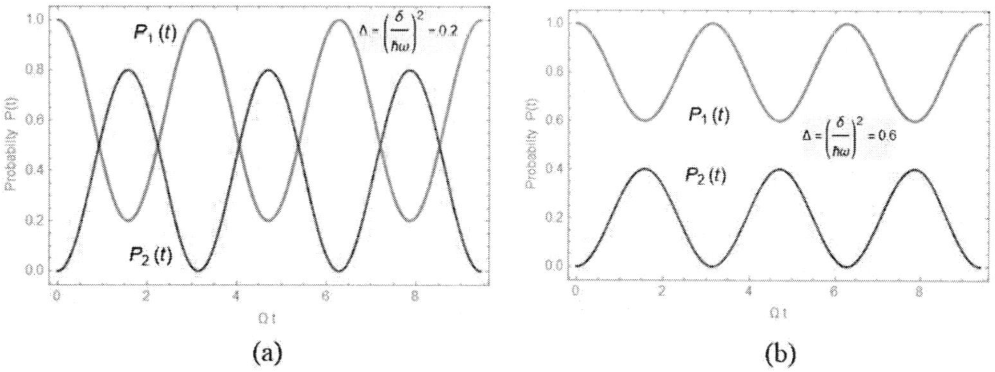

연습문제 4.43 그림

4.44 **행렬지수의 특성:** 다음의 행렬지수의 여러 특성을 증명하라. 단, 모든 행렬은 $n \times n$ 행렬이다.

(1) 행렬 B가 비특이 행렬 (즉, $\det(B) \neq 0$)인 경우 $e^{BAB^{-1}} = Be^{A}B^{-1}$ 이다.

(2) 행렬 A가 대칭 행렬이면 e^{A}도 대칭 행렬이다. 즉, $(e^{A})^{T} = e^{A^{T}} = e^{A}$ 이다.

(3) 행렬 A가 반 대칭 행렬이면 e^{A}는 직교 행렬 (orthogonal matrix) 이다.

(4) 행렬 A가 에르미트 행렬 (Hermitian)이면 e^{A}도 에르미트 행렬이다.

(5) 행렬 A가 반 대칭 에르미트 행렬 (anti-Hermitian)이면 e^{A}는 하나 행렬 (unitary matrix)이다.

(6) 행렬지수의 행렬식 (Jacob's 공식):
임의의 복소 정사각 행렬 A에 대해 $\det(e^{A}) = e^{Tr(A)}$가 성립한다.
연습문제 4.42에서 구한 시간 진화 연산자 $f(H) \equiv U(t) = e^{-i\frac{H}{\hbar}t}$에 대해 Jacobi 공식 $\det(U) = \det(e^{-iHt/\hbar}) = e^{-i\,Tr(H)\,t/\hbar}$이 성립함을 보여라.

[풀이]

(1) 행렬 B는 비특이 행렬 (즉, $\det(B) \neq 0$)로 가정한다.

$BAB^{-1} \equiv C$라 두면 $e^{BAB^{-1}} \equiv e^{C}$를 맥크로린 전개하면 다음과 같다.

$$
\begin{aligned}
& e^{BAB^{-1}} \equiv e^{C} = I + C + \frac{C^2}{2!} + \frac{C^3}{3!} + \frac{C^4}{4!} + \cdots \\
\Rightarrow\ & C^2 = (BAB^{-1})(BAB^{-1}) = BA(B^{-1}B)AB^{-1} = BA^2B^{-1} \\
& C^3 = C^2C = (BA^2B^{-1})(BAB^{-1}) = BA^2(B^{-1}B)AB^{-1} = BA^3B^{-1} \\
& C^4 = C^3C = (BA^3B^{-1})(BAB^{-1}) = BA^3(B^{-1}B)AB^{-1} = BA^4B^{-1} \\
& \qquad \vdots \\
& C^n = BA^nB^{-1}
\end{aligned}
$$

$$e^{BAB^{-1}} \equiv e^C = I + C + \frac{C^2}{2!} + \frac{C^3}{3!} + \frac{C^4}{4!} + \cdots$$

$$= I + BAB^{-1} + \frac{BA^2B^{-1}}{2!} + \frac{BA^3B^{-1}}{3!} + \frac{BA^4B^{-1}}{4!} + \cdots$$

$$= B\left(I + A + \frac{A^2}{2!} + \frac{A^3}{3!} + \frac{A^4}{4!} + \cdots\right)B^{-1} \Leftarrow (\because I = BIB^{-1})$$

$$= Be^AB^{-1}$$

$$\therefore\ e^{BAB^{-1}} = Be^AB^{-1}$$

(2) 행렬 A가 대칭 행렬이면 $A^T = A$이다.

$$(e^A)^T = \left(I + A + \frac{1}{2!}A^2 + \frac{1}{3!}A^3 + \frac{1}{4!}A^4 + \cdots\right)^T$$

$$= I^T + A^T + \frac{1}{2!}(A^2)^T + \frac{1}{3!}(A^3)^T + \frac{1}{4!}(A^4)^T + \cdots$$

$(A^n)^T = (A^T)^n = A^n$이므로 다음을 얻는다.

$$(e^A)^T = I + A + \frac{1}{2!}A^2 + \frac{1}{3!}A^3 + \frac{1}{4!}A^4 + \cdots \equiv e^A$$

$$\therefore\ (e^A)^T = e^A$$

한편, $e^{A^T} = I + A^T + \frac{1}{2!}(A^T)^2 + \frac{1}{3!}(A^T)^3 + \frac{1}{4!}(A^T)^4 + \cdots$

$$= I + A + \frac{1}{2!}A^2 + \frac{1}{3!}A^3 + \frac{1}{4!}A^4 + \cdots \quad \Leftarrow (\because A^T = A)$$

$$\equiv e^A$$

$$\therefore\ (e^A)^T = e^{A^T} = e^A$$

즉, 행렬 A가 대칭 행렬이면 e^A도 대칭 행렬이다.

(3) 행렬 A가 반 대칭 행렬이면 $A^T = -A$이다. $e^A \equiv R$로 두면 $R \equiv e^A = \sum_{n=0}^{\infty} \frac{1}{n!} A^n$

이다. 행렬지수 R의 전치 행렬 R^T을 구하면 다음과 같다.

$$
\begin{aligned}
R^T &\equiv (e^A)^T = \left(\sum_{n=0}^{\infty} \frac{1}{n!} A^n \right)^T = \sum_{n=0}^{\infty} \frac{1}{n!} (A^n)^T \\
&= \sum_{n=0}^{\infty} \frac{1}{n!} (A^T)^n = \sum_{n=0}^{\infty} \frac{1}{n!} (-A)^n \equiv e^{-A}
\end{aligned}
$$

RR^T와 $R^T R$를 계산하면 $RR^T = e^A e^{-A} = e^0 = I$, $R^T R = e^{-A} e^A = e^0 = I$

이므로 $R = e^A$과 $R^T = e^{-A}$는 직교 행렬 (orthogonal matrix)이다.

따라서 A가 반 대칭 행렬이면 e^A는 직교 행렬이다.

(4) 행렬 A가 Hermitian이면 에르미트 행렬 조건 $A^\dagger = A$을 만족한다.

$e^A \equiv H$로 두면 $H \equiv e^A = \sum_{n=0}^{\infty} \frac{1}{n!} A^n$이므로 행렬지수 H의 $H^\dagger$를 구하면 다음과 같다.

$$
\begin{aligned}
H^\dagger &\equiv (e^A)^\dagger = \left(\sum_{n=0}^{\infty} \frac{1}{n!} A^n \right)^\dagger = \sum_{n=0}^{\infty} \frac{1}{n!} (A^n)^\dagger \quad \Leftarrow (A^n)^\dagger = (A^\dagger)^n \\
&= \sum_{n=0}^{\infty} \frac{1}{n!} (A^\dagger)^n = \sum_{n=0}^{\infty} \frac{1}{n!} A^n \quad \Leftarrow (A^\dagger = A) \\
&= e^A \equiv H
\end{aligned}
$$

$$
\therefore H^\dagger = (e^A)^\dagger = e^A \equiv H
$$

따라서 행렬 A가 Hermitian이면 e^A도 Hermitian이다.

(5) 행렬 A가 반 대칭 에르미트 행렬 (anti-Hermitian)이면 $A^\dagger = -A$이다.

$e^A \equiv U$로 두면 $U \equiv e^A = \sum_{n=0}^{\infty} \frac{1}{n!} A^n$이므로 행렬지수 U의 $U^\dagger$를 구하면 다음과 같이 주어진다.

$$U^\dagger \equiv (e^A)^\dagger = \left(\sum_{n=0}^{\infty}\frac{1}{n!}A^n\right)^\dagger = \sum_{n=0}^{\infty}\frac{1}{n!}(A^n)^\dagger \quad \Leftarrow (A^n)^\dagger = (A^\dagger)^n$$
$$= \sum_{n=0}^{\infty}\frac{1}{n!}(A^\dagger)^n = \sum_{n=0}^{\infty}\frac{1}{n!}(-A)^n \quad \Leftarrow (A^\dagger = -A)$$
$$= e^{-A}$$

$U^\dagger U = UU^\dagger = I \Rightarrow U^\dagger = U^{-1}$이면 행렬 U는 하나 행렬 또는 유니터리 행렬; unitary matrix)이다. $U^\dagger = e^{-A}$, $U = e^A$이므로 $U^\dagger U = e^{-A}e^A = e^0 = I$, $UU^\dagger = e^A e^{-A} = e^0 = I$이다.

$$\therefore\ U^\dagger = U^{-1}$$

즉, 행렬 A가 반 대칭 에르미트 행렬 (anti-Hermitian)이면 e^A는 하나 행렬 (unitary matrix)이다.

(6) 연습문제 4.42 (3) 또는 (5)에서 구한 시간 진화 연산자 $U(t)$의 행렬 요소를 사용하여 $\det(U) = |U|$를 계산하면 다음과 같이 주어진다.

$$\det(U) = |U| = U_{11}U_{22} - U_{12}U_{21}$$
$$= e^{-i\frac{2\alpha}{\hbar}t}\left[\cos^2\Omega t + \frac{\beta^2+\gamma^2+\delta^2}{(\hbar\Omega)^2}\sin^2\Omega t\right] \equiv e^{-i\frac{2\alpha}{\hbar}t}$$

한편, 해밀토니안 H의 고윳값은 $\lambda_1 = \alpha + \hbar\Omega$, $\lambda_2 = \alpha - \hbar\Omega$이며 $Tr(H) = \lambda_1 + \lambda_2 = 2\alpha$이다.

$$\det(U) = \det\left(e^{-iHt/\hbar}\right) = e^{-i\frac{2\alpha}{\hbar}t} = e^{-i\frac{\lambda_1+\lambda_1}{\hbar}t} = e^{-i\frac{Tr(H)}{\hbar}t}$$

$$\therefore\ \boxed{\det(U) = \det\left(e^{-iHt/\hbar}\right) \equiv e^{-i\frac{Tr(H)}{\hbar}t}}$$

즉, 연습문제 4.42에서 구한 시간 진화 연산자 $U(t) = e^{-i\frac{H}{\hbar}t}$에 대해 Jacobi 공식 $\det\left(e^{-iHt/\hbar}\right) = e^{-i\,Tr(H)\,t/\hbar}$이 성립한다.

4.9 벡터 공간 (Vector Space)과 행렬의 대각화 (Diagonalization of Matrix)

> 4.45 임의의 복소수 행렬 $A=\begin{pmatrix} a & b \\ c & d \end{pmatrix}$가 있다.
>
> (1) 고윳값 λ_i, $(i=1,2)$와 고유 벡터 $\boldsymbol{X}_i=\begin{pmatrix} x_i \\ y_i \end{pmatrix}$를 구하라.
>
> (2) 2×2 행렬 $X=[\boldsymbol{X}_1 \boldsymbol{X}_2]\equiv\begin{pmatrix} x_1 & x_2 \\ y_1 & y_2 \end{pmatrix}$에 대해 대각 행렬 $D=X^{-1}AX$를 구하라.
>
> (3) 역행렬 A^{-1}를 대각 행렬 $D=X^{-1}AX$를 사용하여 구하라.

[풀이]

(1) 고유치의 특성 방정식 $|A-\lambda I|=0 \Rightarrow \begin{vmatrix} a-\lambda & b \\ c & d-\lambda \end{vmatrix}=0$에서 다음 식을 얻는다.

$$\lambda^2-(a+d)\lambda+ad-bc=0$$

. $Tr(A)=a+d$, $\det(A)=|A|=ad-bc$이므로 고유치 방정식은 다음과 같다.

$$\lambda^2-(a+d)\lambda+ad-bc=\lambda^2-Tr(A)\lambda+|A|=0$$

따라서 고윳값을 $Tr(A)$, $\det(A)$로 표현하면 다음과 같이 쓸 수 있다.

$$\lambda_1=\frac{Tr(A)}{2}+\sqrt{\left(\frac{Tr(A)}{2}\right)^2-|A|},$$
$$\lambda_2=\frac{Tr(A)}{2}-\sqrt{\left(\frac{Tr(A)}{2}\right)^2-|A|}$$

고윳값 λ_i, $(i=1,2)$에 대한 고유 벡터를 $\boldsymbol{X}_i=\begin{pmatrix} x_i \\ y_i \end{pmatrix}$라 두고 고유치 방정식 $A\boldsymbol{X}_i=\lambda_i\boldsymbol{X}_i$을 풀면 다음과 같이 주어진다.

$$a\,x_i+b\,y_i=\lambda_i x_i \;\Rightarrow\; y_i=\frac{\lambda_i-a}{b}x_i$$
$$c\,x_i+d\,y_i=\lambda_i y_i \;\Rightarrow\; y_i=\frac{c}{\lambda_i-d}x_i$$

$x_i = 1$로 두면 고유 벡터 $\boldsymbol{X}_i = \begin{pmatrix} x_i \\ y_i \end{pmatrix}$는 다음과 같다.

$$\boldsymbol{X}_i = \begin{pmatrix} x_i \\ y_i \end{pmatrix} = \begin{pmatrix} 1 \\ \dfrac{\lambda_i - a}{b} \end{pmatrix} \quad \text{or} \quad \boldsymbol{X}_i = \begin{pmatrix} 1 \\ \dfrac{c}{\lambda_i - d} \end{pmatrix}, \quad (i = 1, 2)$$

즉, $\boldsymbol{X}_1 = \begin{pmatrix} 1 \\ \dfrac{\lambda_1 - a}{b} \end{pmatrix}, \quad \boldsymbol{X}_2 = \begin{pmatrix} 1 \\ \dfrac{\lambda_2 - a}{b} \end{pmatrix}$ 또는 $\boldsymbol{X}_1 = \begin{pmatrix} 1 \\ \dfrac{c}{\lambda_1 - d} \end{pmatrix}, \quad \boldsymbol{X}_2 = \begin{pmatrix} 1 \\ \dfrac{c}{\lambda_2 - d} \end{pmatrix}$

로 쓸 수 있다. 한편 $Tr(A) \equiv \lambda_1 + \lambda_2 = a + d$이므로 고유 벡터 $\boldsymbol{X}_i = \begin{pmatrix} x_i \\ y_i \end{pmatrix}$는 $\lambda_1 - a = d - \lambda_2$, $\lambda_2 - a = d - \lambda_1$, $\lambda_1 - d = a - \lambda_2$, $\lambda_2 - d = a - \lambda_1$ 등을 사용하면 다양한 고유 벡터의 표현이 가능하다.

(2) 고유 벡터의 다양한 표현 가운데 하나인 $\boldsymbol{X}_1 = \begin{pmatrix} 1 \\ \dfrac{\lambda_1 - a}{b} \end{pmatrix}, \quad \boldsymbol{X}_2 = \begin{pmatrix} 1 \\ \dfrac{\lambda_2 - a}{b} \end{pmatrix}$를 선택하자. 고유 벡터로 구성한 2×2 행렬 $X = [\boldsymbol{X}_1 \boldsymbol{X}_2] \equiv \begin{pmatrix} x_1 & x_2 \\ y_1 & y_2 \end{pmatrix}$은 다음과 같다.

$$X = [\boldsymbol{X}_1 \boldsymbol{X}_2] \equiv \begin{pmatrix} x_1 & x_2 \\ y_1 & y_2 \end{pmatrix} = \begin{pmatrix} 1 & 1 \\ \dfrac{\lambda_1 - a}{b} & \dfrac{\lambda_2 - a}{b} \end{pmatrix}$$

역행렬 X^{-1}은 다음과 같이 주어진다.

$$\begin{aligned} X^{-1} &= \frac{1}{\det(X)} \begin{pmatrix} y_2 & -x_2 \\ -y_1 & x_1 \end{pmatrix} = \frac{1}{x_1 y_2 - x_2 y_1} \begin{pmatrix} y_2 & -x_2 \\ -y_1 & x_1 \end{pmatrix} \\ &= \frac{1}{\lambda_2 - \lambda_1} \begin{pmatrix} \lambda_2 - a & -b \\ a - \lambda_1 & b \end{pmatrix} \end{aligned}$$

여기서 $\det(X) = x_1 y_2 - x_2 y_1 = y_2 - y_1 = \dfrac{\lambda_2 - \lambda_1}{b} \; (\neq 0)$이다.

이제 대각 행렬 $D = X^{-1} A X$를 계산한다.

$$D = X^{-1}AX = \frac{1}{\lambda_2 - \lambda_1}\begin{pmatrix} \lambda_2 - a & -b \\ a - \lambda_1 & b \end{pmatrix}\begin{pmatrix} a & b \\ c & d \end{pmatrix}\begin{pmatrix} 1 & 1 \\ \dfrac{\lambda_1 - a}{b} & \dfrac{\lambda_2 - a}{b} \end{pmatrix}$$

$$\equiv \begin{pmatrix} D_{11} & D_{12} \\ D_{21} & D_{22} \end{pmatrix}$$

여기서 행렬 요소 $D_{ij}\,(i, j = 1, 2)$는 특성 방정식 $\lambda_{1,2}{}^2 - (a+d)\lambda_{1,2} + ad - bc = 0$을 사용하면 다음과 같이 주어진다.

$$\begin{aligned} D_{11} &= \frac{1}{\lambda_2 - \lambda_1}\left[\lambda_1(\lambda_2 - a) - bc - d(\lambda_1 - a)\right] \\ &= \frac{1}{\lambda_2 - \lambda_1}\Big[\lambda_1\lambda_2 \underbrace{-(a+d)\lambda_1 + ad - bc}_{\equiv -\lambda_1^2}\Big] \\ &= \frac{1}{\lambda_2 - \lambda_1}(\lambda_1\lambda_2 - \lambda_1^2) \equiv \lambda_1, \end{aligned}$$

$$\begin{aligned} D_{12} &= \frac{1}{\lambda_2 - \lambda_1}\left[\lambda_2(\lambda_2 - a) - bc - d(\lambda_2 - a)\right] \\ &= \frac{1}{\lambda_2 - \lambda_1}\Big[\underbrace{\lambda_2^2 - (a+d)\lambda_2 + ad - bc}_{=0}\Big] \equiv 0, \end{aligned}$$

$$\begin{aligned} D_{21} &= \frac{1}{\lambda_2 - \lambda_1}\left[\lambda_1(a - \lambda_1) + bc + d(\lambda_1 - a)\right] \\ &= \frac{1}{\lambda_2 - \lambda_1}\Big[-\underbrace{\left(\lambda_1^2 - (a+d)\lambda_1 + ad - bc\right)}_{=0}\Big] \equiv 0, \end{aligned}$$

$$\begin{aligned} D_{22} &= \frac{1}{\lambda_2 - \lambda_1}\left[\lambda_2(a - \lambda_1) + bc + d(\lambda_2 - a)\right] \\ &= \frac{1}{\lambda_2 - \lambda_1}\Big[-\lambda_1\lambda_2 + \underbrace{(a+d)\lambda_2 - ad + bc}_{\equiv +\lambda_2^2}\Big] \equiv \lambda_2 \end{aligned}$$

$$\therefore\ D = X^{-1}AX \equiv \begin{pmatrix} \lambda_1 & 0 \\ 0 & \lambda_2 \end{pmatrix}$$

(3) 대각 행렬의 역행렬 D^{-1}는 역행렬의 특성을 이용하면 다음과 같이 주어진다.

$$D^{-1} = (X^{-1}AX)^{-1} = (AX)^{-1}(X^{-1})^{-1} = X^{-1}A^{-1}X$$

이 식에서 역행렬 A^{-1}는 $A^{-1} = XD^{-1}X^{-1}$이다.

한편 대각 행렬의 역행렬은 $D^{-1}=\begin{pmatrix} 1/\lambda_1 & 0 \\ 0 & 1/\lambda_2 \end{pmatrix}$ 이므로 역행렬 A^{-1}에 대입한다.

$$\begin{aligned} A^{-1} &= XD^{-1}X^{-1} \\ &= \begin{pmatrix} \dfrac{1}{\dfrac{\lambda_1-a}{b}} & \dfrac{1}{\dfrac{\lambda_2-a}{b}} \end{pmatrix} \begin{pmatrix} 1/\lambda_1 & 0 \\ 0 & 1/\lambda_2 \end{pmatrix} \frac{1}{\lambda_2-\lambda_1} \begin{pmatrix} \lambda_2-a & -b \\ a-\lambda_1 & b \end{pmatrix} \\ &\equiv \begin{pmatrix} C_{11} & C_{12} \\ C_{21} & C_{22} \end{pmatrix} \end{aligned}$$

$Tr(A) \equiv \lambda_1+\lambda_2 = a+d$ 와 $\det(A)=|A| \equiv \lambda_1\lambda_2 = ad-bc$ 를 이용하여 행렬 요소를 계산하면 다음과 같다.

$$\begin{aligned} C_{11} &= \frac{1}{\lambda_2-\lambda_1}\left(\frac{\lambda_2-a}{\lambda_1}-\frac{\lambda_1-a}{\lambda_2}\right) = \frac{\lambda_1+\lambda_2-a}{\lambda_1\lambda_2} = \frac{d}{|A|}, \\ C_{12} &= \frac{1}{\lambda_2-\lambda_1}\left(\frac{b}{\lambda_2}-\frac{b}{\lambda_1}\right) = \frac{b}{\lambda_2-\lambda_1}\frac{\lambda_1-\lambda_2}{\lambda_1\lambda_2} = -\frac{b}{|A|}, \\ C_{21} &= \frac{1}{\lambda_2-\lambda_1}\frac{(\lambda_2-a)(\lambda_1-a)}{b}\left(\frac{1}{\lambda_1}-\frac{1}{\lambda_2}\right) = \frac{(\lambda_2-a)(\lambda_1-a)}{b\lambda_1\lambda_2} \\ &= \frac{\lambda_1\lambda_2-a(\lambda_1+\lambda_2)+a^2}{b\lambda_1\lambda_2} = -\frac{c}{|A|}, \\ C_{22} &= \frac{1}{\lambda_2-\lambda_1}\left(\frac{\lambda_2-a}{\lambda_2}-\frac{\lambda_1-a}{\lambda_1}\right) = \frac{a}{\lambda_1\lambda_2} = \frac{a}{|A|} \end{aligned}$$

$$\therefore\ A^{-1} = XD^{-1}X^{-1} \equiv \frac{1}{\det(A)}\begin{pmatrix} d & -b \\ -c & a \end{pmatrix}$$

대각 행렬 $D=X^{-1}AX$를 사용하지 않고 구한 결과와 같다.

4.46 임의의 복소수 행렬 $A=\begin{pmatrix} a & b \\ c & d \end{pmatrix}$에 대해 연습문제 4.45에서 구한 행렬 $X=[\boldsymbol{X}_1 \boldsymbol{X}_2] \equiv \begin{pmatrix} x_1 & x_2 \\ y_1 & y_2 \end{pmatrix}$와 대각 행렬 $D=X^{-1}AX$를 사용하여 다음의 행렬 지수 관계식을 구하라.

(1) 행렬지수 e^D를 파울리 행렬지수를 사용하여 구하라.

(2) 행렬지수 e^D를 맥크로린 전개를 사용하여 구하라.

(3) 행렬지수 e^A를 $A=XDX^{-1}$을 이용하여 구하고 연습문제 4.42 (3)의 Sylvester 정리와 비교하라.

[풀이]

임의의 복소수 행렬 $A=\begin{pmatrix} a & b \\ c & d \end{pmatrix}$에 대해 연습문제 4.45에서 구한 행렬 X, 역행렬 X^{-1}와 대각 행렬 $D=X^{-1}AX$은 다음과 같다.

$$X=[\boldsymbol{X}_1 \boldsymbol{X}_2] \equiv \begin{pmatrix} x_1 & x_2 \\ y_1 & y_2 \end{pmatrix} = \begin{pmatrix} 1 & 1 \\ \dfrac{\lambda_1 - a}{b} & \dfrac{\lambda_2 - a}{b} \end{pmatrix}$$

$$\boldsymbol{X}^{-1} = \frac{1}{x_1 y_2 - x_2 y_1}\begin{pmatrix} y_2 & -x_2 \\ -y_1 & x_1 \end{pmatrix} = \frac{1}{\lambda_2 - \lambda_1}\begin{pmatrix} \lambda_2 - a & -b \\ a - \lambda_1 & b \end{pmatrix}$$

$$D = X^{-1}AX \equiv \begin{pmatrix} \lambda_1 & 0 \\ 0 & \lambda_2 \end{pmatrix}$$

(1) 대각 행렬 $D=\begin{pmatrix} \lambda_1 & 0 \\ 0 & \lambda_2 \end{pmatrix}$를 파울리 행렬로 나타내면 다음과 같다.

$$\begin{aligned} D=\begin{pmatrix} \lambda_1 & 0 \\ 0 & \lambda_2 \end{pmatrix} &= \frac{\lambda_1+\lambda_2}{2}\begin{pmatrix} 1 & 0 \\ 0 & 1 \end{pmatrix} + \frac{\lambda_1-\lambda_2}{2}\begin{pmatrix} 1 & 0 \\ 0 & -1 \end{pmatrix} \\ &= \frac{\lambda_1+\lambda_2}{2}\sigma_0 + \frac{\lambda_1-\lambda_2}{2}\sigma_3 \end{aligned}$$

행렬지수 e^D를 파울리 행렬지수를 사용하면 $e^D = \exp\left[\dfrac{\lambda_1+\lambda_2}{2}\sigma_0 + \dfrac{\lambda_1-\lambda_2}{2}\sigma_3\right]$ 이며 파울리 행렬 σ_0와 σ_3는 교환적이므로 지수 함수의 대수 법칙이 성립한다.

$$e^D = \exp\left[\frac{\lambda_1+\lambda_2}{2}\sigma_0 + \frac{\lambda_1-\lambda_2}{2}\sigma_3\right]$$
$$= \exp\left[\frac{\lambda_1+\lambda_2}{2}\sigma_0\right]\exp\left[\frac{\lambda_1-\lambda_2}{2}\sigma_3\right]$$

각각의 파울리 행렬지수를 계산하면 다음과 같다.

$$\exp\left[\frac{\lambda_1+\lambda_2}{2}\sigma_0\right] = \exp\left[\frac{\lambda_1+\lambda_2}{2}\begin{pmatrix}1 & 0\\ 0 & 1\end{pmatrix}\right] = \begin{pmatrix}e^{(\lambda_1+\lambda_2)/2} & 0\\ 0 & e^{(\lambda_1+\lambda_2)/2}\end{pmatrix},$$
$$\exp\left[\frac{\lambda_1-\lambda_2}{2}\sigma_3\right] = \exp\left[\frac{\lambda_1-\lambda_2}{2}\begin{pmatrix}1 & 0\\ 0 & -1\end{pmatrix}\right] = \begin{pmatrix}e^{(\lambda_1-\lambda_2)/2} & 0\\ 0 & e^{-(\lambda_1-\lambda_2)/2}\end{pmatrix}$$

이들을 대입하여 정리하면 다음의 중요한 식을 얻는다.

$$e^D = \exp\left[\frac{\lambda_1+\lambda_2}{2}\sigma_0\right]\exp\left[\frac{\lambda_1-\lambda_2}{2}\sigma_3\right]$$
$$= \begin{pmatrix}e^{(\lambda_1+\lambda_2)/2} & 0\\ 0 & e^{(\lambda_1+\lambda_2)/2}\end{pmatrix}\begin{pmatrix}e^{(\lambda_1-\lambda_2)/2} & 0\\ 0 & e^{-(\lambda_1-\lambda_2)/2}\end{pmatrix} = \begin{pmatrix}e^{\lambda_1} & 0\\ 0 & e^{\lambda_2}\end{pmatrix}$$

$$\therefore\ e^D = \exp\left[\begin{pmatrix}\lambda_1 & 0\\ 0 & \lambda_2\end{pmatrix}\right] \equiv \begin{pmatrix}e^{\lambda_1} & 0\\ 0 & e^{\lambda_2}\end{pmatrix}$$

(2) $D=\begin{pmatrix}\lambda_1 & 0\\ 0 & \lambda_2\end{pmatrix}$의 n승 곱은 $D^n = \begin{pmatrix}\lambda_1^n & 0\\ 0 & \lambda_2^n\end{pmatrix}$이므로 e^D를 맥크로린 전개하자.

$$e^D = \sum_{n=0}^{\infty}\frac{D^n}{n!} = \sum_{n=0}^{\infty}\frac{1}{n!}\begin{pmatrix}\lambda_1^n & 0\\ 0 & \lambda_2^n\end{pmatrix}$$
$$= \begin{pmatrix}\displaystyle\sum_{n=0}^{\infty}\frac{\lambda_1^n}{n!} & 0\\ 0 & \displaystyle\sum_{n=0}^{\infty}\frac{\lambda_2^n}{n!}\end{pmatrix} = \begin{pmatrix}e^{\lambda_1} & 0\\ 0 & e^{\lambda_2}\end{pmatrix}$$

여기서 $\displaystyle\sum_{n=0}^{\infty}\frac{\lambda_i^n}{n!} \equiv e^{\lambda_i},\ (i=1,2)$ 이다.

(3) 행렬지수 e^A를 $A = XDX^{-1}$을 이용하여 구하자.

$$e^A = e^{XDX^{-1}} = \sum_{n=0}^{\infty} \frac{A^n}{n!} = \sum_{n=0}^{\infty} \frac{(XDX^{-1})^n}{n}$$

$A^n = (XDX^{-1})^n = XD^n X^{-1}$이며 $D^n = \begin{pmatrix} \lambda_1^n & 0 \\ 0 & \lambda_2^n \end{pmatrix}$이므로 e^A는 다음과 같이 표현할 수 있다.

$$\begin{aligned} e^A &= \sum_{n=0}^{\infty} \frac{(XDX^{-1})^n}{n!} = X\left(\sum_{n=0}^{\infty} \frac{D^n}{n!}\right) X^{-1} \\ &= Xe^D X^{-1} = \begin{pmatrix} x_1 & x_2 \\ y_1 & y_2 \end{pmatrix} \begin{pmatrix} e^{\lambda_1} & 0 \\ 0 & e^{\lambda_2} \end{pmatrix} \frac{1}{\det(X)} \begin{pmatrix} y_2 & -x_2 \\ -y_1 & x_1 \end{pmatrix} \\ &\equiv \begin{pmatrix} C_{11} & C_{12} \\ C_{21} & C_{22} \end{pmatrix} \end{aligned}$$

여기서 행렬 요소는 다음과 같다.

$$\begin{aligned} C_{11} &= \frac{1}{\det(X)} \left(x_1 y_2 e^{\lambda_1} - x_2 y_1 e^{\lambda_2}\right), \\ C_{12} &= \frac{x_1 x_2}{\det(X)} \left(e^{\lambda_2} - e^{\lambda_1}\right), \\ C_{21} &= \frac{y_1 y_2}{\det(X)} \left(e^{\lambda_1} - e^{\lambda_2}\right), \\ C_{22} &= \frac{1}{\det(X)} \left(x_1 y_2 e^{\lambda_2} - x_2 y_1 e^{\lambda_1}\right) \end{aligned}$$

연습문제 4.45에서 행렬 X는 $X = [X_1 X_2] \equiv \begin{pmatrix} x_1 & x_2 \\ y_1 & y_2 \end{pmatrix} = \begin{pmatrix} 1 & 1 \\ \dfrac{\lambda_1 - a}{b} & \dfrac{\lambda_2 - a}{b} \end{pmatrix}$이며

$\det(X) = \dfrac{\lambda_2 - a}{b} - \dfrac{\lambda_1 - a}{b} = \dfrac{\lambda_2 - \lambda_1}{b}$이므로 행렬 요소는 다음과 같다.

$$\begin{aligned} C_{11} &= \frac{1}{\det(X)} \left(x_1 y_2 e^{\lambda_1} - x_2 y_1 e^{\lambda_2}\right) = \frac{a - \lambda_2}{\lambda_1 - \lambda_2} e^{\lambda_1} + \frac{a - \lambda_1}{\lambda_2 - \lambda_1} e^{\lambda_2}, \\ C_{12} &= \frac{x_1 x_2}{\det(X)} \left(e^{\lambda_2} - e^{\lambda_1}\right) = \frac{b}{\lambda_1 - \lambda_2} e^{\lambda_1} + \frac{b}{\lambda_2 - \lambda_1} e^{\lambda_2}, \end{aligned}$$

$$
\begin{aligned}
C_{21} &= \frac{y_1 y_2}{\det(X)}\left(e^{\lambda_1} - e^{\lambda_2}\right) = \frac{(\lambda_1 - a)(\lambda_2 - a)}{b(\lambda_2 - \lambda_1)}\left(e^{\lambda_1} - e^{\lambda_2}\right) \\
&\equiv \frac{c}{\lambda_1 - \lambda_2} e^{\lambda_1} + \frac{c}{\lambda_2 - \lambda_1} e^{\lambda_2}, \\
C_{22} &= \frac{1}{\det(X)}\left(x_1 y_2 e^{\lambda_2} - x_2 y_1 e^{\lambda_1}\right) = \frac{a - \lambda_2}{\lambda_1 - \lambda_2} e^{\lambda_2} + \frac{a - \lambda_1}{\lambda_2 - \lambda_1} e^{\lambda_1} \\
&\equiv \frac{d - \lambda_2}{\lambda_1 - \lambda_2} e^{\lambda_1} + \frac{d - \lambda_1}{\lambda_2 - \lambda_1} e^{\lambda_2}
\end{aligned}
$$

여기서 C_{21}의 분자 항 계산에 약간의 주의가 필요하다.

$$
\begin{aligned}
(\lambda_1 - a)(\lambda_2 - a) &= \lambda_1 \lambda_2 - (\lambda_1 + \lambda_2)a + a^2 \\
&= \det(A) - Tr(A)a - a^2 \\
&= (ad - bc) - (a + d)a - a^2 = -bc
\end{aligned}
$$

이므로

$$
\begin{aligned}
C_{21} &= \frac{(\lambda_1 - a)(\lambda_2 - a)}{b(\lambda_2 - \lambda_1)}\left(e^{\lambda_1} - e^{\lambda_2}\right) = \frac{-bc}{b(\lambda_2 - \lambda_1)}\left(e^{\lambda_1} - e^{\lambda_2}\right) \\
&\equiv \frac{c}{\lambda_1 - \lambda_2} e^{\lambda_1} + \frac{c}{\lambda_2 - \lambda_1} e^{\lambda_2}
\end{aligned}
$$

이다. C_{22}의 분자 항은 $Tr(A) = \lambda_1 + \lambda_2 = a + d$이므로 $a - \lambda_2 \Rightarrow \lambda_1 - d$, $a - \lambda_1 \Rightarrow \lambda_2 - d$와 같다.

이상의 내용을 정리하면 다음과 같다.

$$
\begin{aligned}
e^A &= \sum_{n=0}^{\infty} \frac{(XDX^{-1})^n}{n!} = Xe^D X^{-1} = \begin{pmatrix} C_{11} & C_{12} \\ C_{21} & C_{22} \end{pmatrix} \\
&= \begin{pmatrix} \frac{a - \lambda_2}{\lambda_1 - \lambda_2} e^{\lambda_1} + \frac{a - \lambda_1}{\lambda_2 - \lambda_1} e^{\lambda_2} & \frac{b}{\lambda_1 - \lambda_2} e^{\lambda_1} + \frac{b}{\lambda_2 - \lambda_1} e^{\lambda_2} \\ \frac{c}{\lambda_1 - \lambda_2} e^{\lambda_1} + \frac{c}{\lambda_2 - \lambda_1} e^{\lambda_2} & \frac{d - \lambda_2}{\lambda_1 - \lambda_2} e^{\lambda_1} + \frac{d - \lambda_1}{\lambda_2 - \lambda_1} e^{\lambda_2} \end{pmatrix} \\
&= \frac{e^{\lambda_1}}{\lambda_1 - \lambda_2} \begin{pmatrix} a - \lambda_2 & b \\ c & d - \lambda_2 \end{pmatrix} + \frac{e^{\lambda_2}}{\lambda_2 - \lambda_1} \begin{pmatrix} a - \lambda_1 & b \\ c & d - \lambda_1 \end{pmatrix} \\
&\equiv e^{\lambda_1} \frac{A - \lambda_2 \sigma_0}{\lambda_1 - \lambda_2} + e^{\lambda_2} \frac{A - \lambda_1 \sigma_0}{\lambda_2 - \lambda_1}
\end{aligned}
$$

$$\therefore \quad \boxed{e^A = e^{\lambda_1}\frac{A-\lambda_2\sigma_0}{\lambda_1-\lambda_2} + e^{\lambda_2}\frac{A-\lambda_1\sigma_0}{\lambda_2-\lambda_1}}$$

연습문제 4.42 (3)의 Sylvester 정리는 $f(A) = \sum_{i=1}^{n} f(\lambda_i) \prod_{\substack{j=1 \\ j\neq i}}^{n} \frac{A-\lambda_j\sigma_0}{\lambda_i-\lambda_j}$ 로 주어진다. 2×2 행렬 $(n=2)$ A의 행렬지수 $f(A) \equiv e^A$에 대한 Sylvester 정리는 다음과 같다.

$$e^A = \sum_{i=1}^{2} e^{\lambda_i} \prod_{\substack{j=1 \\ j\neq i}}^{2} \frac{A-\lambda_j\sigma_0}{\lambda_i-\lambda_j} = e^{\lambda_1}\frac{A-\lambda_2\sigma_0}{\lambda_1-\lambda_2} + e^{\lambda_2}\frac{A-\lambda_1\sigma_0}{\lambda_2-\lambda_1}$$

즉, 행렬지수 $e^A = e^{XDX^{-1}}$를 맥크로린 전개하여 구한 결과와 정확히 일치한다.

4.47 관성 모멘트 텐서는 $J=\frac{1}{2}\begin{pmatrix} J_1+J_2 & J_1-J_2 & 0 \\ J_1-J_2 & J_1+J_2 & 0 \\ 0 & 0 & 2J_3 \end{pmatrix}$로 주어진다.

연습문제 4.29의 고윳값 λ_i와 고유 벡터 $\boldsymbol{X}_i$ $(i=1,2,3)$를 사용하여 다음 물리량을 구하라.

(1) 대각 행렬 D를 구하라. [힌트: $D=X^{-1}JX$, $X=[\boldsymbol{X}_1\ \boldsymbol{X}_2\ \boldsymbol{X}_3]$]

(2) 행렬지수 e^D를 구하라.

(3) 관성 모멘트 텐서의 행렬지수 e^J를 구하라.

[풀이]

(1) 관성 모멘트 텐서 $J=\frac{1}{2}\begin{pmatrix} J_1+J_2 & J_1-J_2 & 0 \\ J_1-J_2 & J_1+J_2 & 0 \\ 0 & 0 & 2J_3 \end{pmatrix}$에 대한 고윳값과 고유 벡터는

연습문제 4.29에 따라 다음과 같이 주어진다.

$$\lambda_1=J_1,\ \lambda_2=J_2,\ \lambda_3=J_3$$

$$\boldsymbol{X}_1=\begin{pmatrix}1\\1\\0\end{pmatrix},\ \boldsymbol{X}_2=\begin{pmatrix}1\\-1\\0\end{pmatrix},\ \boldsymbol{X}_3=\begin{pmatrix}0\\0\\1\end{pmatrix}$$ 이다.

3개의 기저 벡터로 구성된 3×3 행렬은 $X=[\boldsymbol{X}_1\ \boldsymbol{X}_2\ \boldsymbol{X}_3]=\begin{pmatrix}1&1&0\\1&-1&0\\0&0&1\end{pmatrix}$이며

역행렬 $X^{-1}=Adj(X)/\det(X)$은 $X^{-1}=\frac{1}{2}\begin{pmatrix}1&1&0\\1&-1&0\\0&0&2\end{pmatrix}$이다.

따라서 대각 행렬 $D=X^{-1}JX$는 다음과 같다.

$$D=\frac{1}{2}\begin{pmatrix}1&1&0\\1&-1&0\\0&0&2\end{pmatrix}\frac{1}{2}\begin{pmatrix} J_1+J_2 & J_1-J_2 & 0 \\ J_1-J_2 & J_1+J_2 & 0 \\ 0 & 0 & 2J_3 \end{pmatrix}\begin{pmatrix}1&1&0\\1&-1&0\\0&0&1\end{pmatrix}$$
$$=\begin{pmatrix}J_1&0&0\\0&J_2&0\\0&0&J_3\end{pmatrix}\equiv\begin{pmatrix}\lambda_1&0&0\\0&\lambda_2&0\\0&0&\lambda_3\end{pmatrix}$$

즉, 대각 성분은 고윳값이며 비 대각 성분은 모두 0이 된다.

(2) 대각 행렬의 n승 곱은 $D^n = \begin{pmatrix} \lambda_1^n & 0 & 0 \\ 0 & \lambda_2^n & 0 \\ 0 & 0 & \lambda_3^n \end{pmatrix}$ 이므로 $e^D = \sum_{n=0}^{\infty} \frac{D^n}{n!}$ 는 다음과 같다.

$$e^D = \sum_{n=0}^{\infty} \frac{D^n}{n!} = \sum_{n=0}^{\infty} \frac{1}{n!} \begin{pmatrix} \lambda_1^n & 0 & 0 \\ 0 & \lambda_2^n & 0 \\ 0 & 0 & \lambda_3^n \end{pmatrix}$$

$$= \begin{pmatrix} \sum_{n=0}^{\infty} \frac{\lambda_1^n}{n!} & 0 & 0 \\ 0 & \sum_{n=0}^{\infty} \frac{\lambda_2^n}{n!} & 0 \\ 0 & 0 & \sum_{n=0}^{\infty} \frac{\lambda_3^n}{n!} \end{pmatrix} \equiv \begin{pmatrix} e^{\lambda_1} & 0 & 0 \\ 0 & e^{\lambda_2} & 0 \\ 0 & 0 & e^{\lambda_3} \end{pmatrix}$$

여기서 $\sum_{n=0}^{\infty} \frac{\lambda_i^n}{n!} \equiv e^{\lambda_i}$, $(i = 1, 2, 3)$ 이다.

(3) 행렬지수 $e^D = e^{X^{-1}JX}$를 맥크로린 전개하고 $(X^{-1}JX)^n = X^{-1}J^nX$을 이용하면 다음과 같다.

$$e^D = e^{X^{-1}JX} = \sum_{n=0}^{\infty} \frac{D^n}{n!} = \sum_{n=0}^{\infty} \frac{(X^{-1}JX)^n}{n!}$$

$$= X^{-1}\left(\sum_{n=0}^{\infty} \frac{J^n}{n!}\right)X = X^{-1}e^JX$$

e^D의 양변 좌측에 X, 우측에 X^{-1}를 곱하면 행렬지수 e^J는 $e^J = Xe^DX^{-1}$가 된다. 따라서 행렬지수 e^J를 계산하면 다음 결과를 얻는다.

$$e^J = Xe^DX^{-1} = \begin{pmatrix} 1 & 1 & 0 \\ 1 & -1 & 0 \\ 0 & 0 & 1 \end{pmatrix} \begin{pmatrix} e^{\lambda_1} & 0 & 0 \\ 0 & e^{\lambda_2} & 0 \\ 0 & 0 & e^{\lambda_3} \end{pmatrix} \frac{1}{2} \begin{pmatrix} 1 & 1 & 0 \\ 1 & -1 & 0 \\ 0 & 0 & 2 \end{pmatrix}$$

$$\equiv \frac{1}{2} \begin{pmatrix} e^{\lambda_1} + e^{\lambda_2} & e^{\lambda_1} - e^{\lambda_2} & 0 \\ e^{\lambda_1} - e^{\lambda_2} & e^{\lambda_1} + e^{\lambda_2} & 0 \\ 0 & 0 & 2e^{\lambda_3} \end{pmatrix}$$

4.48 연습문제 4.28의 비특이 (회전) 행렬 $A=\begin{pmatrix} \cos\theta & \sin\theta & 0 \\ -\sin\theta & \cos\theta & 0 \\ 0 & 0 & 1 \end{pmatrix}$가 있다.

(1) 대각 행렬 D를 구하라.

(2) $Tr(D)$와 $\det(D)$를 구하고 $Tr(A)$와 $\det(A)$ 또는 고윳값 λ_i $(i=1,2)$로 나타내어라.

(3) 행렬지수 e^D를 맥크로린 전개를 사용하여 구하라.

(4) $A=XDX^{-1}$를 이용하여 A^n을 구하라.

(5) A^n을 이용하여 행렬지수 e^A를 구하라.

(6) 행렬지수 e^A를 $A=XDX^{-1}$을 이용하여 구하라.

(7) (5)와 (6)의 결과를 비교하여 다음 관계식을 증명하라.

$$\sum_{n=0}^{\infty}\frac{\cos(n\theta)}{n!}=e^{\cos\theta}\cos(\sin\theta),$$

$$\sum_{n=0}^{\infty}\frac{\sin(n\theta)}{n!}=e^{\cos\theta}\sin(\sin\theta),$$

$$\sum_{n=0}^{\infty}\frac{1}{n!}=e^{1}\equiv e,$$

또는 $\sum_{n=0}^{\infty}\frac{e^{in\theta}}{n!}=e^{e^{i\theta}}$ 이며 $e^{e^{i\theta}}\equiv\exp[\exp(i\,\theta)]$ 이다.

[풀이]

(1) 비특이 (회선) 행렬 $A=\begin{pmatrix} \cos\theta & \sin\theta & 0 \\ -\sin\theta & \cos\theta & 0 \\ 0 & 0 & 1 \end{pmatrix}$의 고윳값과 고유 벡터는 연습문제 4.28에서 $\lambda_1=\cos\theta+i\sin\theta\equiv e^{i\theta}$, $\lambda_2=\cos\theta-i\sin\theta\equiv e^{-i\theta}$, $\lambda_3=1$이며 규격화된 고유 벡터는 $\boldsymbol{X}_1=\frac{1}{\sqrt{2}}\begin{pmatrix}1\\ i\\ 0\end{pmatrix}$, $\boldsymbol{X}_2=\frac{1}{\sqrt{2}}\begin{pmatrix}1\\ -i\\ 0\end{pmatrix}$, $\boldsymbol{X}_3=\begin{pmatrix}0\\ 0\\ 1\end{pmatrix}$이며 3×3 행렬

$$X=[\boldsymbol{X}_1\,\boldsymbol{X}_2\,\boldsymbol{X}_3]=\frac{1}{\sqrt{2}}\begin{pmatrix} 1 & 1 & 0 \\ +i & -i & 0 \\ 0 & 0 & \sqrt{2} \end{pmatrix}\text{이다.}$$

역행렬 X^{-1}는 $\det(X)=-i$ 이므로 다음과 같이 주어진다.

$$X^{-1} = \frac{Adj(X)}{\det(X)} = \frac{1}{\sqrt{2}}\begin{pmatrix} 1 & -i & 0 \\ 1 & +i & 0 \\ 0 & 0 & \sqrt{2} \end{pmatrix}$$

대각 행렬 D는 $D = X^{-1}AX$를 계산하면 다음과 같다.

$$\begin{aligned} D &= X^{-1}AX \\ &= \frac{1}{\sqrt{2}}\begin{pmatrix} 1 & -i & 0 \\ 1 & +i & 0 \\ 0 & 0 & \sqrt{2} \end{pmatrix}\begin{pmatrix} \cos\theta & \sin\theta & 0 \\ -\sin\theta & \cos\theta & 0 \\ 0 & 0 & 1 \end{pmatrix}\frac{1}{\sqrt{2}}\begin{pmatrix} 1 & 1 & 0 \\ +i & -i & 0 \\ 0 & 0 & \sqrt{2} \end{pmatrix} \\ &= \begin{pmatrix} e^{+i\theta} & 0 & 0 \\ 0 & e^{-i\theta} & 0 \\ 0 & 0 & 1 \end{pmatrix} \equiv \begin{pmatrix} \lambda_1 & 0 & 0 \\ 0 & \lambda_2 & 0 \\ 0 & 0 & \lambda_3 \end{pmatrix} \end{aligned}$$

D의 계산 과정에서 오일러 공식 $\cos\theta \pm i\sin\theta \equiv e^{\pm i\theta}$를 사용하였다.

(2) $Tr(D)$와 $\det(D)$는 다음과 같다.

$$\begin{aligned} &Tr(D) = e^{i\theta} + e^{-i\theta} + 1 = 2\cos\theta + 1 \equiv \lambda_1 + \lambda_2 + \lambda_3, \\ &\det(D) = e^{i\theta}e^{-i\theta} \times 1 = 1 \equiv \lambda_1\lambda_2\lambda_3 \end{aligned}$$

한편 행렬 A의 $Tr(A)$와 $\det(A)$는 다음과 같다.

$$\begin{aligned} &Tr(A) = 2\cos\theta + 1 \equiv \lambda_1 + \lambda_2 + \lambda_3, \\ &\det(A) = \cos^2\theta + \sin^2\theta = 1 \equiv \lambda_1\lambda_2\lambda_3 \end{aligned}$$

$$\begin{aligned} \therefore\ &Tr(D) \equiv Tr(A) = \lambda_1 + \lambda_2 + \lambda_3, \\ &\det(D) \equiv \det(A) = \lambda_1\lambda_2\lambda_3 \end{aligned}$$

(3) (1)의 대각 행렬 D의 n승 곱은 $D^n = \begin{pmatrix} e^{+in\theta} & 0 & 0 \\ 0 & e^{-in\theta} & 0 \\ 0 & 0 & 1 \end{pmatrix} \equiv \begin{pmatrix} \lambda_1^n & 0 & 0 \\ 0 & \lambda_2^n & 0 \\ 0 & 0 & \lambda_3^n \end{pmatrix}$

이므로 e^D를 맥크로린 전개하면 다음과 같이 주어진다.

$$e^D = \sum_{n=0}^{\infty} \frac{D^n}{n!} = \sum_{n=0}^{\infty} \frac{1}{n!} \begin{pmatrix} \lambda_1^n & 0 & 0 \\ 0 & \lambda_2^n & 0 \\ 0 & 0 & \lambda_3^n \end{pmatrix}$$

$$= \begin{pmatrix} \sum_{n=0}^{\infty} \frac{\lambda_1^n}{n!} & 0 & 0 \\ 0 & \sum_{n=0}^{\infty} \frac{\lambda_2^n}{n!} & 0 \\ 0 & 0 & \sum_{n=0}^{\infty} \frac{\lambda_3^n}{n!} \end{pmatrix} \equiv \begin{pmatrix} e^{\lambda_1} & 0 & 0 \\ 0 & e^{\lambda_2} & 0 \\ 0 & 0 & e^{\lambda_3} \end{pmatrix}$$

여기서 $\sum_{n=0}^{\infty} \frac{\lambda_i^n}{n!} \equiv e^{\lambda_i},\ (i=1,2,3)$ 이다.

(4) $A = XDX^{-1}$ 의 행렬 곱을 차례로 구하여 일반화 관계식을 찾아보자.

$$A^2 = (XDX^{-1})(XDX^{-1}) = XD(X^{-1}X)DX^{-1} = XD^2X^{-1}$$
$$A^3 = A^2A = (XD^2X^{-1})(XDX^{-1}) = XD^2(X^{-1}X)DX^{-1} = XD^3X^{-1}$$
$$A^4 = A^3A = (XD^3X^{-1})(XDX^{-1}) = XD^3(X^{-1}X)DX^{-1} = XD^4X^{-1}$$
$$\vdots$$
$$\therefore\ A^n = XD^nX^{-1}$$

따라서 A^n 을 구하면 다음과 같다.

$$A^n = (XDX^{-1})^n = XD^nX^{-1}$$
$$= \frac{1}{\sqrt{2}} \begin{pmatrix} 1 & 1 & 0 \\ +i & -i & 0 \\ 0 & 0 & \sqrt{2} \end{pmatrix} \begin{pmatrix} e^{+in\theta} & 0 & 0 \\ 0 & e^{-in\theta} & 0 \\ 0 & 0 & 1 \end{pmatrix} \frac{1}{\sqrt{2}} \begin{pmatrix} 1 & -i & 0 \\ 1 & +i & 0 \\ 0 & 0 & \sqrt{2} \end{pmatrix}$$
$$\equiv \begin{pmatrix} \cos n\theta & \sin n\theta & 0 \\ -\sin n\theta & \cos n\theta & 0 \\ 0 & 0 & 1 \end{pmatrix}$$

$$\therefore\ A^n = \begin{pmatrix} \cos\theta & \sin\theta & 0 \\ -\sin\theta & \cos\theta & 0 \\ 0 & 0 & 1 \end{pmatrix}^n \equiv \begin{pmatrix} \cos n\theta & \sin n\theta & 0 \\ -\sin n\theta & \cos n\theta & 0 \\ 0 & 0 & 1 \end{pmatrix}$$

(5) 행렬지수 e^A를 맥크로린 전개하고 (4)의 A^n을 대입하면 다음을 얻는다.

$$e^A = \sum_{n=0}^{\infty} \frac{A^n}{n!} = \sum_{n=0}^{\infty} \frac{1}{n!} \begin{pmatrix} \cos n\theta & \sin n\theta & 0 \\ -\sin n\theta & \cos n\theta & 0 \\ 0 & 0 & 1 \end{pmatrix}$$

$$= \begin{pmatrix} \sum_{n=0}^{\infty} \frac{\cos n\theta}{n!} & \sum_{n=0}^{\infty} \frac{\sin n\theta}{n!} & 0 \\ -\sum_{n=0}^{\infty} \frac{\sin n\theta}{n!} & \sum_{n=0}^{\infty} \frac{\cos n\theta}{n!} & 0 \\ 0 & 0 & \sum_{n=0}^{\infty} \frac{1}{n!} \end{pmatrix}$$

(6) $A = XDX^{-1}$이므로 $A^n = (XDX^{-1})^n = XD^nX^{-1}$이다.

$e^A = e^{XAX^{-1}}$를 맥크로린 전개하고 (3)에서 구한 e^D를 사용하면 다음을 얻는다.

$$e^A = \sum_{n=0}^{\infty} \frac{(XDX^{-1})^n}{n!} = X\left(\sum_{n=0}^{\infty} \frac{D^n}{n!}\right)X^{-1} = Xe^D X^{-1}$$

$$= \frac{1}{\sqrt{2}} \begin{pmatrix} 1 & 1 & 0 \\ +i & -i & 0 \\ 0 & 0 & \sqrt{2} \end{pmatrix} \begin{pmatrix} e^{\lambda_1} & 0 & 0 \\ 0 & e^{\lambda_2} & 0 \\ 0 & 0 & e^{\lambda_3} \end{pmatrix} \frac{1}{\sqrt{2}} \begin{pmatrix} 1 & -i & 0 \\ 1 & +i & 0 \\ 0 & 0 & \sqrt{2} \end{pmatrix}$$

$$\equiv \frac{1}{2} \begin{pmatrix} e^{\lambda_1} + e^{\lambda_2} & -i\left(e^{\lambda_1} - e^{\lambda_2}\right) & 0 \\ +i\left(e^{\lambda_1} - e^{\lambda_2}\right) & e^{\lambda_1} + e^{\lambda_2} & 0 \\ 0 & 0 & 2e^{\lambda_3} \end{pmatrix}$$

(7) (5)와 (6)의 행렬 요소를 비교하면 다음과 같다.

$$\sum_{n=0}^{\infty} \frac{\cos n\theta}{n!} \equiv \frac{e^{\lambda_1} + e^{\lambda_2}}{2},$$

$$\sum_{n=0}^{\infty} \frac{\sin n\theta}{n!} \equiv -i\frac{e^{\lambda_1} - e^{\lambda_2}}{2},$$

$$\sum_{n=0}^{\infty} \frac{1}{n!} \equiv e^{\lambda_3}$$

고윳값 $\lambda_1 = \cos\theta + i\sin\theta \equiv e^{i\theta}$, $\lambda_2 = \cos\theta - i\sin\theta \equiv e^{-i\theta}$, $\lambda_3 = 1$을 대입하여 정리하면 다음 관계식을 얻는다.

$$\sum_{n=0}^{\infty} \frac{\cos n\theta}{n!} = \frac{e^{\lambda_1} + e^{\lambda_2}}{2} = e^{\cos\theta}\,\frac{e^{i\sin\theta} + e^{-i\sin\theta}}{2} \equiv e^{\cos\theta}\cos(\sin\theta),$$

$$\sum_{n=0}^{\infty} \frac{\sin n\theta}{n!} \equiv -i\frac{e^{\lambda_1} - e^{\lambda_2}}{2} = -i\,e^{\cos\theta}\,\frac{e^{i\sin\theta} - e^{-i\sin\theta}}{2} \equiv e^{\cos\theta}\sin(\sin\theta),$$

$$\sum_{n=0}^{\infty} \frac{1}{n!} = e^{\lambda_3} = e^1 \equiv e$$

$$\Rightarrow \therefore \quad \boxed{\begin{aligned} &\sum_{n=0}^{\infty} \frac{\cos(n\theta)}{n!} = e^{\cos\theta}\cos(\sin\theta), \\ &\sum_{n=0}^{\infty} \frac{\sin(n\theta)}{n!} = e^{\cos\theta}\sin(\sin\theta), \\ &\sum_{n=0}^{\infty} \frac{1}{n!} = e^1 \equiv e \end{aligned}}$$

또는 오일러 공식을 이용하면 위의 첫 두 관계식으로부터 다음 관계식을 얻는다.

$$\text{좌변} = \sum_{n=0}^{\infty} \frac{\cos(n\theta) + i\sin(n\theta)}{n!} \equiv \sum_{n=0}^{\infty} \frac{e^{in\theta}}{n!}$$

$$\begin{aligned} \text{우변} &= e^{\cos\theta}\left[\cos(\sin\theta) + i\sin(\sin\theta)\right] = e^{\cos\theta}e^{i\sin\theta} \\ &= e^{\cos\theta + i\sin\theta} \equiv e^{e^{i\theta}} \end{aligned}$$

$$\therefore \sum_{n=0}^{\infty} \frac{e^{in\theta}}{n!} = e^{e^{i\theta}}$$

4.49 브라 벡터 $< V|$에 항등 연산자 (identity operator) $I=\sum_{i=1}^{n}|i><i|$를 연산하여 $< V|I=< V|$임을 보여라.

[풀이]

$< V| = \sum_{j=1}^{n}\alpha_j^* <j|$에 항등 연산자를 연산하면 다음과 같다.

$$< V|I = \sum_{j=1}^{n}\alpha_j^* <j|\sum_{i=1}^{n}|i><i| = \sum_{i,j=1}^{n}\alpha_j^* \underbrace{<j|i>}_{=\delta_{ij}}<i|$$

$$= \sum_{i,j=1}^{n}\alpha_j^*\delta_{ij} <i| = \sum_{i=1}^{n}\alpha_i^* <i| =< V|$$

$$\therefore \ < V|I=< V|$$

5장. 미분방정식 연습문제

5.2 미분방정식의 분류

5.1 다음 미분방정식을 계수, 차수, 선형/비선형, 상/편미분 등으로 분류하라.

(1) $\dfrac{dy}{dx}-2(y)^{1/3}=x$, (2) $\dfrac{\partial^2 y}{\partial x^2}-\dfrac{1}{c^2}\dfrac{\partial^2 y}{\partial t^2}=0$, (3) $\dfrac{d^2y}{dx^2}+y\sin x=0$,

(4) $\dfrac{d^2\theta}{dx^2}+x\sin\theta=0$, (5) $\dfrac{\partial^2 f}{\partial x^2}+x\dfrac{\partial^2 f}{\partial y^2}=0$, (6) $\dfrac{d^3y}{dx^3}-3\left(\dfrac{dy}{dx}\right)^4+xy=0$

[풀이]

(1) 1계 3차 상미분 방정식, (2) 2계 편미분 방정식,

(3) 2계 상미분 방정식, (4) 2계 비선형 미분방정식,

(5) 2계 편미분 방정식, (6) 3계 상미분 방정식

5.2 다음과 같이 주어진 해를 만족하는 미분방정식을 구하라.

(1) $y=ce^{-2x}$, (2) $y=c_1e^{i\omega t}+c_2e^{-i\omega t}$, (3) $y=c_1e^{\alpha x}+c_2e^{-\alpha x}$,

(4) $y=c_1+c_2\ln x$, (5) $y=c_1x+c_2x^2$, (6) $y=c_1\sin kx+c_2\cos kx$,

(7) $y=\dfrac{mg}{b}\left(1-e^{-\frac{b}{m}x}\right)$, ($b, m, g$: 상수) (8) $y=xe^{1+cx}$

[힌트: 적분 상수의 개수를 참고하여 1계 또는 2계 도함수를 계산한 후 적분 상수를 소거하여 미분방정식을 구한다.]

[풀이]

(1) 적분 상수 c가 한 개이므로 1계 미분방정식이다. $\dfrac{dy}{dx}+2y=0$,

(2) 적분 상수 c_1, c_2가 두 개이므로 2계 미분방정식이다. $\dfrac{d^2y}{dx^2}+\omega^2y=0$,

(3) $\dfrac{d^2y}{dx^2}-\alpha^2y=0$,

(4) $y' = \dfrac{c_2}{x}$, $y'' = -\dfrac{c_2}{x^2}$ 이므로 적분 상수 c_2를 소거하면

$$y'' = -\frac{c_2}{x^2} = -\frac{xy'}{x^2} = -\frac{1}{x}y' \Rightarrow y'' + \frac{1}{x}y' = 0,$$

(5) $y = c_1x + c_2x^2 \Rightarrow y' = c_1 + 2c_2x$, $y'' = 2c_2$ 에서 적분 상수 c_1, c_2를 소거하면

코오시-오일러 방정식 $x^2\dfrac{d^2y}{dx^2} - 2x\dfrac{dy}{dx} + 2y = 0$을 얻는다.

(6) $\dfrac{d^2y}{dx^2} + k^2y = 0$,

(7) $y = \dfrac{mg}{b}\left(1 - e^{-\frac{b}{m}x}\right) \Rightarrow y' = ge^{-\frac{b}{m}x} \Rightarrow e^{-\frac{b}{m}x} = \dfrac{y'}{g}$ $\quad \therefore m\dfrac{dy}{dx} + by = mg$,

(8) $y' = (1+cx)e^{1+cx} \Rightarrow 1 + cx = \ln\left(\dfrac{y}{x}\right)$ $\quad \therefore y' = \dfrac{y}{x}\ln\left(\dfrac{y}{x}\right)$

5.3 1계 미분방정식

5.3.1 변수 분리형 미분방정식

> 5.3 다음의 변수 분리형 미분 방정식의 해를 구하라.
>
> (1) $\dfrac{dy}{dx} = c_1\sin x + c_2\cos x$, (2) $\dfrac{dy}{dx} = \dfrac{y}{1+x}$, (3) $\dfrac{dy}{dx} = y^2 - 1$,
>
> (4) $\dfrac{dy}{dx} = y - y^2$, (5) $\dfrac{dy}{dx} = e^{\alpha x + \beta y}$, (6) $\dfrac{dy}{dx} = \dfrac{y}{1+x}$,
>
> (7) $x\dfrac{dy}{dx} = \dfrac{1+2x}{y}$, (8) $\dfrac{dy}{dx} = x + y + 1$, (힌트 : $u = x + y + 1$로 치환)

[풀이]

(1) $y = -c_1\cos x + c_2\sin x$, (2) $y = c(1+x)$,

(3) 변수 분리하면 $\dfrac{1}{2}\left(\dfrac{1}{y-1} - \dfrac{1}{y+1}\right)dy = dx \Rightarrow \ln\left[\left|\dfrac{y-1}{y+1}\right|\right] = 2x + c'$ 이므로

$y = \dfrac{1 + ce^{2x}}{1 - ce^{2x}}$ 이다. (참고: 리카티 방정식으로 풀 수도 있다.)

(4) 변수 분리하면 $\left(\frac{1}{y-1}-\frac{1}{y}\right)dy=-dx \Rightarrow \ln\left(\left|\frac{y-1}{y}\right|\right)=-x+c'$ 이므로

$y=\frac{e^x}{e^x+c}$ or $y=\frac{ce^x}{1+ce^x}$,

(5) $y=-\frac{1}{\beta}\ln\left(-\frac{\beta}{\alpha}e^{\alpha x}+c\right)$, (6) $y=c(x+1)$,

(7) $y=\pm\sqrt{2\ln x+4x+c}$,

(8) $u=x+y+1 \Rightarrow du=dx+dy \Rightarrow \frac{dy}{dx}=\frac{du}{dx}-1=u$ 이므로 $y=-x-1+ce^x$

5.3.2 동차 미분방정식

5.4 다음의 동차 또는 비 동차 미분방정식을 풀어라.

(1) $(x-y)dx+xdy=0$, (2) $(x+y)dx+xdy=0$, (3) $\frac{dy}{dx}=\frac{x}{y}+\frac{y}{x}$,

(4) $\frac{dy}{dx}=-\frac{y}{x+y}$, (5) $\frac{dy}{dx}=\frac{y}{x}+e^{-\frac{y}{x}}$, (6) $x^2ydx+(x^3\pm y^3)dy=0$,

(7) $x^3ydx+(x^4\pm y^4)dy=0$, [(6), (7) 힌트: dx 의 계수가 간단하므로 $x\equiv uy$]

(8) $\frac{dy}{dx}=\frac{x+2y}{2(x+2y+2)}$, [힌트: $x+2y\equiv u$]

(9) $\frac{dy}{dx}=\frac{x-y}{x+y}$, (10) $\frac{dy}{dx}=\frac{x-y-3}{x+y-1}$

[풀이]

(1) $y=cx-x\ln|x|$, (2) $y=-\frac{x}{2}+\frac{c}{x}$, (3) $y=\pm x\sqrt{2\ln|x|+c}$,

(4) $y=-x\pm\sqrt{x^2+c}$, (5) $y=x\ln[c+\ln(|x|)]$, (6) $2x^3y^3\pm y^6=c$,

(7) $2x^4y^4\pm y^8=c$, (8) $\ln(x+2y+1)=x-2y+c$,

(9) $y=-x\pm\sqrt{2x^2+c}$, (10) $y=1-x\pm\sqrt{2(x-2)^2+c}$

5.3.3 완전 미분방정식, 5.3.4 적분 인자와 완전 미분방정식

> 5.5 다음의 미분방정식이 완전 미분방정식이 되는 미지수 c를 구하라.
>
> (1) $\left(2x-y\sin(xy)+cy^4\right)dx-\left(20xy^3+x\sin(xy)\right)dy=0$,
>
> (2) $\left(2xy^2+ye^x\right)dx+\left(2x^2y+ce^x-1\right)dy=0$,
>
> (3) $\left(6xy^3+\cos y\right)dx+\left(cx^2y^2-x\sin y\right)dy=0$,
>
> (4) $(\sin y-y\sin x)dx+(\cos x+cx\cos y-y)dy=0$

[풀이]

(1) $f(x,y)=2x-y\sin(xy)+cy^4$, $g(x,y)=-\left(20xy^3+x\sin(xy)\right)$라 두자.

$$\frac{\partial f}{\partial y}=-\sin(xy)-xy\cos(xy)+4cy^3,$$
$$\frac{\partial g}{\partial x}=-(20y^3+\sin(xy)+xy\cos(xy))$$

완전 미분방정식의 조건 $\frac{\partial f}{\partial y}=\frac{\partial g}{\partial x}$을 만족하는 미지수는 $c=-5$

(2) $f(x,y)=2xy^2+ye^x$, $g(x,y)=2x^2y+ce^x-1$에 대해

$$\frac{\partial f}{\partial y}=4xy+e^x,$$
$$\frac{\partial g}{\partial x}=4xy+ce^x$$

완전 미분방정식의 조건 $\frac{\partial f}{\partial y}=\frac{\partial g}{\partial x}$을 만족하는 미지수는 $c=1$

같은 방법으로 계산하면 (3) $c=9$, (4) $c=1$을 얻는다.

5.6 다음 미분방정식이 완전 미분방정식인지 판별하고, 완전 미분방정식이 아닌 경우 적분 인자를 구하고 해를 구하라.

(1) $(x+y)dx+x\ln x dy=0$, (2) $6xydx+(4y+9x^2)dy=0$,

(3) $(xy+y^2+y)dx+(x+2y)dy=0$, (4) $(3x+2y^2)dx+2xydy=0$

(5) $(x-y)dx-(x+y)dy=0$, [연습문제 5.4.(9) 참고]

(6) $(x-y-3)dx-(x+y-1)dy=0$ [연습문제 5.4.(10) 참고]

[풀이]

(1) 완전 미분방정식이 아님. 적분 인자 $\lambda(x)=\dfrac{1}{x}$이며 해는 $x+y\ln x=c$.

(2) 완전 미분방정식이 아님. 적분 인자 $\lambda(y)=y^2$이며 해는 $3x^2y^3+y^4=c$.

(3) 완전 미분방정식이 아님. 적분 인자 $\lambda(x)=e^x$이며 해는 $(xy+y^2)e^x=c$.

(4) 완전 미분방정식이 아님. 적분 인자 $\lambda(x)=x$이며 해는 $x^2y^2+x^3=c$.

(5) 완전 미분방정식임. 해는 $y^2+2xy-x^2=c$.

(연습문제 5.4.(9)의 결과와 비교하라.)

(6) 완전 미분방정식임. 해는 $y^2+2(x-1)y-x^2+6x=c$.

(연습문제 5.4.(10)의 답과 비교하라.)

5.7 [예제 5.9]의 동차 미분방정식 $2xy\dfrac{dy}{dx}-y^2+x^2=0$을 완전 미분방정식으로 만드는 적분 인자를 구하고 해를 구하라. 예제 5.9의 결과와 비교하라.

[풀이]

$(x^2-y^2)dx+2xydy=0$이므로 적분 인자는 $\lambda(x)=\dfrac{1}{x^2}$이며 해는 $x+\dfrac{y^2}{x}=c$

또는 $y^2+x^2-cx=0$이다.

예제 5.9와 같이 변형하면 원의 방정식 $\left(x-\dfrac{c}{2}\right)^2+y^2=\left(\dfrac{c}{2}\right)^2$을 얻는다.

5.8 $ydx - xdy = 0$의 적분 인자가 (1) $\lambda = \dfrac{1}{xy}$ 와 (2) $\lambda = \dfrac{1}{x^2+y^2}$ 일 때 각각의 해를 구하라. [힌트: $\displaystyle\int \frac{y}{x^2+y^2}dx = \tan^{-1}\left(\frac{x}{y}\right)$, $\dfrac{d}{dy}\tan^{-1}\left(\dfrac{x}{y}\right) = -\dfrac{x}{x^2+y^2}$.]

[풀이]

(1) 적분 인자 $\lambda = \dfrac{1}{xy}$ 를 곱하면 $\dfrac{1}{x}dx - \dfrac{1}{y}dy = 0$가 되어 변수 분리형이다.

적분하면 $\ln\left(\dfrac{x}{y}\right) = c' \Rightarrow \therefore\ y = cx,$

(2) 적분 인자 $\lambda = \dfrac{1}{x^2+y^2}$ 를 곱한 함수를 각각 $F(x, y) = \dfrac{y}{x^2+y^2}$,

$G(x, y) = -\dfrac{x}{x^2+y^2}$ 라 하자. 완전 미분방정식의 해는 완전 미분 관계식

$$\begin{cases} \dfrac{\partial u}{\partial x} = F(x, y) = \dfrac{y}{x^2+y^2} \\ \dfrac{\partial u}{\partial y} = G(x, y) = -\dfrac{x}{x^2+y^2} \end{cases}$$ 를 사용한다.

첫 번째 식을 적분하면 $u(x, y) = \displaystyle\int F(x, y)dx = \tan^{-1}\left(\frac{x}{y}\right) + h(y) \equiv c'$를 얻는다.

여기서 $h(y)$는 적분 상수이다. 이 식을 두 번째 관계식에 대입하고 $\dfrac{d}{dy}\tan^{-1}\left(\dfrac{x}{y}\right) = -\dfrac{x}{x^2+y^2}$을 사용하면 $\dfrac{dh}{dy} = 0$ 이므로 $h(y) = 0$이다.

따라서 $u(x, y) = \tan^{-1}\left(\dfrac{y}{x}\right) = c' \Rightarrow \therefore\ y = cx$

5.9 변수 분리형 미분방정식 $f(y)dy = g(x)dx$는 완전 미분방정식임을 보여라.

[풀이]

주어진 1계 미분방정식 $g(x)dx - f(y)dy = 0$의 좌변이 $du = \frac{\partial u}{\partial x}dx + \frac{\partial u}{\partial y}dy$ 형태의 완전 미분이면 $du = 0$ 이므로 해는 $u(x, y) = C$ =상수로 주어진다. 완전 미분방정식의 정의에 따라 $du = \frac{\partial u}{\partial x}dx + \frac{\partial u}{\partial y}dy \equiv g(x)dx - f(y)dy = 0$ 이므로 양변을 비교하면 $\frac{\partial u}{\partial x} = g(x)$, $\frac{\partial u}{\partial y} = -f(y)$ 가 된다. 첫 번째 식을 사용하면 $u(x, y) = \int g(x)dx + h(y)$가 되며 이 식을 두 번째 식에 대입하면 $\frac{\partial u}{\partial y} = \frac{dh(y)}{dy} = -f(y) \Rightarrow h(y) = -\int f(y)dy$ 을 얻는다. 해는 $u(x, y) = \int g(x)dx + h(y) = \int g(x)dx - \int f(y)dy = c$ 또는 $\int g(x)dx = \int f(y)dy + c$ 가 되어 변수 분리형 미분방정식의 해와 같다.

[별해] 주어진 1계 미분방정식 $g(x)dx - f(y)dy = 0$의 완전 미분방정식의 필요 충분 조건 $\frac{\partial g(x)}{\partial y} = \frac{\partial f(y)}{\partial x} = 0$을 만족하므로 변수 분리형 미분방정식 $f(y)dy = g(x)dx$는 완전 미분방정식이다.

5.3.5 선형 1계 미분방정식

> 5.10 미분방정식 $[a(x)y-b(x)]dx+dy=0$ 이 있다.
>
> (1) 완전 미분방정식으로 만들어 주는 적분 인자를 구하라.
>
> (2) 해를 구하라.

[풀이]

(1) $f(x,y)=a(x)y-b(x)$, $g(x,y)=1$이라 두면 $\dfrac{\partial f}{\partial y}=a(x)$, $\dfrac{\partial g}{\partial x}=0$이므로 적분 인자는 x만의 함수 $\lambda=\lambda(x)$이다.

$$\therefore\ \lambda(x)=\exp\left[\int\frac{1}{g}\left(\frac{\partial f}{\partial y}-\frac{\partial g}{\partial x}\right)dx\right]=e^{\int a(x)dx}$$

(2) 완전 미분방정식의 해는 완전 미분 관계식을 적용한다.

$$\begin{cases}\dfrac{\partial u}{\partial x}=F(x,y)=e^{\int a(x)dx}[a(x)y-b(x)]\\[2ex]\dfrac{\partial u}{\partial y}=G(x,y)=e^{\int a(x)dx}\end{cases}$$

첫 번째 관계식은 x에 대해 적분하기가 어려워 보이므로 두 번째 관계식을 사용하여 적분한다. $\therefore\ u(x,y)=\displaystyle\int e^{\int a(x)dx}dy+h(x)=ye^{\int a(x)dx}+h(x)$

이 식을 x에 대해 연쇄 규칙을 사용하여 편 미분 $\dfrac{\partial u}{\partial x}$을 구하면 $\dfrac{\partial u}{\partial x}=ya(x)e^{\int a(x)dx}+\dfrac{dh}{dx}$이며 첫 번째 관계식과 비교하여 적분 상수 $h(x)$를 구한다. $\dfrac{dh}{dx}=-b(x)e^{\int a(x)dx}\ \Rightarrow\ \therefore\ h(x)=-\displaystyle\int b(x)e^{\int a(x)dx}dx$

$$u(x,y)=ye^{\int a(x)dx}-\int b(x)e^{\int a(x)dx}dx\equiv c$$

$$\therefore\ y(x)=e^{-\int a(x)dx}\left[\int b(x)\,e^{+\int a(x)dx}dx+c\right]$$

5.11 다음 선형 1계 미분방정식의 해를 구하라.

(1) $\frac{dy}{dx}-\frac{y}{x}=x^2e^x$, (2) $\frac{dy}{dx}+3xy=x$, (3) $x\frac{dy}{dx}+2y=\ln x+e^x$,

(4) $(x+1)\frac{dy}{dx}+y=\ln x$, (5) $(x^2-1)\frac{dy}{dx}+2y=(x+1)^2$

[풀이]

주어진 선형 1계 미분방정식은 모두 $\frac{dy}{dx}+a(x)y=b(x)$ 형태이다.

미분방정식을 변형하면 연습문제 5.10 $[a(x)y-b(x)]dx+dy=0$가 되며 적분 인자는 $\lambda(x)=e^{\int a(x)dx}$이며 일반 해는 $y(x)=e^{-\int a(x)dx}\left[\int b(x)\,e^{+\int a(x)dx}dx+c\right]$로 주어진다. 적분 인자를 구하고 일반 해에 대입하여 (부분) 적분을 하면 일반 해를 구할 수 있다.

(1) $\lambda(x)=e^{-\int \frac{1}{x}dx}=\frac{1}{x} \Rightarrow \therefore\ y=(x^2-x)e^x+cx$

(2) $\lambda(x)=e^{\int 3xdx}=e^{3x^2/2} \Rightarrow \therefore\ y=\frac{1}{3}+c\,e^{-3x^2/2}$

(3) $x\neq 0$에 대해 $\frac{dy}{dx}+\frac{2}{x}y=\frac{\ln x}{x}\ln x+\frac{e^x}{x}$이므로 $\lambda(x)=e^{\int \frac{2}{x}dx}=x^2 \Rightarrow$

$\therefore\ y=e^x\left(\frac{1}{x}-\frac{1}{x^2}\right)+\frac{1}{2}\ln x-\frac{1}{4}+\frac{c}{x^2}$

(4) $x\neq -1$에 대해 $\frac{dy}{dx}+\frac{1}{x+1}y=\frac{\ln x}{x+1}$이므로 $\lambda(x)=e^{\int \frac{1}{x+1}dx}=x+1 \Rightarrow$

$\therefore\ y=\frac{x\ln x-x}{1+x}+\frac{c}{1+x}$

(5) $x\neq \pm 1$에 대해 $\frac{dy}{dx}+\frac{2}{x^2-1}y=\frac{(x+1)^2}{x^2+1}$이므로 적분 인자는 다음과 같다.

$\lambda(x)=e^{\int \frac{2}{x^2-1}dx}=\ln\left|\frac{x-1}{x+1}\right| \Rightarrow \therefore\ y=\frac{x(x+1)}{x-1}+c\frac{x+1}{1-x}$

5.12 RC 회로의 전하 q에 대한 미분방정식이 $\dfrac{dq}{dt}+\dfrac{q}{\tau}=I_o\cos\omega t$ 로 주어진다. 여기서 $\tau=RC$는 시 상수 (time constant), I_o는 최대 전류, $Q_o=I_o\tau=I_oRC$ 또는 $Q_o=V_oC$는 최대 충전 전하, 초기조건은 $q(0)=0$이다.

(1) 전하 q에 대한 일반 해 $q(t)=q_c(t)+q_p(t)$를 적분 인자 법으로 구하고 보완해 $q_c(t)$와 특별해 $q_p(t)$의 시간 의존성을 설명하라.

(2) 미정 계수법으로 특별해 $q_p(t)$를 구하라.

(3) 미분 연산자법으로 특별해 $q_p(t)$를 구하라.

(4) (1)~(3)의 특별해 $q_p(t)$를 $\cos(\omega t-\phi)$ 형태로 나타내어라. ϕ는 무엇인지 설명하라.

[풀이]

(1) <u>매개 변수 변환법:</u>

$$q(t)=e^{-\frac{t}{\tau}}\left[I_o\int\cos\omega t\,e^{\frac{t}{\tau}}dt+c\right]$$
$$=e^{-\frac{t}{\tau}}\left[\frac{I_o}{2}\left(\frac{e^{(i\omega+1/\tau)t}}{i\omega+1/\tau}+\frac{e^{(-i\omega+1/\tau)t}}{-i\omega+1/\tau}+c\right)\right]$$

또는 분모를 유리화하고 오일러 공식을 사용하면 다음을 얻는다.

$$q(t)=I_o\tau\frac{\cos\omega t+\omega\tau\sin\omega t}{1+(\omega\tau)^2}+ce^{-\frac{t}{\tau}}\equiv q_p(t)+q_c(t)$$

초기조건 $q(0)=0$을 사용하면 $c=-\dfrac{I_o\tau}{1+\omega^2\tau^2}$ 이므로 보완해는 $q_c(t)=-\dfrac{I_o\tau}{1+(\omega\tau)^2}e^{-\frac{t}{\tau}}$ 이며 시간에 따라 지수적으로 감소하여 사라지므로 과도해 (transient solution)라 한다.

특별해는 $q_p(t)=I_o\tau\dfrac{\cos\omega t+\omega\tau\sin\omega t}{1+(\omega\tau)^2}$ 로서 주기적으로 진동하며 정상상태 해 (steady state solution)이다.

(2) 미정 계수법:

특별 해를 $q_p(t) = A\cos\omega t + B\sin\omega t$ 라 두고 미분방정식에 대입하고 코사인 항과 사인 항의 계수를 비교한다.

$$\boxed{\cos\omega t} : \frac{A}{\tau} + \omega B = I_o, \qquad \boxed{\sin\omega t} : -\omega A + \frac{B}{\tau} = 0$$

계수는 $A = I_o\tau\dfrac{1}{1+(\omega\tau)^2}$, $B = I_o\tau\dfrac{\omega\tau}{1+(\omega\tau)^2}$ 이므로 특별해는

$q_p(t) = I_o\tau\dfrac{\cos\omega t + \omega\tau\sin\omega t}{1+(\omega\tau)^2}$ 이다.

(3) 미분 연산자법:

$\left(D + \dfrac{1}{\tau}\right)q = I_o\cos\omega t$ 이므로 특별해는 다음과 같이 주어진다.

$$\begin{aligned} q_p(t) &= I_o\frac{\cos\omega t}{D+\frac{1}{\tau}} = I_o\,\mathrm{Re}\left[\frac{e^{i\omega t}}{D+\frac{1}{\tau}}\right] = I_o\,\mathrm{Re}\left[\frac{e^{i\omega t}}{i\omega+\frac{1}{\tau}}\right] \\ &= I_o\tau\,\mathrm{Re}\left[\frac{(1-i\omega\tau)e^{i\omega t}}{1+(\omega\tau)^2}\right] = I_o\tau\frac{\cos\omega t + \omega\tau\sin\omega t}{1+(\omega\tau)^2} \end{aligned}$$

(4) (1)~(3)의 특별해 $q_p(t)$는 $q_p(t) = I_o\tau\dfrac{\cos\omega t + \omega\tau\sin\omega t}{1+(\omega\tau)^2}$ 로 같다.

삼각 함수의 덧셈 정리를 이용하여 $\cos(\omega t - \phi)$ 형태로 나타내면 다음과 같다.

$$\begin{aligned} q_p(t) &= \frac{I_o\tau}{\sqrt{1+(\omega\tau)^2}}(\cos\omega t\cos\phi + \sin\omega t\sin\phi) \\ &= \frac{I_o\tau}{\sqrt{1+(\omega\tau)^2}}\cos(\omega t - \phi) \end{aligned}$$

여기서 $\cos\phi = \dfrac{1}{\sqrt{1+(\omega\tau)^2}}$, $\sin\phi = \dfrac{\omega\tau}{\sqrt{1+(\omega\tau)^2}}$ 이며 위상은 $\phi = \tan^{-1}(\omega\tau)$ 이다.

5.13 뉴턴의 냉각법칙 (Newton's law of cooling)에 따르면 건물 내부의 온도 $y(t)$의 변화율은 미분방정식 $\frac{dy}{dt}=-k[y-T(t)]$ 로 주어진다.

여기서 $T(t)$는 건물 외부의 온도 변화이며 $T(t)=T_o+T_1\sin\omega t$ 이며, T_o, T_1, ω는 상수이다.

(1) 일반 해를 매개 변수 변환법으로 구하라.

(2) 특별 해를 $y_p=A+B\cos\omega t+C\sin\omega t$ 라 두고 미정 계수를 구하라.

(3) 특별 해를 미분 연산자법으로 구하라.

[풀이]

(1) $y=e^{-kt}\left[\int k(T_o+T_1\sin\omega t)e^{kt}\,dt+c\right]$ 를 계산하면 다음과 같다.

$$y=T_o+\frac{kT_1}{2i}\left(\frac{e^{i\omega t}}{k+i\omega}-\frac{e^{-i\omega t}}{k-i\omega}\right)+ce^{-kt}$$
$$=T_o+\frac{kT_1}{k^2+\omega^2}(k\sin\omega t-\omega\cos\omega t)+ce^{-kt}$$

정리하면 $y(t)=ce^{-kt}+T_o+\frac{T_1}{\sqrt{k^2+\omega^2}}\cos(\omega t-\phi)$ 이며 $\phi=\tan^{-1}\left(\frac{\omega}{k}\right)$ 이다.

(2) 특별 해를 미분방정식에 대입하면 미정 계수는 $A=T_o$, $B=-\frac{k\omega}{k^2+\omega^2}T_1$, $C=\frac{k^2}{k^2+\omega^2}T_1$ 이다.

$$\therefore\ y_p=T_o-\frac{k\omega}{k^2+\omega^2}T_1\cos\omega t+\frac{k^2}{k^2+\omega^2}T_1\sin\omega t \text{ 이다.}$$

(3) 미분 연산자법 (D)으로 특별해는 $y_p=k\frac{T_o+T_1\sin\omega t}{D+k}$ 와 같다.

$$\therefore\ y_p=kT_oe^{-kt}\int e^{kt}dt+kT_1\mathrm{Im}\left[\frac{e^{i\omega t}}{k+i\omega}\right]$$
$$=T_o+\frac{k^2T_1\sin\omega t-k\omega T_1\cos\omega t}{k^2+\omega^2}$$

5.3.6 비선형 1계 미분방정식 : 선형 1계 미분방정식으로 치환 가능

5.14 다음 베르누이 방정식의 해를 구하라.

(1) $\frac{dy}{dx}+\frac{y}{x}=xy^2$, (2) $\frac{dy}{dx}-y=e^x y^2$, (3) $\frac{dy}{dx}+y=xy^3$,

(4) $\frac{dy}{dx}-\left(1+\frac{1}{x}\right)y=y^2$, (5) $\frac{dy}{dx}-\frac{y^2}{x^2}=\frac{y}{x}$, (6) $\frac{dy}{dx}+xy=xy^2$

[풀이]

베르누이 미분방정식의 표준형은 $\frac{dy}{dx}+P(x)y=Q(x)y^n$, ($n$: 실수) 이다. $w=y^{1-n}$ 으로 치환하면 $dw=(1-n)y^{-n}\,dy$ 이므로 베르누이 방정식에 대입하여 정리하면 $\frac{dw}{dx}+(1-n)P(x)w=(1-n)Q(x)$가 되어 $w(x)$에 대한 선형 1계 미분방정식이 일반 해는 $y(x)=w^{\frac{1}{1-n}}$ 로 주어진다. 지면상 답만 제시한다.

(1) $y=\frac{1}{cx-x^2}$, (2) $y=\frac{2e^x}{2c-e^{2x}}$, (3) $y=\pm\frac{\sqrt{2}}{\sqrt{1+2x+2ce^{2x}}}$,

(4) $y=\frac{xe^x}{e^x(1-x)+c}$, (5) $y=\frac{x}{c-\ln x}$, (6) $y=\frac{1}{1+ce^{x^2/2}}$

5.15 다음 리카티 방정식의 해를 구하라.

(1) $\frac{dy}{dx}=-3-2y+y^2$, (특별해 : $y_1=3$)

(2) $\frac{dy}{dx}=4x^2+\frac{y}{x}-y^2$, (특별해 : $y_1=2x$)

(3) $\frac{dy}{dx}=e^{2x}+(1-2e^x)y+y^2$, (특별해 : $y_1=e^x$)

(4) $\frac{dy}{dx}=a^2-b^2y^2$, (특별해 : $y_1=\frac{a}{b}$, 초기조건 : $y(0)=0$)

[풀이]

리카티 미분방정식의 해는 알고 있는 특별 해가 $y_1(x)$이면 일반 해는 $y(x)=y_1(x)+u(x)$가 된다. 일반 해를 리카티 방정식에 대입하면 $u(x)$에 대한 미분방정식은 $\frac{du}{dx}+\left[P(x)-2y_1Q(x)\right]u=Q(x)u^2$가 된다. 즉, $n=2$에 대한 베르누이 방정식으로 변환된다. $w=u^{1-n}=u^{-1}$로 치환하면 $dw=-u^{-2}du$가 되므로 정리하면 $\frac{dw}{dx}+\left[2Q(x)y_1-P(x)\right]w=-Q(x)$가 되어 선형 1계 미분방정식으로 변환된다.

일반 해 $w(x)$를 구한 다음 $w=u^{-1}$를 사용하여 $u=w^{-1}$를 얻는다.

따라서 최종 해는 $y(x)=y_1(x)+u(x)=y_1(x)+w^{-1}(x)$가 된다.

지면상 답만 제시한다.

(1) $y=3+u=\dfrac{3+ce^{4x}}{1-ce^{4x}}$,

(2) $y=2x+u=2x\dfrac{e^{2x^2}-c}{e^{2x^2}+c}$,

(3) $y=e^x+u=e^x-\dfrac{1}{2}\left[1+\tanh\left(\dfrac{x}{2}+c\right)\right]$,

(4) $y=\dfrac{a}{b}+u=\dfrac{a}{b}\tanh(abx+c)$이다.

$y(0)=0$에 대해 $c=0$이므로 $y=\dfrac{a}{b}+u=\dfrac{a}{b}\tanh(abx)$

5.16 **변수 분리형 비선형 미분방정식**

(1) 인구 증가에 대한 베르누이 방정식 $\frac{dy}{dt} = Py - Qy^2$ 로 주어진다. 여기서 P는 평균 출생률, Q는 평균 사망률로 상수이다. 초기조건으로 $y(0) = y_o$ 를 사용하여 변수 분리형으로 해를 구하라. [예제 5.19 참고]

(2) 속력의 제곱에 비례하는 저항력에 대한 뉴턴의 운동 방정식은 리카티 방정식 $\frac{dv}{dt} = g - kv^2$ 으로 주어진다. 초기조건이 $v(0) = 0$ 일 때 속력 $v(t)$ 와 종말 속력 $v(t \to \infty)$ 를 구하라. 단, g는 중력 가속도, k 는 저항력과 관계된 비례상수이다. 변수 분리형으로 해를 구하라. [예제 5.21 참고]

[풀이]

(1) 베르누이 방정식 $\frac{dy}{dt} = Py - Qy^2$ 을 변수 분리하면 다음과 같이 쓸 수 있다.

$$\left(\frac{1}{y - \frac{P}{Q}} - \frac{1}{y} \right) dy = -Pdt$$

양변을 초기조건 $y(0) = y_o$ 을 사용하여 적분한다.

$$\int_{y_o}^{y} \left(\frac{1}{y - \frac{P}{Q}} - \frac{1}{y} \right) dy = -\int_0^t Pdt$$

$$\Rightarrow \ln\left(\frac{y - P/Q}{y_o - P/Q} \right) - \ln\left(\frac{y}{y_o} \right) = -Pt$$

정리하면 인구 증가에 대한 베르누이 방정식의 특별 해는 다음과 같이 주어진다.

$$\therefore \; y(t) = \frac{1}{\frac{Q}{P} + \left(\frac{1}{y_o} - \frac{Q}{P} \right) e^{-Pt}}$$

예제 5.19에서 $n = 2$ 인 베르누이 방정식의 해법으로 구한 해와 같다.

(2) 뉴턴의 운동 방정식은 $\frac{dv}{dt}=g-kv^2=-k\left(v+\sqrt{\frac{g}{k}}\right)\left(v-\sqrt{\frac{g}{k}}\right)$이 되므로 변수 분리하면 다음과 같이 쓸 수 있다.

$$\left(\frac{1}{v-\sqrt{\frac{g}{k}}}-\frac{1}{v+\sqrt{\frac{g}{k}}}\right)dv=-\frac{1}{2}\sqrt{kg}\,dt$$

양변을 적분한다.

$$\int_{v_o}^{v}\left(\frac{1}{v-\sqrt{\frac{g}{k}}}-\frac{1}{v+\sqrt{\frac{g}{k}}}\right)dv=-2\int_0^t\sqrt{kg}\,dt$$

$$\Rightarrow \ln\left(\frac{v-\sqrt{\frac{g}{k}}}{v_o-\sqrt{\frac{g}{k}}}\right)-\ln\left(\frac{v+\sqrt{\frac{g}{k}}}{v_o+\sqrt{\frac{g}{k}}}\right)=-2\sqrt{kg}\,t$$

초기조건 $v(0)=0$을 사용하여 정리하면 다음 식을 얻는다.

$$\therefore\ v(t)=\sqrt{\frac{g}{k}}\ \frac{1-e^{-2\sqrt{kg}\,t}}{1+e^{-2\sqrt{kg}\,t}}$$

분모와 분자에 $e^{\sqrt{kg}t}$를 곱하여 정리하면 속력은 다음과 같이 쓸 수도 있다.

$$\therefore\ v(t)=\sqrt{\frac{g}{k}}\ \frac{e^{\sqrt{kg}\,t}-e^{-\sqrt{kg}\,t}}{e^{\sqrt{kg}\,t}+e^{-\sqrt{kg}\,t}}\equiv v(\infty)\tanh(\sqrt{kg}\,t)$$

여기서 $t\to\infty$인 경우 $\tanh(\sqrt{kg}\,t)\to 1$이 되므로 종말 속력은 $v(t\to\infty)=\sqrt{\frac{g}{k}}$ 이다.

변수 분리형으로 구한 해는 예제 5.21의 리카티 방정식으로 구한 해와 일치한다.

5.17 다음의 클레로 방정식의 해를 구하라. 단, $K>0$ 이다.

(1) $y=x\dfrac{dy}{dx}+K\left(\dfrac{dy}{dx}\right)^2$, (2) $y=x\dfrac{dy}{dx}+K\left(\dfrac{dy}{dx}\right)^{-1}$,

(3) $y=x\dfrac{dy}{dx}+K\left(\dfrac{dy}{dx}\right)^{-2}$, (4) $y=x\dfrac{dy}{dx}+K\left(\dfrac{dy}{dx}\right)^{-3}$,

(5) $y=x\dfrac{dy}{dx}-K\ln\left(\dfrac{dy}{dx}\right)$

[풀이]

클레로 미분방정식의 표준형은 $y=xy'+f(y')$와 같이 주어진다. 양변을 x에 대해 미분하면 클레로 방정식은 $y''\left[x+\dfrac{df(y')}{dy'}\right]=0$와 같이 변환되므로 해는 ① $y''=0$와 (또는) ② $\dfrac{df(y')}{dy'}+x=0$가 된다. ①의 해는 $y(x)=ax+f(a)$이며 직선이다. ②의 해는 $y'=\dfrac{dy}{dx}\equiv t$로 치환하면 클레로 방정식은 $x=-\dfrac{df(t)}{dt}$, $y=f(t)-t\dfrac{df(t)}{dt}$와 같이 t를 매개 변수로 하는 매개 변수 방정식 (parametric equations)으로 변환된다. $x(t)$와 $y(t)$에서 t를 소거하면 상수가 없는 특이해 (singular solution)을 얻는다.

위의 방법으로 해를 구하면 일반 해와 특별해는 다음과 같이 주어진다.

(1) 일반 해: $y=ax+Ka^2$, 특이해: $y=-\dfrac{x^2}{4K}$,

(2) 일반 해: $y=ax+\dfrac{K}{a}$, 특이해: $y=\pm 2\sqrt{Kx}$,

(3) 일반 해: $y=ax+\dfrac{K}{a^2}$, 특이해: $y=-\dfrac{3K^{1/3}}{2^{2/3}}x^{2/3}$,

(4) 일반 해: $y=ax+\dfrac{K}{a^3}$, 특이해: $y=\dfrac{4}{3}(3K)^{1/4}x^{3/4}$,

(5) 일반 해: $y=ax+K\ln a$, 특이해: $y=K\left[1-\ln\left(\dfrac{K}{x}\right)\right]$

5.4 2계 미분 방정식

5.4.1 고계 선형 미분 방정식의 기초

5.18 다음 함수들의 론스키안을 구하고 선형 독립 여부를 판별하라.

(1) $f_1(x) = \sin 2x,\ \ f_2(x) = \sin x \cos x,$

(2) $f_1(x) = \sin^2 x,\ \ f_2(x) = \cos^2 x - \sin^2 x,$

(3) $f_1(x) = e^{imx},\ f_2(x) = e^{inx}\ \ (m \neq n),$

(4) $f_1(x) = e^{\alpha x}\sin\beta x, f_2(x) = e^{\alpha x}\cos\beta x\ (\beta \neq 0),$

(5) $f_1(x) = 2, f_2(x) = \cos^2 x, f_3(x) = \sin^2 x,$

(6) $f_1(x) = e^x, f_2(x) = xe^x, f_3(x) = x^2 e^x$

[풀이]

론스키안 또는 론스키 행렬식은 다음과 같이 정의한다.

$$W(f_1, f_2, \cdots, f_n) = \begin{vmatrix} f_1 & f_2 & \cdots & f_n \\ f_1^{(1)} & f_2^{(1)} & \cdots & f_n^{(1)} \\ \cdots & \cdots & \cdots & \cdots \\ f_1^{(n-1)} & f_2^{(n-1)} & \cdots & f_n^{(n-1)} \end{vmatrix}$$

여기서 $f_i^{(r)} \equiv \dfrac{d^r f_i(x)}{dx^r}$ $(i = 1, 2, \cdots, n;\ r = 0, 1, 2, \cdots, n-1)$이며 $f_i^{(0)} \equiv f_i(x)$이다. 함수 $f_1(x), f_2(x), \cdots, f_n(x)$이 선형 독립인 필요 충분 조건은 론스키안이 0이 아닌 경우, 즉, $W \neq 0$이다. W를 계산하여 선형 독립 여부를 판정한다.

(1) $W = 0$ 이며 선형 종속

(2) $W = -\sin 2x \neq 0$ 이며 선형 독립

(3) $W = i(n-m)e^{i(n+m)x} \neq 0$ 이며 선형 독립

(4) $W = -\beta e^{2\alpha x} \neq 0$ 이며 선형 독립

(5) $W = 0$ 이며 선형 종속

(6) $W = 2e^{3x} \neq 0$ 이며 선형 독립

5.19 다음의 2계 미분방정식 $a_2(x)y''+a_1(x)y'+a_0(x)y=0$의 해를 y_1, y_2라 하자. 단, $a_2(x)\neq 0$이다.

(1) 두 해의 론스키안 $W(y_1, y_2)$으로부터 $a_2(x)\dfrac{dW}{dx}+a_1(x)W=0$임을 보여라.

(2) 아벨의 공식을 유도하라.

(3) $(1-x^2)y''-2xy'+xy=0$의 두 해를 y_1, y_2라 하자. 론스키안을 구하라. 단, $x^2\neq 1$이다.

[풀이]

(1) 론스키안은 $W=\begin{vmatrix} y_1 & y_2 \\ y_1' & y_2' \end{vmatrix}=y_1y_2'-y_2y_1'$ 이다.

$$\frac{dW}{dx}=y_1'y_2'+y_1y_2''-y_2'y_1'-y_2y_1''=y_1y_2''-y_2y_1''$$

y_1'', y_2'' 대신에 미분방정식을 대입하여 정리하면 다음과 같다.

$$\frac{dW}{dx}=y_1y_2''-y_2y_1''$$

$$=y_1\left[-\frac{a_1(x)}{a_2(x)}y_2'-\frac{a_0(x)}{a_2(x)}y_2\right]-y_2\left[-\frac{a_1(x)}{a_2(x)}y_1'-\frac{a_0(x)}{a_2(x)}y_1\right]$$

$$=-\frac{a_1(x)}{a_2(x)}(y_1y_2'-y_2y_1')\equiv-\frac{a_1(x)}{a_2(x)}W$$

$$\therefore\ a_2(x)\frac{dW}{dx}+a_1(x)W=0$$

(2) 변수 분리형 미분방정식이므로 아벨의 공식은 $W=\exp\left[-\int\dfrac{a_1(x)}{a_2(x)}dx\right]$이다.

(3) 론스키안은 아벨의 공식을 사용하면 편리하다.

$$W=\exp\left[-\int\frac{a_1(x)}{a_2(x)}dx\right]=\exp\left[\int\frac{2x}{1-x^2}dx\right]$$

$$=\exp\left[-\ln|x^2-1|\right]=\frac{1}{x^2-1}$$

5.20 어떤 함수 $f(x)$는 미분 가능하며 $f(x) \neq 0$라고 하자.
$f(x)$와 $xf(x)$는 선형 독립 여부를 판별하라.

[풀이]

론스키안 $W(f, xf) = \begin{vmatrix} f & xf \\ f' & f+xf' \end{vmatrix} = f^2 \neq 0$ 이므로 두 함수 $f(x)$와 $xf(x)$는 선형 독립이다.

5.21 선형 2계 미분방정식 $a_2(x)y'' + a_1(x)y' + a_0(x)y = f(x)$이 있다.
입력 $f_1(x)$일 때 해가 y_1이며, 입력 $f_2(x)$일 때 해가 y_2이다.
해 $y_1 + y_2$의 입력은 얼마인가?

[풀이]

두 해의 합을 $y_1 + y_2 \equiv y_3$, 입력을 $f_3(x)$라 두고 미분방정식에 대입하면 다음과 같다.

$$a_2(x)y_3'' + a_1(x)y_3' + a_0(x)y_3 = f_3(x)$$

$$\Rightarrow a_2(x)(y_1'' + y_2'') + a_1(x)(y_1' + y_2') + a_0(x)(y_1 + y_2) = f_3(x)$$

$$\Rightarrow \underbrace{a_2(x)y_1'' + a_1(x)y_1' + a_0(x)y_1}_{\equiv f_1(x)}$$

$$+ \underbrace{a_2(x)y_2'' + a_1(x)y_2' + a_0(x)y_2}_{\equiv f_2(x)}$$

$$= f_1(x) + f_2(x) \equiv f_3(x)$$

따라서 $y_1 + y_2$의 입력은 $f_1(x) + f_2(x)$ 이다.

5.4.2 2계 미분방정식의 두 번째 해 구하기 : 론스키안 이중 적분법

> 5.22 2계 제차 미분방정식 $y''+P(x)y'+Q(x)y=0$ 의 첫 번째 해가 y_1 일 때
>
> 두 번째 해 y_2 는 $y_2=y_1\int \frac{e^{-\int P(x)dx}}{y_1^2}dx$ 로 주어진다.
>
> (1) y_2 의 도함수를 구하여 미분방정식이 성립함을 보여라.
>
> (2) 론스키안 행렬식 $W(y_1, y_2)$ 를 구하고, 두 해 y_1, y_2 가 선형 독립임을 보여라.

[풀이]

(1) $y_2=y_1\int \frac{e^{-\int P(x)dx}}{y_1^2}dx$ 의 도함수를 구한다.

$$y_2{}'=y_1{}'\int \frac{e^{-\int P(x)dx}}{y_1^2}dx+\frac{e^{-\int P(x)dx}}{y_1},$$

$$y_2{}''=y_1{}''\int \frac{e^{-\int P(x)dx}}{y_1^2}dx-\frac{P(x)}{y_1}e^{-\int P(x)dx}$$

y_2 의 도함수를 미분방정식에 대입하여 정리하면 다음을 얻는다.

$$\begin{aligned}
&y_2{}''+P(x)y_2{}'+Q(x)y_2\\
&=y_1{}''\int \frac{e^{-\int P(x)dx}}{y_1^2}dx-\frac{P(x)}{y_1}e^{-\int P(x)dx}\\
&+P(x)\left[y_1{}'\int \frac{e^{-\int P(x)dx}}{y_1^2}dx+\frac{e^{-\int P(x)dx}}{y_1}\right]\\
&+Q(x)y_1\int \frac{e^{-\int P(x)dx}}{y_1^2}dx\\
&=\underbrace{(y_1{}''+P(x)y_1{}'+Q(x)y_{12})}_{=0}P(x)dx=0
\end{aligned}$$

(2) $y_2 = y_1 \int \frac{e^{-\int P(x)dx}}{y_1^2} dx$

$\Rightarrow y_2{}' = y_1{}' \int \frac{e^{-\int P(x)dx}}{y_1^2} dx + \frac{e^{-\int P(x)dx}}{y_1} dx$

론스키안을 구하면 다음과 같이 주어진다.

$$W(y_1, y_2) = y_1 y_2{}' - y_1{}' y_2$$

$$= y_1 \left[y_1{}' \int \frac{e^{-\int P(x)dx}}{y_1^2} dx + \frac{e^{-\int P(x)dx}}{y_1} dx \right] - y_1{}' y_1 \int \frac{e^{-\int P(x)dx}}{y_1^2} dx$$

$$\therefore\ W(y_1, y_2) = e^{-\int P(x)dx} \ (\neq 0)$$

즉, 두 해 y_1, y_2 는 선형 독립이다.

5.23 다음 2계 미분방정식의 첫 번째 해 y_1에 대해 두 번째 해 y_2를 구하라.	
(1) $y'' + \alpha y' = 0,\ y_1 = \beta,$	(2) $y'' - 2\alpha y' + \alpha^2 y = 0,\ y_1 = e^{\alpha x},$
(3) $y'' - \alpha^2 y = 0,\ y_1 = e^{\alpha x},$	(4) $y'' - (\alpha + \beta) y' + \alpha\beta y = 0,\ y_1 = e^{\alpha x},$

[풀이]

선형 2계 제차 미분방정식의 표준형은 $y'' + P(x)y' + Q(x)y = 0$ 이다. 첫 번째 해 y_1에 대해 두 번째 해 y_2는 론스키안 이중 적분법으로 $y_2 = y_1 \int \frac{e^{-\int P(x)dx}}{y_1^2} dx$ 와 같이 주어진다. 주어진 미분방정식의 론스키안 $W(y_1, y_2) = e^{-\int P(x)dx}$ 을 구하여 y_2를 구한다.

(1) $P(x) = \alpha$: $W = e^{-\int P(x)dx} = e^{-\alpha x} \Rightarrow\ \therefore\ y_2 = \beta \int \frac{e^{-\alpha x}}{\beta^2} dx = -\frac{e^{-\alpha x}}{\alpha\beta}$

(2) $P(x)=-2\alpha$: $W=e^{-\int P(x)dx}=e^{2\alpha x}\Rightarrow\ \therefore\ y_2=e^{\alpha x}\int\frac{e^{2\alpha x}}{e^{2\alpha x}}dx=xe^{\alpha x}$

(3) $P(x)=0$: $W=e^{-\int P(x)dx}=1\Rightarrow\ \therefore\ y_2=e^{\alpha x}\int\frac{1}{e^{2\alpha x}}dx=-\frac{1}{2\alpha}e^{-\alpha x}\propto e^{-\alpha x}$

(4) $P(x)=-(\alpha+\beta)$: $W=e^{-\int P(x)dx}=e^{(\alpha+\beta)x}\Rightarrow$

$\therefore\ y_2=e^{\alpha x}\int\frac{e^{(\alpha+\beta)x}}{e^{2\alpha x}}dx=\frac{1}{\beta-\alpha}e^{\beta x}\propto e^{\beta x}$

5.4.3 상수 계수의 제차 n계 미분방정식: 보완해

5.24 다음의 미분 방정식들의 보완 해를 구하라.

(1) $y''+\alpha^2y=0$ (α : 실수), (2) $y''-\beta^2y=0$ (β: 실수),

(3) $y''+\alpha y'+\frac{\beta^2}{4}y=0$ ($\alpha>\beta$), (4) $y''+\alpha y'+\frac{\beta^2}{4}y=0$ ($\alpha<\beta$),

(5) $y''+\alpha y'+\frac{\beta^2}{4}y=0$, ($\alpha=\beta$)

[풀이]

상수 계수의 미분방정식 $\frac{d^2y}{dx^2}+a\frac{dy}{dx}+by=0$의 시도해 $y=e^{\lambda x}$를 대입하여 특성 방정식 $\lambda^2+a\lambda+b=0$을 얻는다. 특성 방정식의 근은 λ는 $\lambda_1=\left(-a+\sqrt{a^2-4b}\right)/2$, $\lambda_2=\left(-a-\sqrt{a^2-4b}\right)/2$이며 해는 $y_1=e^{\lambda_1 x}$, $y_2=e^{\lambda_2 x}$이다. a^2-4b의 크기에 따라 세 종류의 근과 해가 있다.

① $a^2-4b>0$인 경우: 서로 다른 두 실근 $\therefore\ y=c_1e^{\lambda_1 x}+c_2e^{\lambda_2 x}$

② $a^2-4b<0$인 경우: 복소 공액 근, $\lambda_1=p+iq$, $\lambda_2=p-iq$

$\therefore\ y=e^{px}(c_1\cos qx+c_2\sin qx)$

③ $a^2-4b=0$인 경우: 실수의 중근 $\therefore\ y=e^{-\frac{a}{2}x}(c_1+c_2x)$

(1) 복소 공액 근: $\lambda = \pm i\alpha$이므로 $\therefore\ y_c = c_1 \cos\alpha x + c_2 \sin\alpha x$

(2) 서로 다른 두 실근: $\lambda = \pm \beta$이므로 $y = c_1 e^{\beta x} + c_2 e^{-\beta x}$

또는 $\therefore\ y = c_1 \cosh\beta x + c_2 \sinh\beta x$

(3) 서로 다른 두 실근: $\lambda_{1,2} = \dfrac{-\alpha \pm \sqrt{\alpha^2 - \beta^2}}{2}$, $(\alpha > \beta)$이므로 해는 다음과 같다.

$\therefore\ y = c_1 e^{\lambda_1 x} + c_2 e^{\lambda_2 x}$

(4) 복소 공액 근: $\lambda_{1,2} = \dfrac{-\alpha \pm i\sqrt{\beta^2 - \alpha^2}}{2} \equiv p \pm iq$, $(\beta > \alpha)$이므로

$\therefore\ y = e^{px}(c_1 \cos qx + c_2 \sin qx)$, $\quad p = -\dfrac{\alpha}{2}$, $q = \dfrac{\sqrt{\beta^2 - \alpha^2}}{2}$

(5) 중근: $\lambda_{1,2} = \dfrac{-\alpha \pm \sqrt{\alpha^2 - \beta^2}}{2} = -\dfrac{\alpha}{2}$, $(\alpha = \beta)$이므로 $y_1 = e^{-\alpha x/2}$와 두 번째 해는 론스키안 이중 적분법을 사용하여 $y_2 = xe^{-\alpha x/2}$를 구한다.

$\therefore\ y = e^{-\frac{1}{2}\alpha x}(c_1 + c_2 x)$

5.25 미분방정식 $y'' + Py' + Qy = 0$의 두 해가 다음과 같이 주어질 때 P, Q를 α, β 등으로 구하라.

(1) $y_1 = e^{\alpha x}$, $\quad y_2 = xe^{\alpha x}$ (α는 실수),

(2) $y_1 = \cos\alpha x$, $\quad y_2 = \sin\alpha x$, (α는 실수),

(3) $y_1 = e^{\alpha x}$, $y_2 = e^{\beta x}$, $(\alpha \neq \beta)$

[풀이]

연습문제 5.24를 참고하면 특성 방정식의 근은 $\lambda = \dfrac{-P \pm \sqrt{P^2 - 4Q}}{2}$ 이며 세 종류의 근이 존재한다.

(1) 중근이므로 $P^2 = 4Q$ 이며 $\lambda_1 = -\dfrac{P}{2} = \alpha \ \Rightarrow\ \therefore\ P = -2\alpha$, $Q = \alpha^2$,

(2) 복소 공액 근이므로 $\lambda_1 = i\alpha$, $\lambda_2 = -i\alpha \Rightarrow \therefore P=0$, $Q=\alpha^2$,

(3) 서로 다른 두 실근이므로 $\lambda_1 = \alpha$, $\lambda_2 = \beta \Rightarrow \therefore P=-(\alpha+\beta)$, $Q=\alpha\beta$

5.4.4 비 제차 선형 2계 미분방정식의 특별 해 구하기

(1) 미정 계수법 : 상수 계수

5.26 미정 계수법을 사용하여 다음의 미분방정식의 특별 해를 구하라.

(1) $y''+y=ax+b\sin x$, (힌트: $y_p = Ax+B+Cx\cos x+Dx\sin x$)

(2) $y''+y=a\cos x+b\sin x$, (3) $y''+4y=a\cos x+b\sin x$,

(4) $y''+y=ax\cos x$, (5) $y''+y=bx\sin x$,

(6) $y''+y=a\sin^2 x$, (7) $y''+y=b\cos^2 x$,

(8) $y''+y=a\cos x\sin x$, (9) $y''-y=a\sin^2 x$, (10) $y''+y=ae^{-bx}$

[풀이]

미분방정식 우변의 함수 $f(x)$에 따라 미정 계수를 포함하는 특별해 $y_p(x)$를 선택하고 대입하여 사인 함수, 코사인 함수 또는 좌변과 우변의 x의 멱 수의 계수를 비교하여 미정 계수를 결정한다. (6),(7), (9)의 경우 삼각 함수의 제곱을 단순 삼각 함수로 바꾸어 특별 해를 정한다. 예를 들면 $f(x)=\sin^2 x=(1-\cos 2x)/2$로 변환한다. (8)의 경우 삼각 함수의 두 배각 공식 $f(a)=a\sin x\cos x=a\sin(2x)/2$으로 변환하여 특별 해를 선택한다. 해는 다음과 같이 주어진다.

(1) $y_p = ax-\dfrac{b}{2}x\cos x$, (2) $y_p = \dfrac{1}{2}(a-bx)\cos x+\dfrac{a}{2}x\sin x$,

(3) $y_p = \dfrac{a}{3}\cos x+\dfrac{b}{3}\sin x$, (4) $y_p = \dfrac{a}{4}x\cos x+\dfrac{a}{8}(1-2x^2)\sin x$,

(5) $y_p = \dfrac{b}{8}(1-2x^2)\cos x+\dfrac{b}{4}x\sin x$, (6) $y_p = \dfrac{a}{2}+\dfrac{a}{6}\cos 2x$,

(7) $y_p = \dfrac{b}{2}-\dfrac{b}{6}\cos 2x$, (8) $y_p = -\dfrac{a}{3}\sin x\cos x$,

(9) $y_p = -\dfrac{a}{2}+\dfrac{a}{10}\cos 2x$, (10) $y_p = \dfrac{a}{1+b^2}e^{-bx}$

(2) 미분 연산자법 : 상수 계수

> 5.27 양자역학에서 운동량 연산자는 $p=-i\hbar\dfrac{\partial}{\partial x}$ 로 주어진다.
>
> 교환자를 $[x,p]=xp-px$로 정의할 때 $[x,p]\sin x$를 연산하라.

[풀이]

$$
\begin{aligned}
[x,p]\sin x &= (xp-px)\sin x = \left(-i\hbar x\frac{\partial}{\partial x}+i\hbar\frac{\partial}{\partial x}x\right)\sin x \\
&= -i\hbar x\frac{\partial \sin x}{\partial x}+i\hbar\frac{\partial(x\sin x)}{\partial x} \\
&= -i\hbar x\cos x+i\hbar\sin x+i\hbar x\cos x = i\hbar\sin x
\end{aligned}
$$

$\therefore\ [x,p]\sin x = i\hbar\sin x$

> 5.28 다음 미분방정식의 특별 해를 미분 연산자법을 사용하여 구하라.
>
> (1) $y''+y=\sin 2x$, (2) $y''+y'+y=\sin 2x$,
>
> (3) $y''+y=\cos x$, (불능 형) (4) $y''+y'+y=xe^{2x}$,
>
> (5) $y''+3y=x^2$, (6) $y''+y=x^2$

[풀이]

(1) $$y_p=\frac{\sin 2x}{D^2+1}=\mathrm{Im}\left[\frac{e^{i2x}}{D^2+1}\right]\ \Leftarrow (D\to 2i)$$

$$=\mathrm{Im}\left[\frac{e^{i2x}}{-3}\right]=-\frac{1}{3}\sin 2x$$

(2) $$y_p=\frac{\sin 2x}{D^2+D+1}=\mathrm{Im}\left[\frac{e^{i2x}}{D^2+D+1}\right]\ \Leftarrow (D\to 2i)$$

$$=\mathrm{Im}\left[\frac{e^{i2x}}{-3+2i}\right]=-\frac{1}{13}(3\sin 2x+2\cos 2x)$$

(3) $$y_p=\frac{\cos x}{D^2+1}=\mathrm{Re}\left[\frac{e^{ix}}{D^2+1}\right]$$

$D\to i\omega_o$ 를 대입하면 분모는 0이 되어 불능이므로 기존의 방법으로는 해를 구할 수 없다. 분모를 인수분해하면 $D^2+1=(D-i)(D+i)$이다. $D\to i$ 를 대입하면

첫 번째 항은 $(D-i)=0$ 이지만, 두 번째 항은 $(D+i)=2i$ 이므로 두 번째 항을 먼저 연산을 하고 첫 번 항은 $y_p=\dfrac{f(x)}{D-\alpha}=e^{\alpha x}\int f(x)e^{-\alpha x}dx$ 을 적용하여 해를 구한다.

$$y_p=\text{Re}\left[\frac{e^{ix}}{D^2+1}\right]=\text{Re}\left[\frac{e^{ix}}{(D-i)(D+i)}\right]$$

$$=\text{Re}\left[\frac{1}{(D-i)}\times\frac{e^{ix}}{(D+i)}\right]=\text{Re}\left[\frac{1}{(D-i)}\times\frac{e^{ix}}{2i}\right]$$

$$=\text{Re}\left[\frac{1}{2i}\frac{e^{ix}}{(D-i)}\right]=\text{Re}\left[\frac{1}{2i}e^{+ix}\int e^{ix}e^{-ix}dt\right]$$

$$=\text{Re}\left[\frac{x}{2i}e^{+ix}\right]=\frac{1}{2}x\,\text{sin2x}$$

(4) $y_p=\dfrac{e^{2x}x}{D^2+D+1}=e^{ax}\left[\dfrac{x}{(D+2)^2+(D+2)+1}\right]$ $(\Leftarrow D\rightarrow D+1)$

$$=e^{2x}\left[\frac{x}{D^2+5D+7}\right]$$

$$=\frac{e^{2x}}{7}\left[\frac{x}{1+\dfrac{5D+D^2}{7}}\right]$$ ⟸ 미분 연산자의 이항 전개

$$=\frac{e^{2x}}{7}\left[1-\frac{5}{7}D-\frac{1}{7}D^2+\cdots\right]x=\frac{1}{7}e^{2x}\left(x-\frac{5}{7}\right)$$

(5) $y_p=\dfrac{x^2}{D^2+3}=\dfrac{x^2}{3\left(1+\dfrac{D^2}{3}\right)}$

$$=\frac{1}{3}\left[1-\frac{D^2}{3}+\left(\frac{D^2}{3}\right)^2-\cdots\right]x^2=\frac{x^2}{3}-\frac{1}{9}$$

(6) (5)와 같은 방법으로 구한다. $y_p=x^2-2$

5.29 다음 (불능 형) 미분방정식의 특별 해를 미분 연산자법을 사용하여 구하라.

(1) $\dfrac{d^2y}{dt^2}+\omega_o^2 y=f_o\cos\omega_o t$, (2) $\dfrac{d^2y}{dt^2}+\alpha\dfrac{dy}{dt}=f_o e^{-\alpha t}$

[풀이]

(1) $y_p=\dfrac{f_o\cos\omega_o t}{D^2+\omega_o^2}=\mathrm{Re}\left[\dfrac{f_o e^{i\omega_o t}}{D^2+\omega_o^2}\right]$는 연습문제 5.28 (3)과 같은 유형의 문제이다.

$D^2+\omega_o^2=(D-i\omega)(D+i\omega)$로 인수분해하고 $D\to i\omega_o$를 대입하면 첫 번째 항은 $(D-i\omega)=0$ 이지만, 두 번째 항은 $(D+i\omega)=2i\omega\ (\neq 0)$ 이므로 두 번째 항을 먼저 연산을 한다. 그다음 연산으로 첫 번 항은 공식 $y_p=\dfrac{f(x)}{D-a}=e^{ax}\displaystyle\int f(x)e^{-ax}dx$을 적용하여 해를 구한다.

$$y_p=\mathrm{Re}\left[\frac{f_o e^{i\omega_o t}}{D^2+\omega_o^2}\right]=\mathrm{Re}\left[\frac{f_o e^{i\omega_o t}}{(D-i\omega_o)(D+i\omega_o)}\right]$$

$$=\mathrm{Re}\left[\frac{f_o}{(D-i\omega_o)}\times\frac{e^{i\omega_o t}}{(D+i\omega_o)}\right]=\mathrm{Re}\left[\frac{f_o}{(D-i\omega_o)}\times\frac{e^{i\omega_o t}}{(2i\omega_o)}\right]$$

$$=\mathrm{Re}\left[\frac{f_o}{2i\omega_o}\frac{e^{i\omega_o t}}{(D-i\omega_o)}\right]=\mathrm{Re}\left[\frac{f_o}{2i\omega_o}e^{+i\omega_o t}\int e^{i\omega_o t}e^{-i\omega_o t}dt\right]$$

$$=\mathrm{Re}\left[\frac{f_o}{2i\omega_o}te^{+i\omega_o t}\right]=\frac{f_o}{2\omega_o}t\sin\omega_o \mathrm{t}$$

(2) $y_p=\dfrac{f_o e^{-\alpha t}}{D^2+\alpha D}=\dfrac{f_o e^{-\alpha t}}{(D+\alpha)D}$는 $D\to-\alpha$를 대입하면 부모가 0이 되어 불능이다. 두 번째 항은 $D=-\alpha\ (\neq 0)$ 이므로 두 번째 항을 먼저 연산을 한 다음 첫 번 항은 공식 $y_p=\dfrac{f(x)}{D+a}=e^{-ax}\displaystyle\int f(x)e^{+ax}dx$을 사용하면 다음 해를 얻는다.

$$\therefore\ y_p=\frac{f_o e^{-\alpha t}}{D^2+\alpha D}=-\frac{f_o}{\alpha}te^{-\alpha t}$$

(3) 매개 변수 변환법 : 변수 계수

5.30 다음 미분 방정식들의 특별 해를 매개 변수 변환법으로 구하라.	
(1) $y'' - 4y' + 4y = (x+1)e^{2x}$,	(2) $y'' + y = \sin x$,
(3) $y'' + y = \cos^2 x$,	(4) $y'' + y = \tan x$,
(5) $y'' - y = \cos x$,	(6) $y'' - 4y' + 4y = (12x^2 - 6x)e^{2x}$.

[풀이]

상수 계수의 미분방정식 $y'' + ay' + by = 0$ 의 보완해 $y_1 = e^{\lambda_1 x}$, $y_2 = e^{\lambda_2 x}$를 구한다. 연습문제 5.24에서 다룬 것처럼 $a^2 - 4b$ 의 크기에 따라 세 종류의 근과 해가 있다. 론스키안 $W = e^{-ax}$을 구하여 매개 변수 변환법에 따라 특별해 $y_p(x)$를 구한다. 즉,

$$y_p(x) = -y_1 \int \frac{y_2 f(x)}{W} dx + y_2 \int \frac{y_1 f(x)}{W} dx$$

(1) $y_1 = e^{2x}$, $y_2 = xe^{2x} \Rightarrow y_p = \dfrac{x^3 + 3x^2}{6} e^{2x}$,

(2) $y_1 = \cos x$, $y_2 = \sin x \Rightarrow y_p = -\dfrac{x}{2}\cos x$,

(3) $y_1 = \cos x$, $y_2 = \sin x \Rightarrow y_p = \dfrac{1}{2} - \dfrac{1}{6}\cos 2x$,

(4) $y_1 = \cos x$, $y_2 = \sin x \Rightarrow$

$$y_p = \cos x \left\{ \ln\left[\cos\left(\frac{x}{2}\right) - \sin\left(\frac{x}{2}\right)\right] - \ln\left[\cos\left(\frac{x}{2}\right) + \sin\left(\frac{x}{2}\right)\right] \right\}$$

또는 $y_p = \cos x \ln\left[\dfrac{\cos\left(\frac{x}{2}\right) - \sin\left(\frac{x}{2}\right)}{\cos\left(\frac{x}{2}\right) + \sin\left(\frac{x}{2}\right)}\right]$, [힌트]: $\displaystyle\int \frac{dx}{\cos x} = \ln\left(\frac{\cos\frac{x}{2} + \sin\frac{x}{2}}{\cos\frac{x}{2} - \sin\frac{x}{2}}\right)$

(5) $y_1 = e^x$, $y_2 = e^{-x} \Rightarrow y_p = -\dfrac{1}{2}\cos x$,

(6) $y_1 = e^{2x}$, $y_2 = xe^{2x} \Rightarrow y_p = (x^4 - x^3)e^{2x}$

5.31 다음 미분방정식의 특별 해를 매개 변수 변환법으로 구하라. 단, $x>0$..

(1) $x^2y''-xy'+y=4x\ln x$ 의 보완해가 $y_1=x$, $y_2=x\ln x$일 때

(2) $x^2y''-4xy'+6y=\dfrac{1}{x}$ 의 보완해가 $y_1=x^2$, $y_2=x^3$일 때

[풀이]

$x>0$이므로 양변을 x^2으로 나누면 표준형 미분방정식은 다음과 같다.

$$y''+\frac{a}{x}y'+\frac{b}{x^2}y=\frac{g(x)}{x^2}\equiv f(x)$$

여기서 특별히 주의할 점은 $P(x)=\dfrac{a}{x}$ 이므로 $W=e^{-\int P(x)dx}=x^{-a}$이며 $f(x)=\dfrac{g(x)}{x^2}$이다. 매개 변수 변환법을 사용하여 특별 해를 구한다.

$$y_p(x)=-y_1\int\frac{y_2f(x)}{W}dx+y_2\int\frac{y_1f(x)}{W}dx$$

(1) $y_p=\dfrac{2}{3}x(\ln x)^3$, [힌트: $u=\ln x$로 치환 $\Rightarrow x=e^u$, $dx=xdu=e^udu$]

(2) $y_p=\dfrac{1}{12x}$

5.32 3계 미분방정식 $\frac{d^3y}{dx^3}-\frac{dy}{dx}=xe^x$ 의 일반 해를 구하라.

(1) 보완해 y_c 를 구하라. [힌트: $\frac{dy}{dx}\equiv u$ 라 치환하여 $u(x)$ 에 대한 2계 미분방정식과 보완 해를 얻은 다음, $y=\int u(x)dx$ 를 계산한다.]

(2) $u(x)$ 에 대한 2계 미분방정식을 미정 계수법으로 특별해 u_p 를 구하라. [힌트: 시도 해를 $u_p=(Ax^2+Bx+C)e^x$ 로 둔다.]

(3) 매개 변수 변환법으로 특별해 y_p 를 구하라.

(4) $\frac{dy}{dx}=u$ 로 치환하지 않고 3계 미분방정식에 대해 직접 미분 연산자법으로 특별해 y_p 를 구하라.

(5) (2)~(4)로 구한 특별 해의 차이점을 설명하라.

[풀이]

(1) $\frac{dy}{dx}\equiv u$ 로 치환하면 $u''-u=xe^x$ 이다. 특성 방정식의 근은 $\lambda_1=1$, $\lambda_2=-1$ 이며 보완해는 $u_c=c_1u_1+c_2u_2=c_1e^x+c_2e^{-x}$ 가 된다. 따라서 y의 보완해는 $y_c=\int u_c(x)dx=c_1e^x-c_2e^{-x}+c_3$ 이며 c_1, c_2, c_3 는 상수이다.

3계 미분방정식이므로 3개의 상수가 존재한다.

(2) 시도 해를 $u_p=(Ax^2+Bx+C)e^x$ 로 두고 대입하여 계수를 구하면 $A=-B=\frac{1}{4}$ 이므로 $u_p=\left(\frac{x^2}{4}-\frac{x}{4}+C\right)e^x$ 이다.

따라서 특별해 y_p는 $y_p=\int u_p dx=\left(\frac{1}{4}x^2-\frac{3}{4}x+\frac{3}{4}+C\right)e^x$ 이며, 상수 C는 임의의 값을 갖는다.

(3) (1)의 보완 해로부터 론스키안은 $W(u_1, u_2) = -2$ 이다.

특별 해를 매개 변수 변환법으로 구하면 다음과 같이 주어진다.

$$u_p(x) = -u_1 \int \frac{u_2 f(x)}{W} dx + u_2 \int \frac{u_1 f(x)}{W} dx$$

$$\Rightarrow u_p = e^x \left(\frac{x^2}{4} - \frac{x}{4} + \frac{1}{8} \right)$$

$$\therefore\ y_p = \int u_p dx = e^x \left(\frac{x^2}{4} - \frac{3}{4}x + \frac{7}{8} \right)$$

(4) 3계 미분방정식 $\dfrac{d^3y}{dx^3} - \dfrac{dy}{dx} = xe^x$ 를 미분 연산자로 나타내면

$(D^3 - D)y = xe^x$ 이므로 특별해는 $y_p = \dfrac{xe^x}{D^3 - D} = \dfrac{xe^x}{(D+1)(D-1)D}$ 이다.

각각의 미분 연산자에 대해 차례대로 미분 연산을 계산하면 특별해는 다음과 같다.

$$\therefore\ y_p = e^x \left(\frac{x^2}{4} - \frac{3}{4}x + \frac{3}{8} \right)$$

(5) (2)~(4)의 방법으로 구한 특별해는 $y_p = e^x \left(\dfrac{x^2}{4} - \dfrac{3}{4}x + \text{상수} \right)$ 형태를 가지며

상숫값이 각 방법에 따라 다름을 주의하자.

즉, 특별 해의 상수$\times e^x$ 항을 3계 미분방정식에 대입하더라도 좌변에는 영향이 없다.

5.4.5 변수 계수의 2계 선형 제차 미분방정식: 코오시-오일러 방정식

> 5.33 (1) 코오시-오일러 미분방정식 (변수 계수) $x^2\dfrac{d^2y}{dx^2}+\alpha x\dfrac{dy}{dx}+\beta y=0$은
>
> $x=e^t$로 치환하면 상수 계수 미분방정식 $\dfrac{d^2y}{dt^2}+(\alpha-1)\dfrac{dy}{dt}+\beta y=0$이
>
> 됨을 보여라. 단, $x>0$이다.
>
> (2) $x=e^t$로 치환하면 상수 계수 미분방정식이 된다. 특성 방정식을 사용하여 ① 서로 다른 두 실근, ② 복소 공액 근, ③ 중 근을 가지는 조건들을 α와 β로 나타내어라.
>
> (3) 변수 계수 오일러 방정식의 해 $y=y(x)$와 $x=e^t$로 치환한 상수 계수의 해 $y=y(t)$가 같음을 보여라. [힌트: $x=e^t \Leftrightarrow t=\ln x$]

[풀이]

(1) $x=e^t$로 치환하면 $\dfrac{dt}{dx}=e^{-t}=\dfrac{1}{x}$이므로 다음 도함수가 성립한다.

$$\frac{dy}{dx}=\frac{dy}{dt}\frac{dt}{dx}=e^{-t}\frac{dy}{dt},$$
$$\frac{d^2y}{dx^2}=\frac{d}{dt}\left(e^{-t}\frac{dy}{dt}\right)\frac{dt}{dx}=e^{-2t}\left(\frac{d^2y}{dt^2}-\frac{dy}{dt}\right)$$

코오시-오일러 미분방정식에 대입하여 정리하면 상수 계수 미분방정식을 얻는다.

$\dfrac{d^2y}{dt^2}+(\alpha-1)\dfrac{dy}{dt}+\beta y=0$을 얻는다.

(2) 특성 방정식 $\lambda^2+(\alpha-1)\lambda+\beta=0$의 근은 $\lambda=\dfrac{1-\alpha\pm\sqrt{(\alpha-1)^2-4\beta}}{2}\equiv\lambda_{1,2}$

이므로 해는 $y_1(t)=e^{\lambda_1 t}$, $y_2(t)=e^{\lambda_2 t}$가 되며 $(\alpha-1)^2-4\beta$의 부호에 따라 세 종류의 해가 존재한다.

상수 계수의 2계 미분방정식의 특성 방정식과 같은 방법으로 다룰 수가 있으며 다음과 같이 세 경우로 분류할 수 있다.

① $(\alpha-1)^2 > 4\beta$ 인 경우: 서로 다른 두 실근 (two distinct real roots)

② $(\alpha-1)^2 < 4\beta$ 인 경우: 복소 공액 (켤레) 근 (complex conjugate roots)

③ $(\alpha-1)^2 = 4\beta$ 인 경우: 실수의 중근 (real double roots)

(3) 변수 계수 오일러 방정식의 해를 $y(x)=x^m$ 으로 두면 결정 방정식은 $m^2+(\alpha-1)m+\beta=0$ 이다. 근은 $m=\dfrac{1-\alpha\pm\sqrt{(\alpha-1)^2-4\beta}}{2}\equiv m_{1,2}$ 이며 (2)의 특성 방정식의 근과 같다. 즉, $m_{1,2}=\lambda_{1,2}$ 이다.

해는 $y_1(x)=x^{m_1}$, $y_2(x)=x^{m_2}$ 이며 결정 방정식의 α, β 의 대소 관계에 따라 (2)와 같이 세 종류의 근이 존재한다. (2)의 해 $y_1(t)=e^{\lambda_1 t}$, $y_2(t)=e^{\lambda_2 t}$ 와 (3)의 해 $y_1(x)=x^{m_1}$, $y_2(x)=x^{m_2}$ 는 $x=e^t \Leftrightarrow t=\ln x$ 를 대입하면 서로 같다. 즉,

$$y_1(t)=e^{\lambda_1 t}=e^{\lambda_1 \ln x}=x^{\lambda_1}\equiv x^{m_1}$$
$$y_2(t)=e^{\lambda_2 t}=e^{\lambda_2 \ln x}=x^{\lambda_2}\equiv x^{m_2}$$

5.34 다음 코오시 방정식의 해를 구하라. 단, $x>0$이다.	
(1) $x^2y''-2y=0$,	(2) $4x^2y''+y=0$,
(3) $x^2y''+y=0$,	(4) $x^2y''+xy'+y=0$,
(5) $x^2y''+xy'-y=0$,	(6) $x^2y''+xy'-4y=0$,
(7) $x^2y''-xy'=0$,	(8) $x^2y''-xy'+y=0$,
(9) $x^2y''-xy'+2y=0$,	(10) $x^2y''+2xy'=0$,
(11) $4x^2y''+8xy'+y=0$,	(12) $x^2y''+2xy'+y=0$

[풀이]

코오시-오일러 방정식의 표준형은 다음과 같다. 단, $x>0$이다.

$$x^2\frac{d^2y}{dx^2}+\alpha x\frac{dy}{dx}+\beta y=0$$

또는 $$\frac{d^2y}{dx^2}+\frac{\alpha}{x}\frac{dy}{dx}+\frac{\beta}{x^2}y=0$$

오일러 방정식의 해를 $y=x^m$로 두면 결정 방정식은 $m^2+(\alpha-1)m+\beta=0$이며 근은 $m=\dfrac{1-\alpha\pm\sqrt{(\alpha-1)^2-4\beta}}{2}$로 주어진다. 근의 종류를 주어진 방정식의 α, β를 대입하여 판별한다. 지면상 해만 제시한다.

(1) $y_1=x^2$, $y_2=x^{-1}$, (2) $y_1=\sqrt{x}$, $y_2=\sqrt{x}\ln x$, (3) $y_1=\sqrt{x}\cos\left(\dfrac{\sqrt{3}}{2}\ln x\right)$, $y_2=\sqrt{x}\sin\left(\dfrac{\sqrt{3}}{2}\ln x\right)$, (4) $y_1=\cos(\ln x)$, $y_2=\sin(\ln x)$, (5) $y_1=x$, $y_2=x^{-1}$,

(6) $y_1=x^2$, $y_2=x^{-2}$, (7) $y_1=x^2$, $y_2=x^0$, (8) $y_1=x$, $y_2=x\ln x$,

(9) $y_1=x\cos(\ln x)$, $y_2=x\sin(\ln x)$, (10) $y_1=x^0$, $y_2=x^{-1}$,

(11) $y_1=\dfrac{1}{\sqrt{x}}$, $y_2=\dfrac{1}{\sqrt{x}}\ln x$,

(12) $y_1=\dfrac{1}{\sqrt{x}}\cos(\dfrac{\sqrt{3}}{2}\ln x)$, $y_2=\dfrac{1}{\sqrt{x}}\sin(\dfrac{\sqrt{3}}{2}\ln x)$

5.35 (1) $x^2y''-3xy'+4y=0$ 의 한 해가 $y_1=x^2$ 일 때 두 번째 해를 구하라.

(2) 두 해의 론스키안을 구하라. 단, $x>0$ 이다.

[풀이]

(1) $y_2=y_1\int\frac{e^{-\int P(x)dx}}{y_1^2}dx=x^2\int\frac{x^3}{x^4}dx=x^2\ln x$, (2) $W=x^3(\neq 0)$

5.36 (1) 오일러 방정식 $x^2y''+ky=0$ 의 해가 진동해 (oscillatory solution)를 가지기 위한 상수 k 의 범위를 구하라. 단, $x>0$ 이다.

(2) 그때의 해를 구하라.

[풀이]

(1) $x^2y''+ky=0\Rightarrow y''+\frac{k}{x^2}y=0$ 이므로 결정 방정식의 근은 다음과 같다.

$$m=\frac{1\pm\sqrt{1-4k^2}}{2}\equiv m_{1,2}$$

진동해는 복소 공액 근이어야 하므로 $k^2>\frac{1}{4}$ 또는 $|k|>\frac{1}{2}$ 이다.

(2) 오일러 방정식의 형식적인 두 해는 $y_1(x)=x^{m_1}=x^{p+iq}$, $y_2(x)=x^{m_2}=x^{p-iq}$ 이다. $x^{iq}\equiv e^{i\theta}$라 두고 양변에 로그를 취하면 $\theta=q\ln x$가 되므로 $x^{iq}=e^{i\theta}=e^{iq\ln x}$가 된다. 오일러 공식을 사용하여 실수 형태의 두 해로 변형하면 $y_1=x^p\cos(q\ln x)$, $y_2=x^p\sin(q\ln x)$이 된다.

진동 해를 가지므로 $m=\frac{1\pm i\sqrt{4k^2-1}}{2}\equiv p\pm iq$ 이므로 $p=\frac{1}{2}$, $q=\frac{\sqrt{4k^2-1}}{2}$ 가 된다.

$$\therefore\ \begin{cases} y_1=x^p\cos(q\ln x)=\sqrt{x}\cos\left(\sqrt{4k^2-1}\,\ln x\right) \\ y_2=x^p\sin(q\ln x)=\sqrt{x}\sin\left(\sqrt{4k^2-1}\,\ln x\right) \end{cases}$$

수리물리학 I 연습

초판 1쇄 인쇄 | 2025년 8월 25일
초판 1쇄 발행 | 2025년 8월 30일

지은이 | 곽종훈
펴낸이 | 조승식
펴낸곳 | (주)도서출판 북스힐

등 록 | 1998년 7월 28일 제 22-457호
주 소 | 서울시 강북구 한천로 153길 17
전 화 | (02) 994-0071
팩 스 | (02) 994-0073

홈페이지 | www.bookshill.com
이메일 | bookshill@bookshill.com

정가 15,000원

ISBN 979-11-5971-710-9

Published by bookshill, Inc. Printed in Korea.